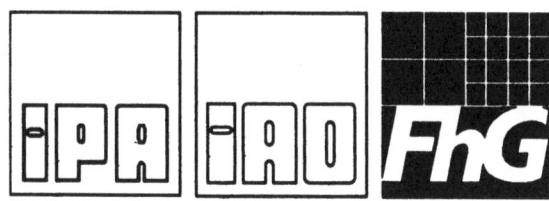

Forschung und Praxis

Band T 45

Berichte aus dem

Fraunhofer-Institut für Produktionstechnik und Automatisierung (IPA), Stuttgart

Fraunhofer-Institut für Arbeitswirtschaft und Organisation (IAO), Stuttgart

Institut für Industrielle Fertigung und Fabrikbetrieb (IFF) der Universität Stuttgart und

Institut für Arbeitswissenschaft und Technologiemanagement (IAT) der Universität Stuttgart

Herausgeber: H.-J. Warnecke und H.-J. Bullinger

2. IAO-Montageforum '94
27. Oktober 1994

Integrative Gestaltung wettbewerbsfähiger Montagesysteme

Herausgegeben von H.-J. Bullinger

Springer-Verlag
Berlin Heidelberg New York London
Paris Tokyo Hong Kong Barcelona 1994

Dr.-Ing. Dr. h. c. mult. H.-J. Warnecke
o. Professor an der Universität Stuttgart
Fraunhofer-Institut für Produktionstechnik und Automatisierung (IPA), Stuttgart

Dr.-Ing. habil. Dr. h. c. H.-J. Bullinger
o. Professor an der Universiät Stuttgart
Fraunhofer-Institut für Arbeitswirtschaft und Organisation (IAO), Stuttgart

ISBN 978-3-540-58561-9 ISBN 978-3-642-52360-1 (eBook)
DOI 10.1007/978-3-642-52360-1

Dieses Werk ist urheberrechtlich geschützt. Die dadurch begründeten Rechte, insbesondere die der Übersetzung, des Nachdrucks, der Entnahme von Abbildungen und Tabellen, der Funksendung, der Mikroverfilmung oder der Vervielfältigung auf anderen Wegen und der Speicherung in Datenverarbeitungsanlagen, bleiben, auch bei nur auszugsweiser Verwertung, vorbehalten. Eine Vervielfältigung dieses Werkes oder von Teilen dieses Werkes ist auch im Einzelfall nur in Grenzen der gesetzlichen Bestimmungen des Urheberrechtsgesetzes der Bundesrepublick Deutschland vom 9. September 1965 in der Fassung vom 24. Juni 1985 zulässig. Sie ist grundsätzlich vergütungspflichtig. Zuwiderhandlungen unterliegen den Strafbestimmungen des Urheberrechtsgesetzes.

© Springer-Verlag Berlin Heidelberg 1994

Die Wiedergabe von Gebrauchsnamen, Handelsnamen, Warenbenbezeichnungen usw. in diesem Werk berechtigt auch ohne besondere Kennzeichnung nicht zu der Annahme, daß solche Namen im Sinne der Warenzeichen- und Markenschutz-Gesetzgebung als frei zu betrachten wären und daher von jedermann benutzt werden dürften.

Sollte in diesem Werk direkt oder indirekt auf Gesetze, Vorschriften oder Richtlinien (z.B. DIN, VDI, VDE) Bezug genommen oder aus ihnen zitiert worden sein, so kann der Verlag keine Gewähr für Richtigkeit, Vollständigkeit oder Aktualität übernehmen. Es empfiehlt sich, gegebenenfalls für die eigenen Arbeiten die vollständigen Vorschriften oder Richtlinien in der jeweils gültigen Fassung hinzuzuziehen.

Grafische Gestaltung: IAO

Vorwort

mit der Einführung neuer Produktionskonzepte hat sich bereits in einigen Unternehmen eine Abkehr von stark arbeitsteiligen Produktions- und Verwaltungsprozessen hin zu hochintegrierten Arbeitskonzepten vollzogen. Damit wurden durch konsequentes systemisches Denken über Strukturveränderungen Wettbewerbsvorteile erzielt, die in Form von Zeit-, Kosten- und Qualitätsverbesserungen den aktiven Unternehmen zugute kamen.

Die Einführung neuer Strukturen bringt jedoch auch Schwierigkeiten mit sich. Viele Unternehmen erkennen erst jetzt, wie komplex und vielschichtig der Prozeß der Realisierung neuer Abläufe ist. Es stellt sich immer mehr heraus, daß jede organisatorische Veränderung ein kontinuierlicher dynamischer Prozeß mit kleinen Iterationen bleibt. Die Herausforderung besteht nun darin, die neuen Arbeitsorganisationsstrukturen im betrieblichen Alltag zu stabilisieren und gleichzeitig die Abläufe flexibel zu gestalten.

Bezahlt wird vom Kunden nur die Leistung, die für ihn offensichtlich ist und damit jene, die vorwiegend im Fertigungs- und Montagebereich erbracht wird. Entsprechend kommt dem Produktionsbereich, insbesondere dem Montagebereich, eine besondere Bedeutung bei Umstrukturierungsprojekten zu. Aufgrund der verschiedenartigen betrieblichen Rahmenbedingungen gibt es keine Patentrezepte für eine effektive Vorgehensweise.

Es existieren aber übertragbare, in der Praxis erfolgreich angewandte Konzepte und Methoden, von denen wir Ihnen einige quasi "taufrisch", von den jeweiligen betrieblichen Experten vorgetragen, näherbringen wollen. Bei diesen Praxisbeispielen wurden durch eine interdisziplinäre und integrative Vorgehensweise bei der Planung und Gestaltung von Arbeitssystemen Lösungen erarbeitet, die dem Systemgedanken als Ganzes Rechnung tragen und sich im täglichen Betrieb bestens bewährt haben.

Stuttgart, Oktober 1994 Prof. Dr. H.-J. Bullinger

Inhalt Seite

Entwicklungstendenzen in der Montage 9
Prof. Dr.-Ing. Günther Seliger, Institut für Werkzeugmaschinen und Fertigungstechnik (IWF), Berlin

Neue Kultur in neuer Struktur 49
Dipl.-Ing. Hans-Peter Straub, Hewlett-Packard, Böblingen

Abschaltende oder mitgestaltende Mitarbeiter? 65
Dipl.-Verw.wiss. Renate Winter-Hoss, Gesellschaft für Arbeitsschutz-Humanisierungsforschung mbH (GfAH), Außenstelle Stuttgart

Erfahrungen mit der Einführung von Gruppenarbeit 95
Dipl.-Ing. Fred Cohrs, National Rejectors Inc. GmbH, Buxtehude

Erfahrungen mit der Einführung von Gruppenarbeit 107
Dipl.-Psych. Mathis Kuchejda, Schmidt & Haensch GmbH & Co., Berlin

Marktnahe Montagekonzepte 129
Oskar Radziszewski, Grohe Thermostat GmbH, Lahr

Wirtschaftlichkeit flexibler Systeme 169
Dipl.-Ing. Siegfried Bauer, Fraunhofer-Institut für Arbeitswirtschaft und Organisation (FhG-IAO), Stuttgart

Produktivere Montagesysteme 213
Dipl.-Ing. Dipl.-Wirtsch.-Ing. Norbert Baszenski, Gesamtverband der metallindustriellen Arbeitgeberverbände e.V., Köln

Produktivere Montagesysteme 243
Dipl.-Volkswirt Bartholomäus Pfisterer, Industriegewerkschaft Metall, Frankfurt

Entwicklungstendenzen in der Montage
Potentiale des Standorts Deutschland

Prof. Dr.-Ing. Günther Seliger
Institut für Werkzeugmaschinen und Fertigungstechnik (IWF), Berlin

Dipl.-Soz. Helga Karl
Institut für Werkzeugmaschinen und Fertigungstechnik (IWF), Berlin

Entwicklungstendenzen in der Montage

Potentiale des Standorts Deutschland

Prof. Dr.-Ing. Günther Seliger
Institut für Werkzeugmaschinen und Fertigungstechnik (IWF), Berlin

Dipl.-Soz. Helga Karl
Institut für Werkzeugmaschinen und Fertigungstechnik (IWF), Berlin

1 Ökologie, Hierarchieabbau und Flexibilisierung in der Montage - Ansatzpunkte zur Sicherung der Wettbewerbsfähigkeit?

Die Industrie ist im Umbruch. Das wird im betrieblichen Alltag so sichtbar wie in den Debatten um die Zukunft des Produktionsstandortes Deutschland (Abb. 1) und den Bedeutungen von Begriffen.

Modularisierung zum Beispiel galt und gilt im Zusammenhang mit Montage als ein wichtiger Ansatzpunkt, um durch eine effizientere Produktion zur Sicherung der Wettbewerbsfähigkeit der Betriebe und der Arbeitsplätze beizutragen.

Der Unterschied zwischen früheren und heutigen Debatten liegt im Kontext: Früher war mit Modularisierung vor allem der modulare Aufbau von Produkten und Baugruppen (Abb. 2) gemeint. Durch fertigungs- und montagegerechte Produktgestaltung können erhebliche Rationalisierungspotentiale erschlossen oder erfolgreiche Automatisierungen überhaupt erst ermöglicht werden. Automatisierung galt als wesentlicher Entwicklungspfad in der Montage, um im Hochlohnland Deutschland wettbewerbsfähig bleiben zu können. Durch Automatisierung wurden viele repetitive Teilarbeiten abgeschafft. Die verbliebenen Arbeitsplätze zur Steuerung, Überwachung und Reparatur der Anlagen erfordern höhere Qualifikationen, nutzen dadurch die spezifischen Qualifikationspotentiale gut ausgebildeter Arbeitnehmer.

Heute wird der Begriff Modularisierung öfter im Zusammenhang mit Organisationsgestaltung und Arbeitsstrukturierung verwendet. Modularisierung ist ein Ziel bei der Gestaltung von Montagesystemen, dem letzten Ort im Produktionsprozeß vor der Auslieferung des Produktes an den Kunden.

Die steigende Komplexität durch größere Produktvielfalt, durch Verkürzung von Entwicklungs- und Durchlaufzeiten, durch den Marktdruck zur stärkeren Kundenorientierung, denen Unternehmen und ihre Mitarbeiter ausgesetzt sind, soll durch

Zerlegung der Fertigung und Montage in überschaubare organisatorische Einheiten reduziert werden. Technikzentrierte Entwicklungspfade zur Steuerung dieser komplexen Prozesse sind für viele - vor allem kleinere und mittelständische Betriebe - unter anderem zu kapitalintensiv.

Rationalisierungsstrategien haben heute zunehmend die Restrukturierung der Organisation und die Personalentwicklung zum Ziel. Selbststeuernde Einheiten von Produktionsarbeitern sollen helfen, Durchlaufzeiten zu verkürzen, durch ständige Verbesserungen Verschwendung zu beseitigen und durch Reduzierung des Betreuungs- und Überwachungsaufwandes für die Produktionsarbeiter Kosten zu senken.

Die Montagesysteme der Zulieferindstrie unterliegen einem starken Veränderungsdruck durch den Markt. Tendenzen der Abnehmer, ihre Fertigungstiefe und auch die Zahl der Lieferanten zu verringern, verstärken nicht nur allgemein den Wettbewerbsdruck. Zulieferer ohne produktspezifische Wettbewerbsvorteile unterliegen in besonderem Maße dem Preisdruck mit entsprechenden Anforderungen an die Montage.

Entwicklungen, vom Teileeinkauf zum Komponenten- und Systemeinkauf überzugehen und Bestände im Materialfluß zwischen Lieferant und Abnehmer zu reduzieren, erhöhen im Zulieferbetrieb, und hier insbesonders in der Montage, die Anforderungen an die Qualität wie an zeitgenaue Lieferung. Die Synchronisierung der Endmontage des Zulieferers mit der Produktion des Abnehmers erfordert eine Weiterentwicklung der inner- und zwischenbetrieblichen Logistikkonzepte. Innovationen finden vor allem auf der Ebene der Organisationsentwicklung statt. Es bilden sich in der Fabrik und speziell in der Montage Organisationsstrukturen mit kurzen Regelkreisen und Entscheidungswegen heraus. Die Kompetenzverlagerung in die Produktion erfordert Personalentwicklung, sowie eine flexible durchgängige informationstechnische Unterstützung, die dezentrale Entscheidungszentren unterstützt.

Wie sehr die Veränderungsprozesse in der Montage auch die zwischenbetrieblichen industriellen Beziehungen ergreifen bzw. wie neue Produktionskonzepte in einem Betrieb die Montage des anderen Betriebes prägen können, zeigt ein Beispiel: Just in time durch räumliche Integration.

Es entstammt der Automobilindustrie. Die zwischenbetriebliche Beziehung reicht über die bisherige Form der inhaltlichen Kooperation von Systemlieferanten und Abnehmern hinaus. Neu ist, wie eine enge logistische Integration in der Montage zweier Unternehmen durch räumliche Integration geschaffen wird. Bei Mercedes-Benz im Werk Bremen hat die Firma Keiper Recaro[1] die Sitzproduktion und auch ihre Montage vor Ort, im Automobilwerk, übernommen.

Ökologische Bestrebungen werden im nächsten Jahrzehnt in bisher kaum gekannten Maße die Montage beeinflussen. Der Wertewandel in der Gesellschaft, der dem Thema Schonung von Natur und Ressourcen einen zentralen Stellenwert zuweist, hat zu ordnungsrechtlichen Vorschriften wie auch zu Zertifikaten zum Zweck der Schadensvermeidung geführt (Abb. 3 - 7).

Dadurch entsteht ein materieller Zwang, ökologische Anforderungen an die Gestaltung zukünftiger Produkte und Prozesse zu berücksichtigen. Demontagegerechte Produktgestaltung[2] ist ein zwingendes Erfordernis, um zum Beispiel die Produktkomplexität technischer Konsumgüter zu reduzieren und so den Recyclingprozeß zu erleichtern. Der Bau und der Betrieb zukünftiger industrieller Demontageanlagen ist produktionstechnisches Neuland.

Durch die Versuche einer montagegerechten Konstruktion sind viele allgemein relevante technologische Weiterentwicklungen zu erwarten, wie zum Beispiel die Gestaltung und Anordnung von Verbindungselementen, die sowohl eine leichte Demontage erlauben sowie den übrigen konstruktiven Anforderungen entsprechen.

In vielen Fällen hat die montagegerechte Produktgestaltung zugleich die Wartungsfreundlichkeit von Investitionsgütern gesteigert. Durch die Anforderungen an demontagegerechte Produktgestaltung und Versuche der Realisierung ist mittelfristig ein Innovationsschub in der Montage allgemein zu erwarten. Offen bleibt derzeit, welche Formen der Arbeits- und Prozeßgestaltung in der Montage dadurch begünstigt werden. Geltende oder geplante Verordnungen im Rahmen der Europäischen Union, wie die "Ökoauditverordnung" (EU-Verordnung Nr. 1836/93), werden diesen Entwicklungstrend zur Veränderung der Produktgestaltung und der

---

1 Produktion, 15.9.1994.

2 Seliger, G.; Kriwet, A.: Demontagegerechte Produktgestaltung - Methodische Grundlagen und Werkzeuge für den Konstrukteur. In: Dokumentation der 1. Chemnitzer Konstrukteurstage. Stuttgart 1993.

Seliger, G.; Hentschel, C.; Zussman, E.: Recycling Process Planning for Discarded Complex: A Predictive and Reactive Approach. In: Proceedings of 2. Int. Seminar on Life Cycle Engineering. CIRP RECY '94. Bamberg 1994.

Montage unterstützen[3]. Verstärkt wird die Notwendigkeit den gesamten Produktlebenszyklus zum Gegenstand einzelbetrieblicher wirtschaftlicher Betrachtung zu machen.

Am Beispiel von Gestaltungsprojekten soll die Diskussion geführt werden, wie die verschiedenen genannten Innovationen in der Montage zur Sicherung der Wettbewerbsfähigkeit des Industriestandortes Deutschland beitragen können.

2 Trends in der Montage - Integrierte Entwicklung von Technik, Organisation und Qualifizierung

Viele Untersuchungen über Entwicklungstendenzen in der Montage lenkten noch vor wenigen Jahren das Augenmerk auf Automatisierungsprozesse, insbesondere auf flexible Automatisierung in der Serienmontage. Das BMFT begleitete diese Entwicklung durch Modellvorhaben, in denen eine menschengerechte Gestaltung dieser neuen Form von Produktionsarbeit versucht werden sollte.

Durch modulare und montagegerechte Produktgestaltung, durch Entwicklungsschübe in der Handhabungstechnik und durch eine integrierte technische Entwicklung von Produkten und Betriebsmitteln konnten in der Serienmontage erhebliche Poduktivitätspotentiale erschlossen werden. Durch kontinuierliche technische Innovationen sind weitere Produktivitätsverbesserungen möglich. Zum Beispiel können bei Ersetzung konventieller Werkstoffe bei Linearachsen durch leichtere faserverstärkte Werkstoffe, wie in Forschungsprojekten gezeigt wurde, die Taktzeiten um bis zu 40 % reduziert werden (Abb. 8 und 9).

Datenintegration und der Einsatz leistungsfähiger Rechner in der Auftragssteuerung, der Materialversorgung allgemein und der programmierbaren Zuführ- und Ordnungstechnik ermöglichen erst flexible Montagezellen und Montagelinien wie auch Hybridsysteme, wie sie heute in der Serienmontage anzutreffen sind. Die Implementierung durchgängiger informationstechnischer Systeme war unter wirtschaftlichen Gesichtspunkten früher eher Großbetrieben vorbehalten und ist heute auch für kleine und mittlere Unternehmen realisierbar. Allerdings unterstützen die

---

[3] Beck, M. (Hrsg.): Ökobilanzierung im betrieblichen Management. Würzburg, 1993. R. Keck: Ökobilanzierung - Teil des Qualitätsmanagements. In: QZ Qualität und Zuverlässigkeit. Zeitschrift für industrielles Qualitätsmanagement, 9/1994.

marktüblichen preiswerten informationstechnischen Systeme für kleinere und mittlere Betriebe Dezentralisierung und Kompetenzverlagerungen in die Fertigung und Montage noch unzureichend.

Bei Dezentralisierung und Kompetenzverlagerung in die Werkstatt kann schnell die Transparenz über den Produktionsfortschritt verloren gehen oder die laufende Kontrolle über die Kosten. Darum sollten zielgruppenadäquate informationstechnische Systeme den Arbeitern den Informationszugriff auf alle zur Aufgabenerledigung benötigten logistischen und Kostendaten ermöglichen. Sie sollten operative Maßnahmen, wie zum Beispiel Materialbestellungen durch die Arbeiter selbst, erleichtern und dem Management Daten für das Controlling liefern.

Ein Schwerpunkt zukünftiger geförderter Modellvorhaben könnte also sein, auf dem Markt existierende Informationstechnik in Projekten in und mit mittelständischen Unternehmen so anzupassen, daß konsequent Gruppenarbeit in der Fertigung und Montage unterstützt wird. Der größte Nutzen würde vermutlich entstehen, wenn es gelingt, derartige Technikentwicklungen für neue Produktionskonzepte in einem einzelnen oder einem Verbund von Betrieben gleichzeitig mit entsprechender Organisations- und Personalentwicklung durchzuführen.

In bisherigen, vom Bundesminister für Forschung und Technologie (BMFT) geförderten Modellvorhaben im Bereich Montage wurden viele Gestaltungskonzepte realisiert, die als Gesamtlösung oder in einzelnen Elementen zur Problemlösung für andere Betriebe nutzbar sind. Das vom BMFT im Rahmen des Förderprogramms Arbeit und Technik geförderte Verbundprojekt "Trans-Verdi" (Transfer und Verdichtung von humanzentriertem Gestaltungswissen in der rechnergestützten Serienmontage; Förderkennzeichen 01HH 102/0) soll durch die zielgruppenspezifische Aufbereitung von Untersuchungs- und Projektergebnissen den Transfer unterstützen (Abb. 10 und 11). Es sei hier nur exemplarisch auf einige Projektergebnisse verwiesen[4].

Bei SEL wurde für die Elektronikproduktion ein Gruppenarbeitskonzept entwickelt und erprobt. Die betriebswirtschaftlichen Resultate dieser Form der Arbeitsstrukturierung waren unter anderem deutliche Verbesserungen der Qualität und

---

[4] Ausführlich siehe IAO, IPK, GfAH (S. Bauer, M. Eger, H. Karl und R. Winter-Hoss): Synopse zum Montageverbund "Trans-Verdi". Teil I: Zusammenfassung, Teil II: Einzelvorhaben, 1994.

eine Verkürzung, teilweise Halbierung, von Durchlaufzeiten. Das Modell, in Berlin entwickelt, wurde inzwischen von anderen SEL-Werken übernommen.

Ähnlich positive Ergebnisse mit Gruppenarbeit in der Montage wurden in anderen Modellvorhaben erreicht (vgl. den Bericht der Firma Grohe in diesem Band).

Verbundprojekte mit kleinen Firmen aus den neuen Bundesländern haben gezeigt, daß trotz der spezifischen Ausgangsbedingungen viele der in Firmen der alten Bundesländer erarbeiteten Projektergebnisse übertragbar und auch für andere von Nutzen sind.

Viele Gestaltungskonzepte, die heute im Zusammenhang mit lean production oder anderen Formen von Fabrikstrukturierung in Richtung selbststeuernder dezentraler Einheiten diskutiert werden, wurden in Modellvorhaben der BMFT-Förderprogramme "Humanisierung der Arbeit" und "Arbeit und Technik" bereits erprobt. Dies gilt besonders für den Bereich Montage. Die Aufbereitung dieses Wissens kann Fehler vermeiden helfen und hoffentlich zukunftsorientierte Anstöße geben.

3 Montagesysteme für kleinteilige Produkte - Problemlösungen mit dem Ziel der Humanisierung der Arbeit und Wirtschaftlichkeit

3.1 Automatisierung oder Produktionsverlagerung nach Osteuropa?

Automatisierung in der Serienmontage galt lange Zeit als ein wesentlicher Entwicklungspfad, um durch eine kostengünstige Produktion den Betriebsstandort zu sichern [5]. Hat sich an dieser Strategie durch den leichteren Zugang zu osteuropäischen Ländern mit ihren billigen und in Tschechien oder Ungarn auch gut ausgebildeten Arbeitskräften etwas geändert? An einem exemplarisch ausgewählten Beispiel sollen Standortbedingungen für Montagesysteme diskutiert werden.

Eines der höchstautomatisierten Montagesysteme für kleinteilige Produkte in Deutschland wird mit Erfolg in einer ländlich geprägten bayerischen Kleinstadt betrieben, nahe der Grenze zur früheren tschechischen Republik. Das RAK-System - RAK steht für Rechnergesteuerte Automatisierte Kleinschützfertigung - ist eine "Fabrik in der Fabrik", ein vollautomatisiertes Produktionssystem mit integrierten

---

[5] Untersuchungen im Rahmen des Forschungsprojektes "Perspektiven von Frauen und Frauenarbeit in der Montage".

Fertigungsstraßen zur Herstellung von Teilen und Montage von Baugruppen, die zur Endmontage zusammengeführt werden. Es ist in der Betriebsstätte Cham des Siemens-Gerätewerkes Amberg installiert. Die Anlagenverfügbarkeit des RAK-Systems ist hoch. Es ist möglich, mit Losgröße 1 zu produzieren. Im Jahr 1992 hatten ca. 50 % der Aufträge eine Losgröße unter 100, fast 95 % eine Losgröße unter 200 Stück. Die wenigen wichtigen Zulieferer, zum Beispiel für Kunststoffteile, haben ihren Standort in räumlicher Nähe und sind in der Lage just in time und qualitätsgerecht zu liefern.

Die Gründe bei der Entscheidung für den außergewöhnlich hohen Automatisierungsgrad waren erhoffte Kostenvorteile gegenüber manuellen Montagen bzw. teilautomatisierten Montagesystemen, angesichts der prognostizierten hohen Stückzahlen, ein gesichertes Marktsegment und eine lange Produktlebensdauer.

Eine Prüfung der Standortbedingungen und der Gründe für diese Investitionsentscheidung verweist einerseits auf Qualifikationspotentiale, die in Osteuropa noch nicht gegeben sind, andererseits wird deutlich, daß sich die Bedingungen für zukünftige Montagesysteme durch die marktwirtschaftliche Ausrichtung der mittel- und osteuropäischen Länder erheblich verändert haben.

Erfolgsvoraussetzungen für die Entwicklung dieses komplexen Automatisierungsprojektes waren:

- die grundlegende konstruktive Überarbeitung des Produktes, also eine simultane Produkt- und Betriebsmittelentwicklung,

- das beträchtliche technologische Know-How im Siemens-Gerätewerk Amberg, das durch die jahrzehntelange Praxis der Entwicklung eigener Betriebsmittel und Automatisierungssysteme entstanden ist und

- die umfangreichen Erfahrungen beim Einsatz von weitgehend automatisierten Montagesystemen für die Großserienfertigung. Dazu zählt RIAS - rechnerintegrierte automatisierte Schützmontage. Mit RIAS, installiert im Gerätewerk Amberg, werden drei Gerätetypen mit 560 Varianten in beliebiger Losgröße montiert, geprüft, beschriftet und verpackt. Die Taktzeit des Systems beträgt 3,5 Sekunden pro Gerät.

Welche Standortbedingungen sind notwendig, um ein derartiges Montagesystem mit Erfolg im Einsatz zu betreiben? Wie ist es gelungen, in einer Betriebsstätte in einer ländlichen Region eine gute Anlagenverfügbarkeit zu erzielen?

- Kontinuierliche Prozeßverbesserungen erfordern regelmäßige Rückkopplungen zwischen Produktion und den Konstrukteuren der Betriebsmittel. Dies ist in dem genannten Beispiel durch die räumlich geringe Entfernung (1 Stunde Autofahrt) zwischen dem Hauptwerk mit der Forschungs- und Entwicklungsabteilung und dem Standort der Betriebsstätte gewährleistet.

- Eine qualifizierte Systemmannschaft muß die Überwachung der kapitalintensiven Anlage sichern, um eine gute Anlagenverfügbarkeit zu erreichen. Es hat sich gezeigt, daß es kein Problem war, an diesem Standort aus qualifizierten und hochmotivierten Facharbeitern Systembetreuer auszuwählen. Außerdem ist das Lohnniveau geringer als beispielsweise in großstädtischen Ballungsgebieten, ebenso die Fehlzeitenrate.

Würde man heute, angesichts erleichterter Möglichkeiten der Produktionsverlagerung in osteuropäische Länder, eine andere strategische Entscheidung bei der Auswahl des Montagesystems treffen?

Man könnte derzeit ein solches hochautomatisiertes System nicht an einem Standort 30 km weiter östlich, also in der tschechischen Republik, betreiben. Die enge Verbindung zwischen Entwicklung und Konstruktion der Produkte und Betriebsmittel einerseits und der Fertigung und Montage andererseits, die Innovationen fördert und zugleich Voraussetzung für die kontinuierliche Verbesserung des Systems ist, wäre nicht aufrecht zu erhalten.

Eine andere Frage ist jedoch, welche Produkte zukünftig noch profitabel in Deutschland montiert werden können und welche Montagen - um Kostenvorteile zu erzielen - in mittel- und osteuropäische Länder verlagert werden sollen?

Viele mittelständische Betriebe, beispielsweise in Bayern, prüfen derzeit Produktionsverlagerungen nach Tschechien. Das Qualifikationspotential ist dort im Vergleich zu östlicheren Ländern eher gut. Die Lohnkostenvorteile sind noch erheblich, auch im Vergleich zu den Löhnen in den deutschen Grenzregionen. Die räumliche Nähe und kulturelle Ähnlichkeiten - viele Bewohner sprechen deutsch - begrenzen die erforderlichen Transaktionskosten.

Konzerne arbeiten Osteuropa-Strategien aus. Die Vorgehensweisen beim Aufbau von Produktionsstätten in den mittel- und osteuropäischen Staaten gleichen sich.

Nehmen wir als Beispiel den Aufbau eines Werkes in Ungarn durch den Automobilzulieferer ITT Automotive Europe[6].

ITT begann mit dem Aufbau eines Zweigwerkes für einfachere Produkte, zuerst für Schalter und Kabel. Der Qualitätsleiter und der für Technik Verantwortliche sind deutsche Fachkräfte. In der Aufbaustufe wird das Werk ergänzt durch eine eigenständige Wareneingangs- und Qualitätsprüfung. Zudem sollen Zulieferer im Lande entwickelt werden. Dies geschieht derzeit mit Hilfe deutscher Zulieferer, die von ITT aufgefordert wurden, mit ungarischen Partnern ein Joint-Venture einzugehen.

In einer dritten Ausbaustufe, bereits Ende 1994, sollen ABS-Sensoren und Türhaltebänder im ungarischen Werk hergestellt werden.

Die geplanten Montagesysteme unterscheiden sich von denen in Deutschland durch den geringeren Automatisierungsgrad. Die Lohnkosten im ungarischen Werk betragen 1,50 DM/Stunde. Vor allem jedoch fehlen die für die effiziente Nutzung mechanisierter bzw. automatisierter Betriebsmittel erforderlichen Facharbeiter für Programmierung, Überwachung und Störungsbeseitigung.

Übertragbar sind Konzepte zur Gestaltung von Montagesystemen vor allem mit manuellen Arbeitsplätzen, die darauf zielen, den Materialfluß zu optimieren und die Durchlaufzeit zu reduzieren. Ansatzpunkte der Rationalisierung in den osteuropäischen Montagen sind anfangs wahrscheinlich die Arbeitstätigkeiten selbst. Formen der Arbeitsstrukturierung, die auf die Selbstorganisation und Motivation der Mitarbeiter setzen wie etwa Gruppenarbeit, werden mittelfristig wahrscheinlich auch in osteuropäischen Fabriken erprobt werden. Die Erfahrungen beim Transformationsprozeß[7] der ostdeutschen Unternehmen haben gezeigt, wie hart und einschneidend die erforderlichen Anpassungsprozesse der Arbeitnehmer für die Betroffenen sind. Insofern ist zu erwarten, daß die Transaktionskosten beim Aufbau von Zweigwerken in Osteuropa zur Zeit noch beträchtlich sind. Solange es durch den Aufbau zukunftsorientierter Betriebsstrukturen und auch Personalent-

---

[6] Stufenweise zur Selbstständigkeit. ITT Automotive eröffnet erstes osteuropäisches Werk in Ungarn. In: Produktion Nr. 37, 15.9.1994.

[7] Karl, H.: Elemente des Transformationsprozesses der Betriebe. In: IMT, Bereich Montagetechnik (Hrsg.): Problemlagen Ostberliner Betriebe im Metall- und Elektrobereich. Gutachten für den Senator für Wirtschaft und Technologie des Landes Berlin. Berlin, 1992.

wicklungen noch nicht geglückt ist, die Kundenorientierung im Produktionsalltag handlungsleitend werden zu lassen, werden Gestaltungskonzepte für Montagesysteme, die auf der Eigenaktivität und Motivation der Mitarbeiter aufbauen bestenfalls Inseln im osteuropäischen Fabrikalltag bleiben.

3.2 Gruppenarbeit mit älteren Montagearbeiterinnen - Montagesystem für Produkte mit sinkenden Stückzahlen und einem großen Typen- und Variantenspektrum

Unsere Untersuchungen haben gezeigt, daß Montagesysteme für Produkte im letzten Drittel ihres Lebenszyklusses (Abb. 17) in vielen Betrieben mit wenig Aufmerksamkeit bedacht werden. Arbeitskräfte werden meist entsprechend den sinkenden Anzahl zu produzierender Stückzahlen kontinuierlich abgebaut. Oft entfällt jedoch die nach einigen Jahren dringend nötige grundlegende Reorganisation des Montagesystems. Es wird nichts mehr in das "absterbende" System investiert. Nimmt man als Indikator für die Bedeutung solcher Produkte für das Unternehmen den technologischen Neuheitsgrad, so mag das spontane Desinteresse nachvollziehbar sein. Die historischen Verdienste, Cash-Bringer für den Betrieb und die Finanzierung der technologisch nächsten Produktgeneration - meist von Elektronikprodukten - gewesen zu sein, sind kein Argument eine unrentabel gewordende Produktion weiter zu führen.

In vielen Fällen ist dieses Desinteresse ökonomisch nicht zu begründen. Denn der aktuelle Beitrag eines solchen Produktspektrums zum Umsatz, vor allem bei mittelständischen Unternehmen, ist mit 20 % bis 40 % je Betrieb noch beträchtlich. Oft können die alten "absterbenden" Produkte noch kostendeckend produziert und verkauft werden, während die technologisch neuen innovativen Produkte schon bei konjunkturellen Änderungen oder bei gestiegenem Preisdruck keine ausreichenden Deckungsbeiträge mehr erbringen.

Projektziel in einem mittelständischen Berliner Betrieb[8] ist es, eine übertragbare Form der Arbeitsstrukturierung zu finden, die es ermöglicht, kostendeckend mit der vorhandenen Belegschaft trotz weiter sinkender Stückzahlen und einer hohen

---

[8] Pilotvorhaben Arbeit und Technik des Landes Berlin: Überbetriebliches Verbundprojekt "Betriebliche Innovationsentwicklung" mit den mittelständischen Berliner Betrieben Bogen, Meßelektronik, Schleicher und Schmidt & Haensch. Begleitforschung IWF, Bereich Montagetechnik.

Varianz an Typen die Produktion von elektro-mechanischen Relais aufrecht zu erhalten. Wegen der durch die Berlinförderung jahrzehntelang präfererierten hohen Fertigungstiefe sind auch Arbeitsplätze in der Vorfertigung vom Gelingen dieses Vorhabens abhängig.

Die Belegschaft in dieser Montage besteht aus 24 Personen, darunter einem Meister, zwei Einrichtern und 17 angelernten Montagearbeiterinnen. Das Durchschnittsalter liegt bei 50 Jahren, die Betriebszugehörigkeit beträgt durchschnittlich über 20 Jahre. Diese 20 Jahre haben die Montagearbeiterinnen fast ausschließlich im Einzelakkord gearbeitet. 5 Mitarbeiterinnen befinden sich im "Lohnausgleich bei verminderter Leistungsfähigkeit", weitere werden in den nächsten 1 - 2 Jahren folgen. Die Anforderungen in der Montage und beim Prüfen sind teilweise hoch. Eine effiziente Montage erfordert angesichts der großen Produkt- und Variantenvielfalt eine breite Qualifikation der Arbeiterinnen auf horizontaler Ebene. Den Einschränkungen im Personaleinsatz, die durch körperliche Abnutzung durch jahrzehntelange Akkordarbeit verursacht wurden, stehen als Stützpunkt für einen flexiblen Personaleinsatz das beträchtliche Erfahrungswissen bei der Montage dieser Produkte gegenüber.

Der Betriebsrat erwartete von dem Projekt:

- eine Sicherung der Arbeitsplätze,

- den Schutz der älteren, insbesonders im Lohnausgleich beschäftigten Frauen vor nicht zumutbaren Leistungsanforderungen,

- eine Einschränkung monotoner Tätigkeiten und eine Aufgabenintegration sowie

- die Ablösung des längst disfunktional gewordenen Einzelakkordsystems durch ein Leistungslohnprinzip. Das bisherige Verdienstniveau soll nicht geschmälert werden.

Bei den Verhandlungen im Rahmen der Projektbeantragung wurde auf Vorschlag des Betriebsratsvorsitzenden als Ziel die Einführung von Gruppenarbeit in der Montage vereinbart. Dieses Ziel verfolgte ebenfalls der Produktionsleiter. Es schien aber vor Projektbeginn den beteiligten betrieblichen Tarifpartnern unwahrscheinlich bis unmöglich, dieses Gestaltungsziel konsensuell zu erreichen.

Zur Vorgehensweise

Der Arbeitsbeginn im Projekt war Januar 1994. Die Systementwicklung erfolgte im Rahmen eines betrieblichen Arbeitskreises, der durchschnittlich 14-tägig tagte. Betriebliche Mitglieder sind der Produktionsleiter (heute der Geschäftsführer), der Betriebsratsvorsitzende, eine Betriebsrätin aus der Montage, zwei weitere Montagearbeiterinnen und der Meister.

Bei der Auswahl der Mitglieder des Arbeitskreises und der Vorgehensweise wurden anfangs beide Einrichter bewußt "ausgeklammert". Lernen braucht soziale Absicherung. Der Ausklammerung der Einrichter aus den Diskussions- und Entscheidungsprozessen lag die Einschätzung zugrunde, daß die betroffenen Montagearbeiterinnen nur dann die Bereitschaft zur Kompetenzübernahme entwickeln würden, wenn ihnen zumindest für die Dauer des Projektes ein geschützter Entwicklungsraum gesichert werden kann.

Die Arbeitsweise im Arbeitskreis war anfangs bestimmt durch inhaltliche Inputs der Begleitforschung, die bewußt darauf gerichtet und beschränkt waren, Wünsche und experimentelle Ideen und Vorschläge der betrieblichen Teilnehmer aufzugreifen und die Diskussion bisheriger Tabuthemen zu moderieren. Innerhalb kurzer Zeit wurde eine konstruktive, vorher kaum für möglich gehaltene Zusammenarbeit zwischen Geschäftsführung und Betriebsrat erreicht.

Die direkt betroffenen Montagearbeiterinnen wurden in mehrfacher Weise in den Prozeß der Systementwicklung einbezogen:

- durch Vertreter im betrieblichen Arbeitskreis (in der Diskussion gleichberechtigt mit der Geschäftsführung),
- durch regelmäßige Information aller Mitarbeiterinnen in der Montage nach jeder Arbeitskreissitzung durch die Arbeitskreismitglieder aus der Montage (ohne Anwesenheit von Vorgesetzten),
- durch zwei Arbeitstagungen jeweils zu Beginn des Projekts und vor Einführung der Gruppenarbeit für alle Mitarbeiterinnen in der Montage (wiederum ohne Vorgesetzte), die von der Begleitforschung betriebsextern durchgeführt wurden. Vor allem die erste Arbeitstagung war der entscheidende frühzeitige Durchbruch, um das Vertrauen der Montagearbeiterinnen zu gewinnen.
- Wichtige Beschlüsse, etwa über das anzustrebende Modell von Gruppenarbeit (Autonomiegrad), wurden unabhängig voneinander im Arbeitskreis, in der "Voll-

versammlung" der MontagearbeiterInnen, im Betriebsrat und der Geschäftsführung gefaßt.

Die Praxis hat gezeigt, daß durch dieses konsequent beteiligungsorientierte und auf Vertrauen und Konsensbildung setzende Vorgehen alle Beschlüsse einhellig und vor allem sehr schnell gefaßt werden konnten.

Die Analyse der 70 Arbeitsplätze im bisherigen Montagesystem boten sowohl Gelegenheit zu vielen individuellen Gesprächen zwischen Begleitforschung und den Montagearbeiterinnen und waren Grundlage für alternative Vorschläge für mögliche Gruppenbildungen wie später für die Restrukturierung des Montagesystems (Abb. 18).

Die moderierte Diskussion alternativer Grobkonzepte hat erheblich zur Versachlichung des Diskussionsklimas im Betrieb beigetragen.

Es wurde beschlossen, drei weitgehend autonome Gruppen in der Montage zu bilden (Abb. 19). Die bisherigen Einrichter werden in die Gruppen als Produktionsarbeiter integriert. Der Meister wird bei veränderter Funktion - er ist primär Berater der Gruppen - beibehalten. Die Gruppenmitglieder wurden im zeitlichen Vorlauf, vor dem Start der Gruppenarbeit, durch Qualifizierung auf ihre neuen Tätigkeiten vorbereitet.

Für die Pilotphase der Gruppenarbeit - Dauer 1/2 Jahr, Start 17. Oktober 1994 - wurde eine Betriebsvereinbarung abgeschlossen, die auch die Lohnfrage für diesen Zeitraum regelt. Der Entwurf der Betriebsvereinbarung wurde vom Betriebsratsvorsitzenden im Arbeitskreis vorgelegt und dort beraten. Im Resultat wurde bei nur einer Sitzung eine inhaltliche Übereinstimmung in allen Punkten erzielt. Geschäftsführung und Betriebsrat haben innerhalb kurzer Zeit diese Betriebsvereinbarung unterschrieben.

Noch im Dezember 1994 soll der Umbau des Montagesystems stattfinden. Die Restrukturierung löst das Problem der Enge zwischen den Arbeitsplätzen und beseitigt weitere ergonomische Schwachstellen, verbessert den Materialfluß und die Übersichtlichkeit und unterstützt durch die räumliche Anordnung Gruppenprozesse.

Geschäftsführung, Betriebsrat und die Moderatorin des Projektes erwarten, daß dieses Experiment einer weitgehend autonomen Gruppenarbeit mit dieser Zielgruppe von angelernten Montagearbeiterinnen gelingt und dauerhaft zu stabilisieren ist. Damit wird aus Sicht des Betriebes ein wichtiger Beitrag geleistet, die Weiterführung dieser Produktion und der damit verbundenen Arbeitsplätze zu sichern. Die Geschäftsführung sieht, ebenso wie der Betriebsrat, außerdem einen erheblichen Nutzen durch die konstruktive Zusammenarbeit zwischen beiden betrieblichen Tarifpartnern. Der Nutzen für die Beschäftigten sind Arbeitsplatzsicherung, eine inhaltsreichere Arbeit und mehr Selbstbestimmung, ergonomisch verbesserte Arbeitsplätze und Arbeitsumgebungen und nicht zuletzt ein verbessertes Betriebsklima.

Angesichts einer sich verändernden Altersstruktur in den Betrieben im nächsten Jahrzehnt wird durch die Umgestaltung dieses Montage- und Arbeitssystems der Nachweis erbracht, daß es grundsätzlich möglich ist, mit angelernten älteren Mitarbeiterinnen, die zwei Jahrzehnte im Einzelakkord gearbeitet haben, zukunftsorientierte Produktionskonzepte zu realisieren.

3.3 Montagesysteme für neue Tätigkeiten: Gruppenarbeit in der Montage miniaturisierter Bauelemente

Fertigungstechnische Vorteile gegenüber der Verwendung bedrahteter Bauelemente, Kundenforderungen nach mehr Funktionalität und schnell verfügbaren spezifischen Lösungen sind Ursachen, warum sich die SMD-Technologie in der Elektronikindustrie relativ schnell ausgebreitet hat.

Die SMD-Technologie ist eine neue Form der Montage, die für den Hochlohnstandort Deutschland und technologisch innovative Produkte typisch ist.

Probleme bei der Einführung liegen im Bereich des Technologietransfers - vor allem kleineren und mittleren Unternehmen fehlt anfangs das Know-How für den Technologieumbruch und die Gestaltung der Arbeitsplätze. Häufig werden durch eine hohe Arbeitsteilung monotone Arbeitsplätze geschaffen, die zudem aufgrund ungenügender Gestaltung, die Mitarbeiter physisch und psychisch stark belasten. In manchen mittelständischen Betrieben wurde der Übergang zur technologischen Innovation SMD-Technologie zum Entwicklungshemmnis im Betrieb und die hohen Investionen blieben ungenutzt, weil durch mangelhaften innerbetrieblichen Technologietransfer das neue Montagesystem unzureichend "eingefahren" und ArbeitnehmerInnen unzureichend für die neuen Tätigkeiten qualifiziert worden waren.

Projektziel in diesem vom BMFT geförderten Vorhaben war es, modellhaft für kleine und mittelständische Unternehmen eine ganzheitliche, durchgängige, auf die

Anforderungen aus Sicht der Mitarbeiter ausgerichtete Einführung der SMD-Technologie durchzuführen. Es erfolgte eine integrierte Gestaltung von Organisation, Arbeitssystem, Qualifizierung und Systemintegration (Abb. 20).

In der Vorphase wurden die Beanspruchungen der Mitarbeiter bei der Montage von SMD-Bauelementen untersucht und Lösungskonzepte für ein neues System und Qualifizierungen entwickelt.

In der Hauptphase wurde eine flexible teilautomatisierte Montagelinie aus den Stationen Schablonendruck, Bestückung, Reflow-Löten, Sichtkontrolle und Reparatur realisiert. Die Betriebsmittel wurden teilweise von den Herstellern nach arbeitswissenschaftlichen Anforderungen modifiziert und die Übergabestationen so gestaltet, daß für die Mitarbeiter der Aufwand für die Handhabung und die Köperbelastung minimiert wurde.

Kern der arbeitsorganisatorischen Gestaltung ist die Einführung von Gruppenarbeit (Abb 21). Die Gruppe übernimmt die Feinsteuerung der Aufträge und ist verantwortlich für die Qualität der Produkte und Prozesse. Die sechs Mitarbeiter der Gruppe verwalten das dezentrale SMD-Lager selbst, sie können per FAX direkt beim Lieferanten Bestellungen auslösen.

Voraussetzung für das Gelingen der Gruppenarbeit waren die konsequente Unterstützung des Managements für die notwendigen Kompetenzverlagerungen in die Montage, eine sorgfältige Gestaltung bzw. mitarbeiterorientierte Optimierung des Arbeitssystems und kontinuierliche Qualifizierungsmaßnahmen.

Der Nutzen für die Mitarbeiter liegt in der besseren Arbeitsplatz- und Arbeitsumgebungsgestaltung, in erweiterten Arbeitsinhalten und Beteiligung. Die Anlagennutzungszeit hat sich erhöht. Durch die gelungene Verlagerung von Kompetenzen in die Produktion kann der laufende Betreuungsaufwand reduziert, damit Kosten eingespart und bei hoher Lieferfähigkeit die Durchlaufzeit der Aufträge und die Bestände reduziert werden.

Die Übertragung dieses Modells eines Montagesystems für die Elektronikfertigung auf andere kleine und mittelständische Unternehmen wird nur dann gelingen, wenn die Organisationsentwicklung und Arbeitsstrukturierung nicht nur als eine Anordnung von Betriebsmitteln begriffen wird, sondern zugleich als Unternehmensphilosophie. Die Kompetenzübertragung an die ProduktionsarbeiterInnen muß vom Management gewollt werden. Das Management muß vom erreichbaren ökonomischen Nutzen überzeugt sein oder werden und Vertrauen in die Fähigkeit der Produktionsmitarbeiter zur Kompetenzübernahme haben.

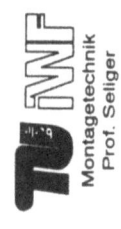

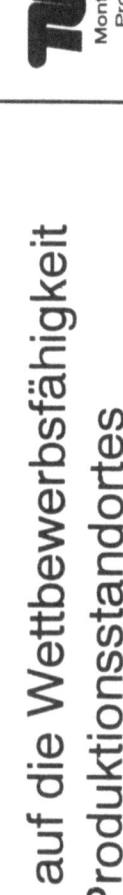

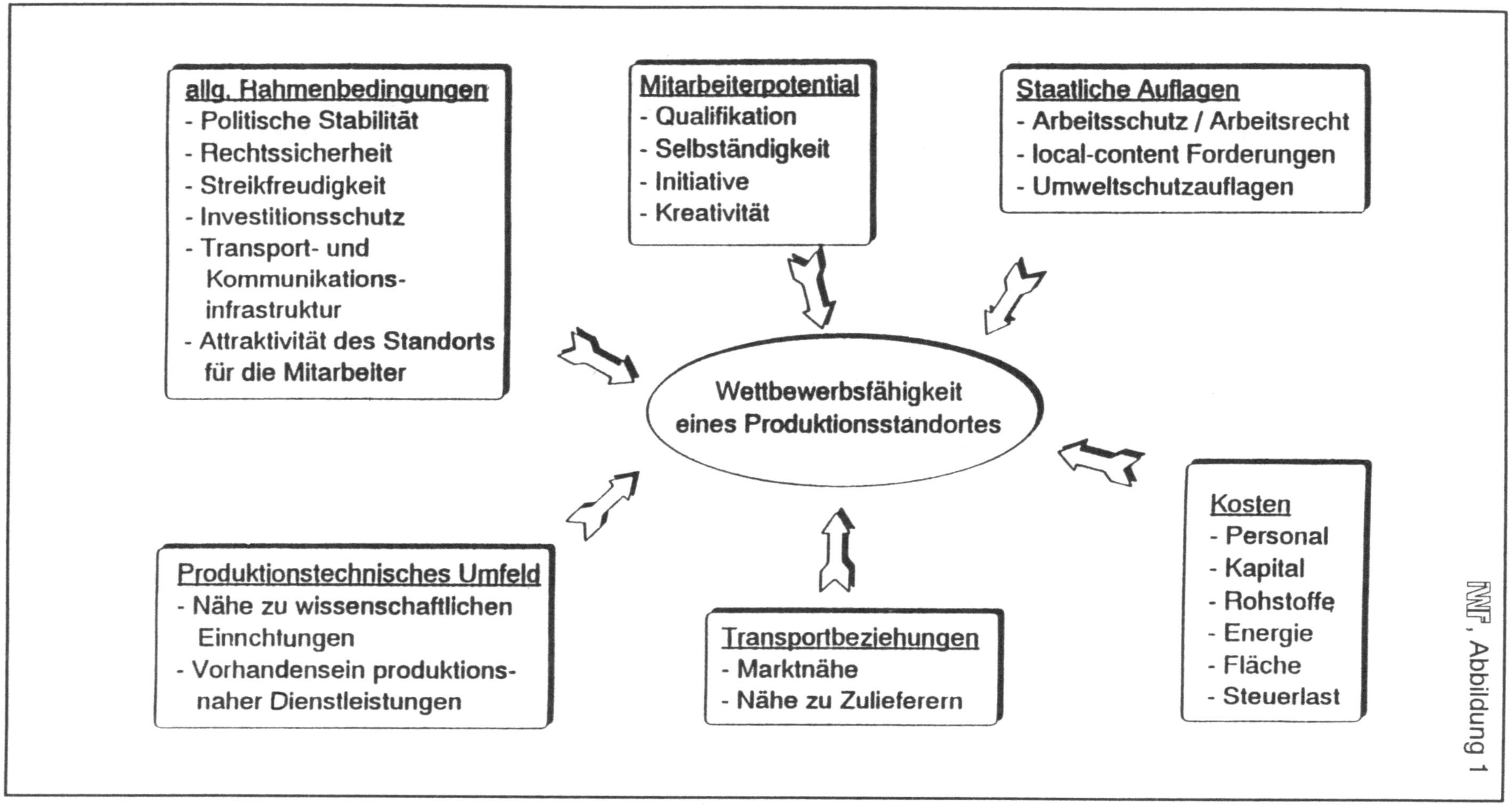
allg. Rahmenbedingungen
- Politische Stabilität
- Rechtssicherheit
- Streikfreudigkeit
- Investitionsschutz
- Transport- und Kommunikations-infrastruktur
- Attraktivität des Standorts für die Mitarbeiter
Mitarbeiterpotential
- Qualifikation
- Selbständigkeit
- Initiative
- Kreativität
Staatliche Auflagen
- Arbeitsschutz / Arbeitsrecht
- local-content Forderungen
- Umweltschutzauflagen
Wettbewerbsfähigkeit eines Produktionsstandortes
Produktionstechnisches Umfeld
- Nähe zu wissenschaftlichen Einrichtungen
- Vorhandensein produktions-naher Dienstleistungen
Transportbeziehungen
- Marktnähe
- Nähe zu Zulieferern
Kosten
- Personal
- Kapital
- Rohstoffe
- Energie
- Fläche
- Steuerlast
IWF, Abbildung 1

Einflußfaktoren auf die Wettbewerbsfähigkeit eines Produktionsstandortes

TU Berlin IWF Montagetechnik Prof. Seliger

Montagezeiten und -kosten in Abhängigkeit von der Produktstrukturierung

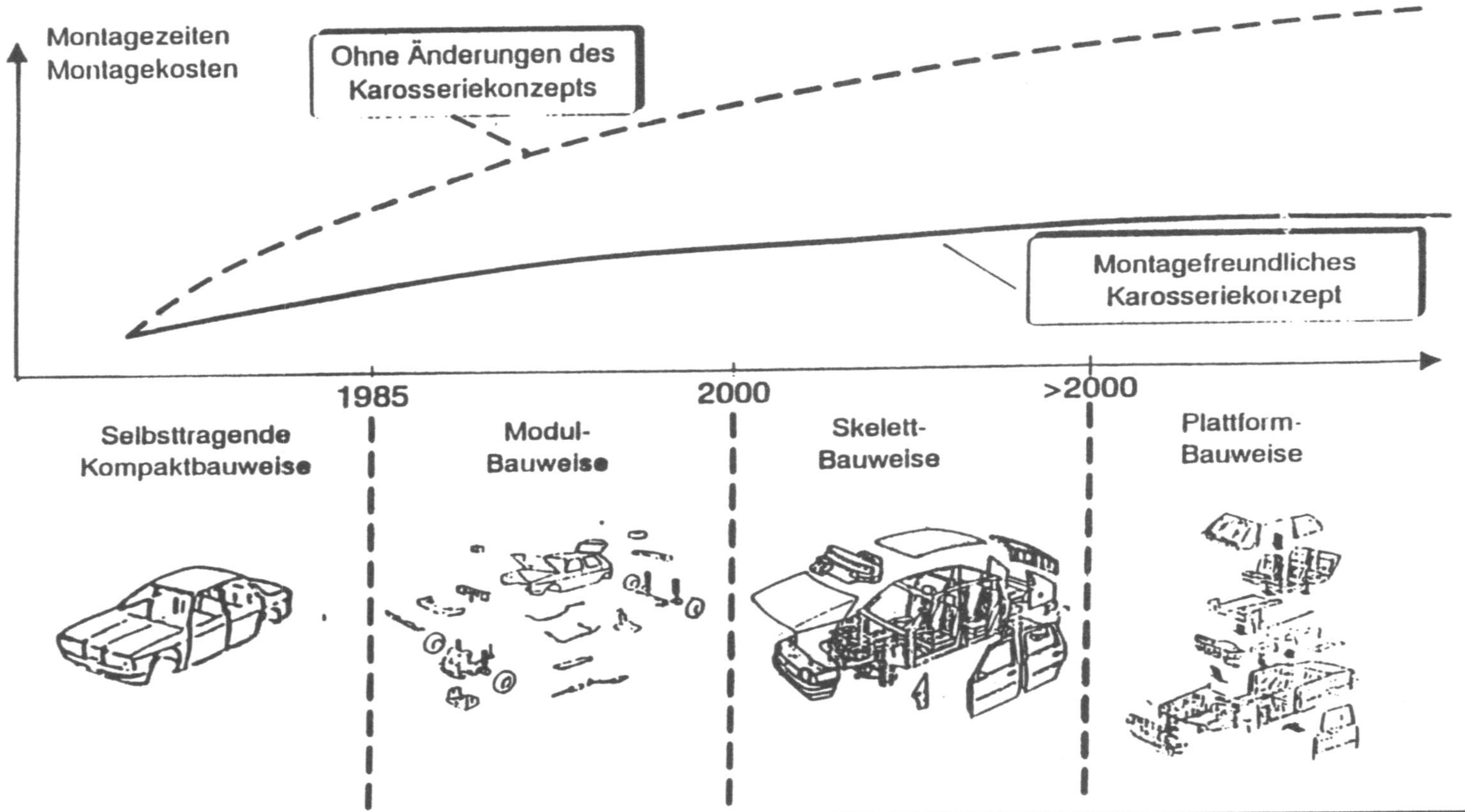

IWF, Abbildung 3

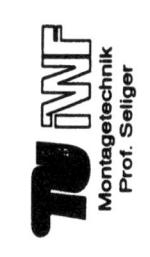

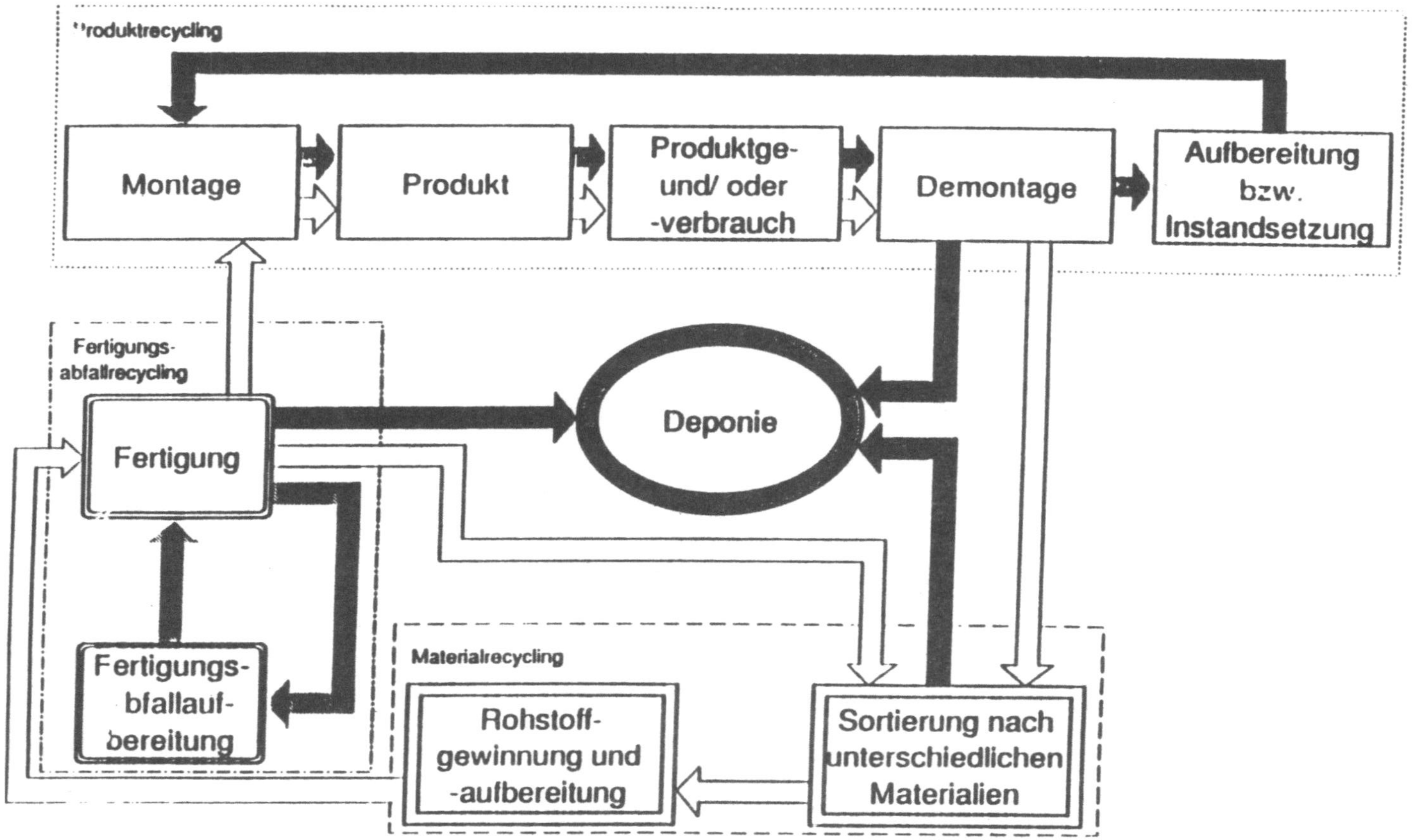

Recyclingkreisläufe

TU IWF Montagetechnik Prof. Seliger

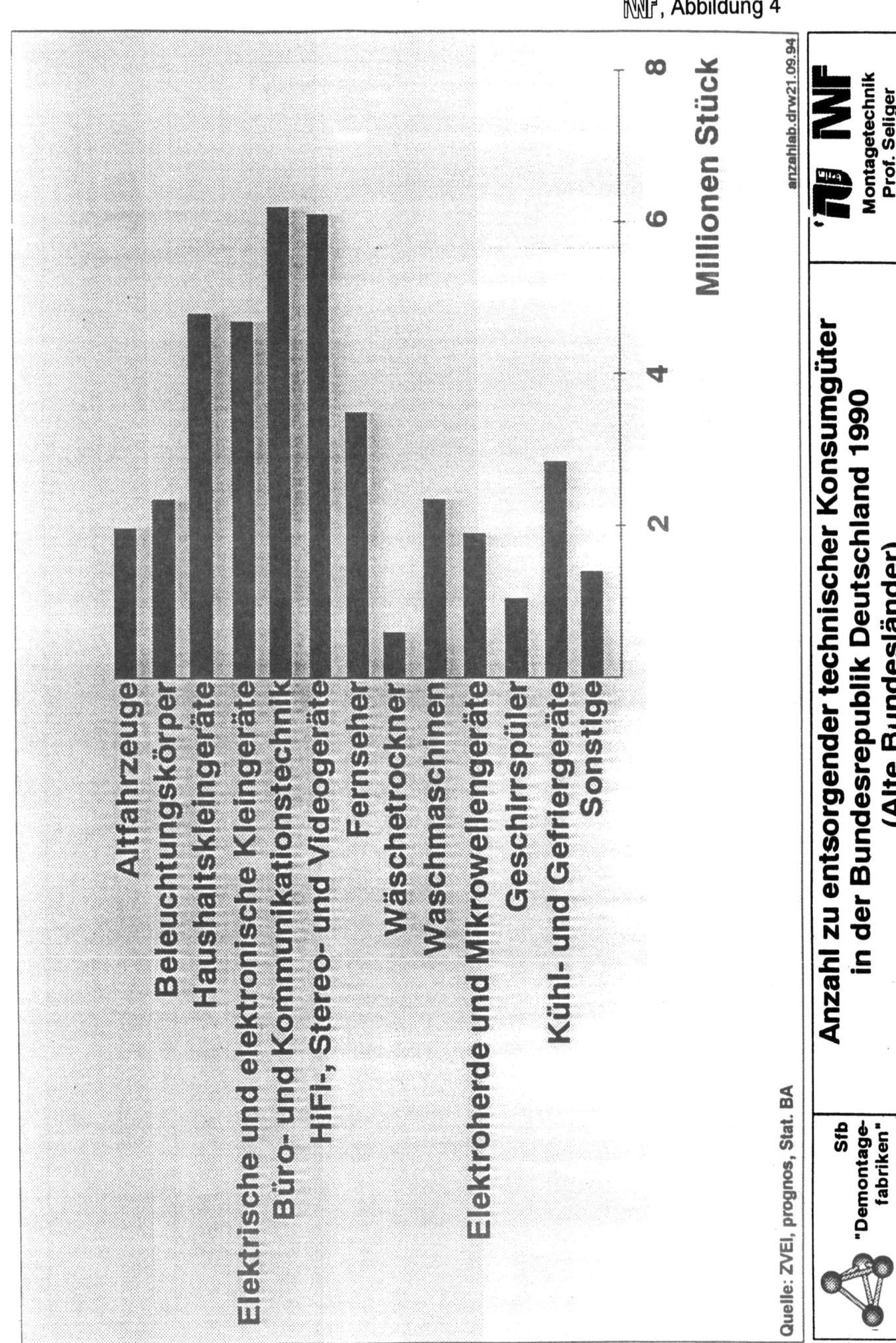

IWF, Abbildung 4

Anzahl zu entsorgender technischer Konsumgüter in der Bundesrepublik Deutschland 1990 (Alte Bundesländer)

Quelle: ZVEI, prognos, Stat. BA

IWF, Abbildung 5

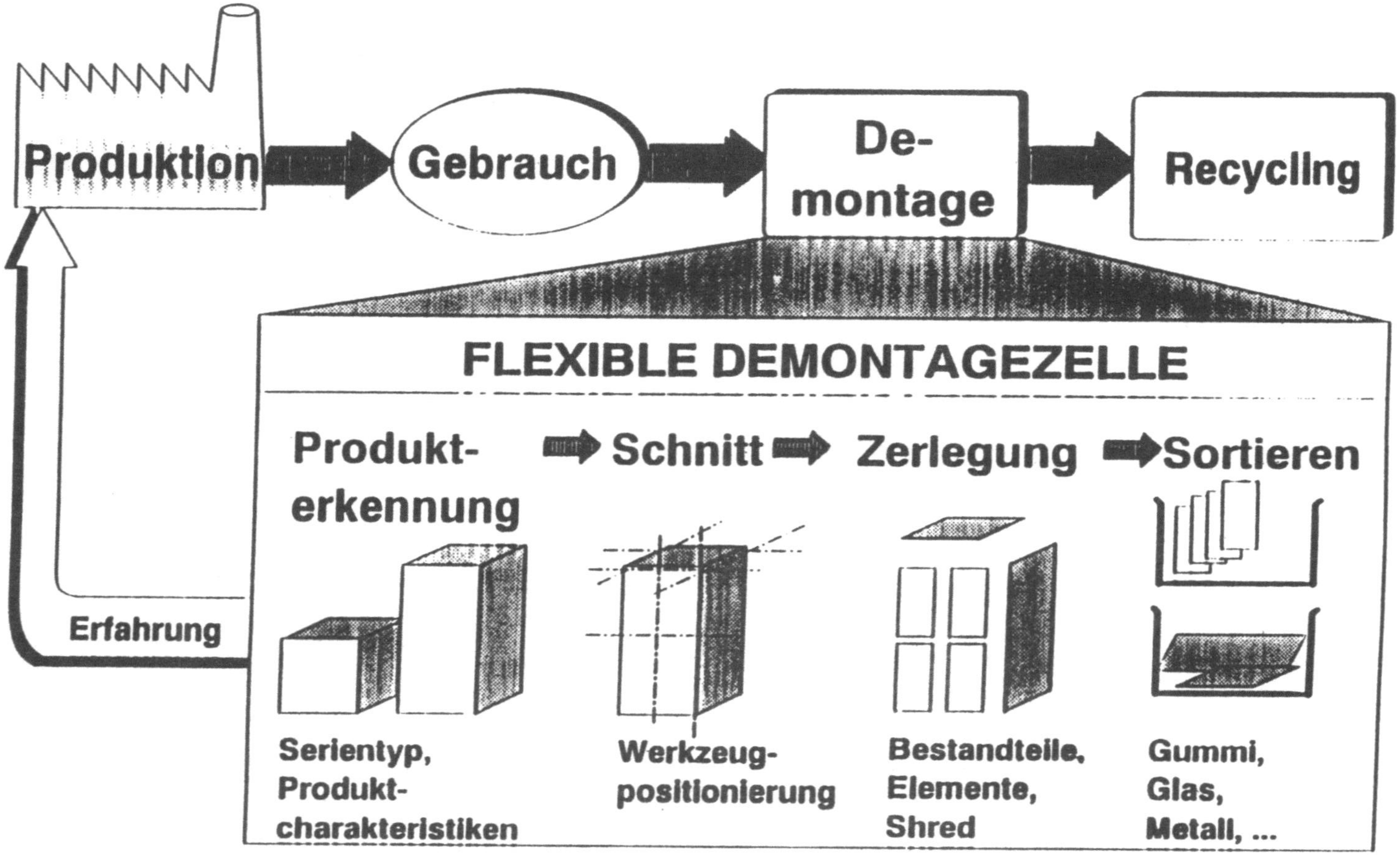

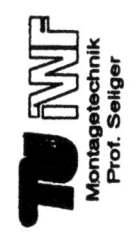

Arbeitsschritte einer flexiblen Demontagezelle

TU IWF Montagetechnik Prof. Seliger

IWF, Abbildung 6

Verfahrenstechnische Aufbereitungsverfahren (z.B. Shreddern)

+ einfacher, preiswerter Prozeß
+ hoher Massendurchsatz

– kein Recycling von Komponenten
– eingeschränktes Materialrecycling
– Verbreitung vorher lokal konzentrierter Schadstoffe
– hoher Sortieraufwand
– Restfraktion teilweise Sondermüll

Materialgemisch -> Deponie !!

Demontage

+ Komponentenrecycling möglich
+ vollständiges Materialrecycling
+ Separierung von Schadstoffen
+ geringer Sortieraufwand

– aufwendige, bisher teure Prozesse
– geringer Massendurchsatz

Gegenüberstellung von Recyclingverfahren

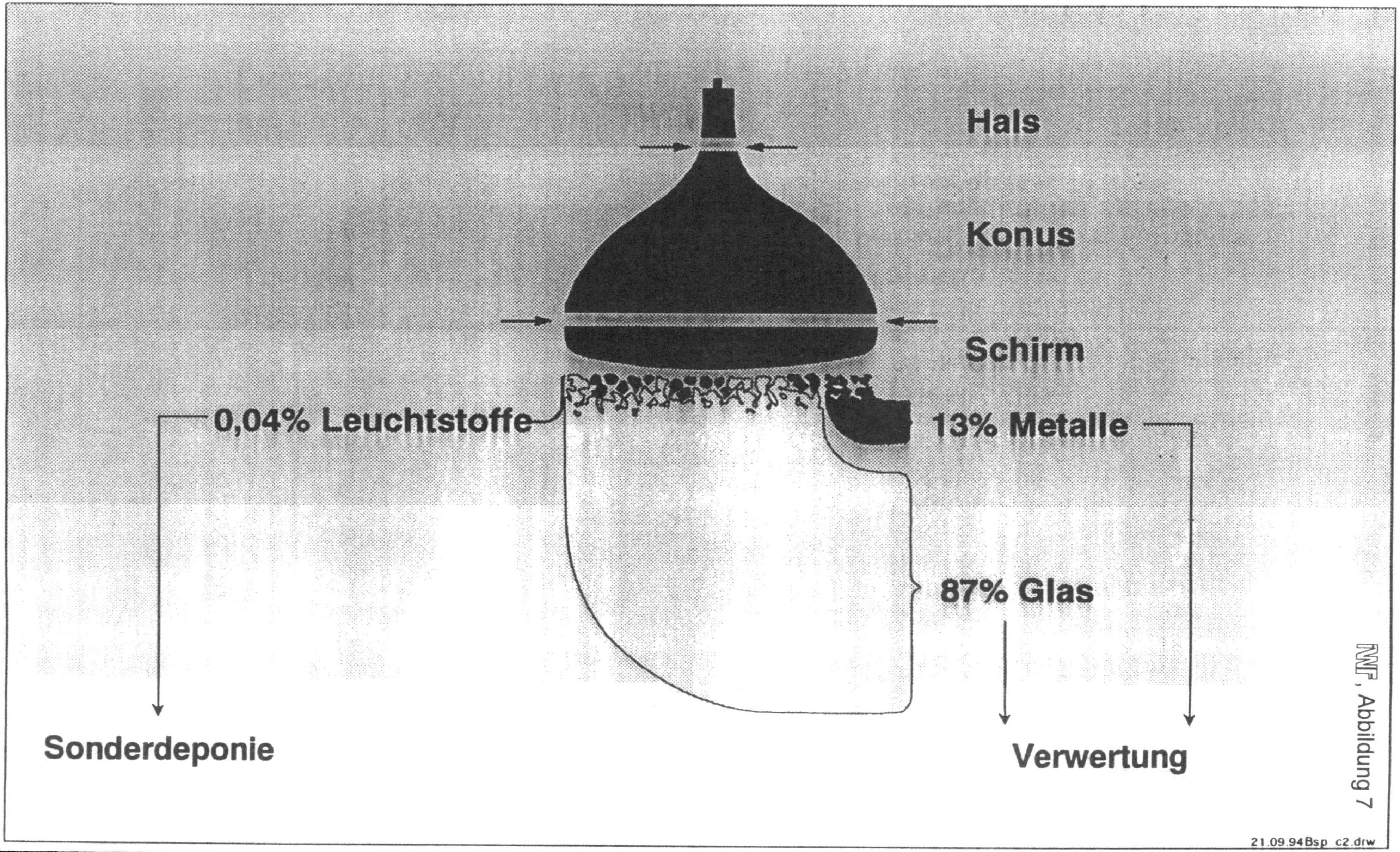

Sfb "Demontagefabriken"

Beispiel: Demontage und Recycling von Bildröhren

Montagetechnik
Prof. Seliger

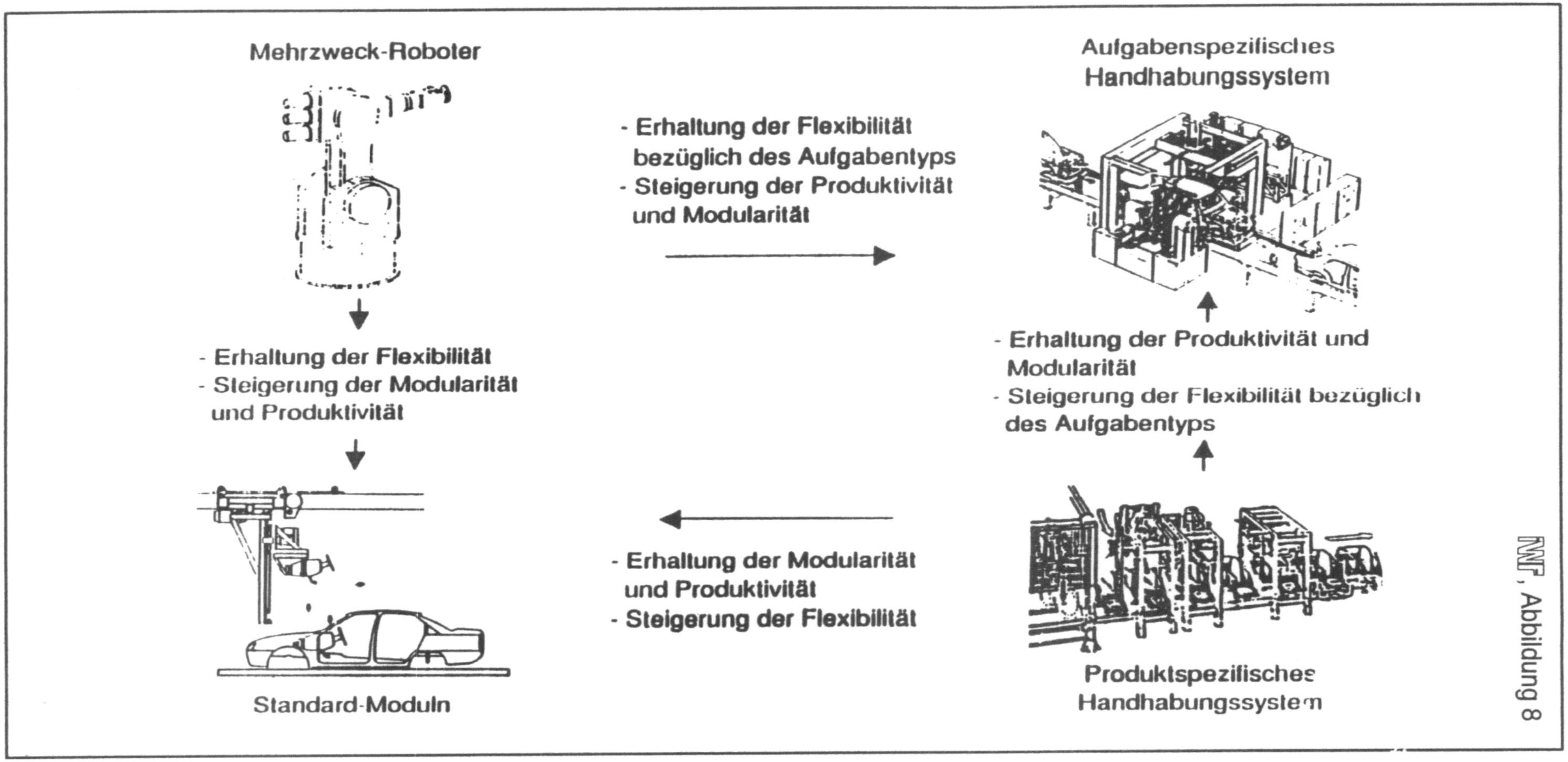

IWF, Abbildung 8

Pfade handhabungstechnischer Automatisierung: Modularität, Flexibilität, Produktivität

Mehrzweck-Roboter

- Erhaltung der Flexibilität
- Steigerung der Modularität und Produktivität

Standard-Moduln

- Erhaltung der Modularität und Produktivität
- Steigerung der Flexibilität

Produktspezifisches Handhabungssystem

- Erhaltung der Produktivität und Modularität
- Steigerung der Flexibilität bezüglich des Aufgabentyps

Aufgabenspezifisches Handhabungssystem

- Erhaltung der Flexibilität bezüglich des Aufgabentyps
- Steigerung der Produktivität und Modularität

iwf, Abbildung 9

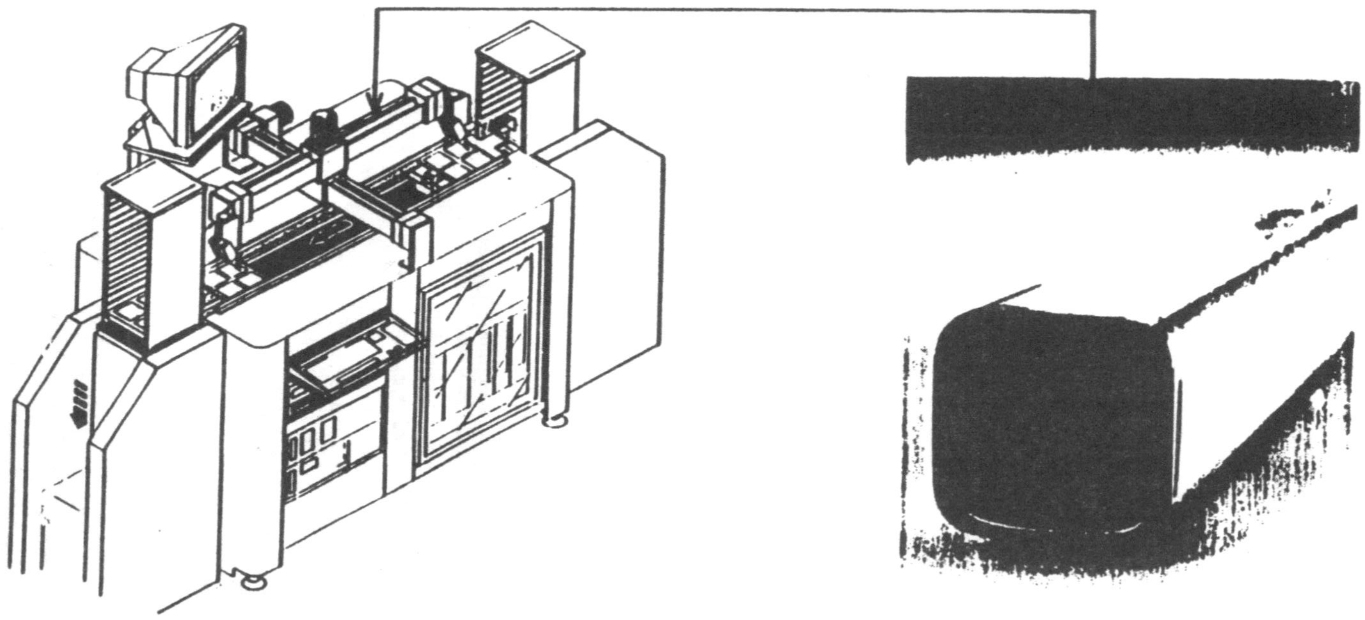

Linearachse	Masse	Masse angeflanschter Teile	Gesamtmasse	Beschleunigung (Kraft f=40 N)	Zeit zum Erreichen von v=0,2m/s	Zeitersparnis
Konventioneller Werkstoff	4,3 kg	5,0 kg	9,3 kg	4,3 m/s²	0,043 s	
Faserverstärkter Werkstoff	ca. 0,6 kg	5,0 kg	5,6 kg	7,1 m/s²	0,028 s	ca. 40%

Taktzeitminimierung durch Verwendung von Leichtbaukomponenten für Handhabungsachsen

TU iwf
Montagetechnik
Prof. Seliger

Abbildung 10

Trans - Verdi - Verbund

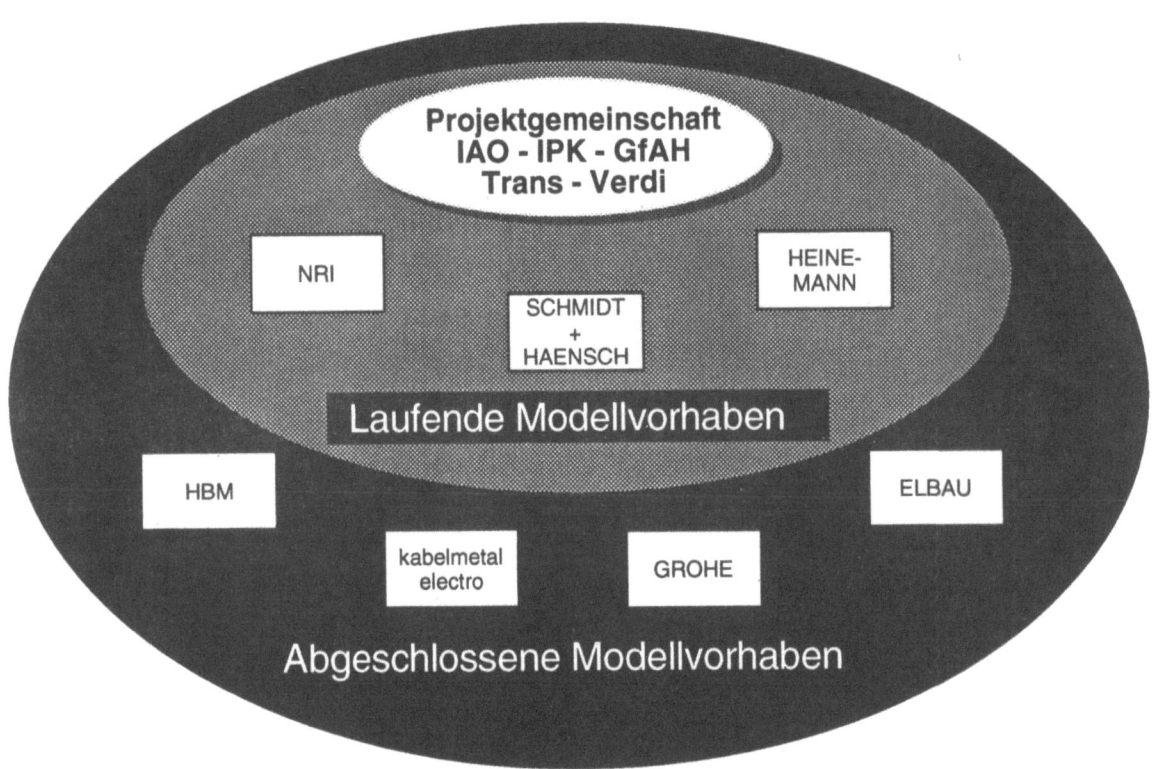

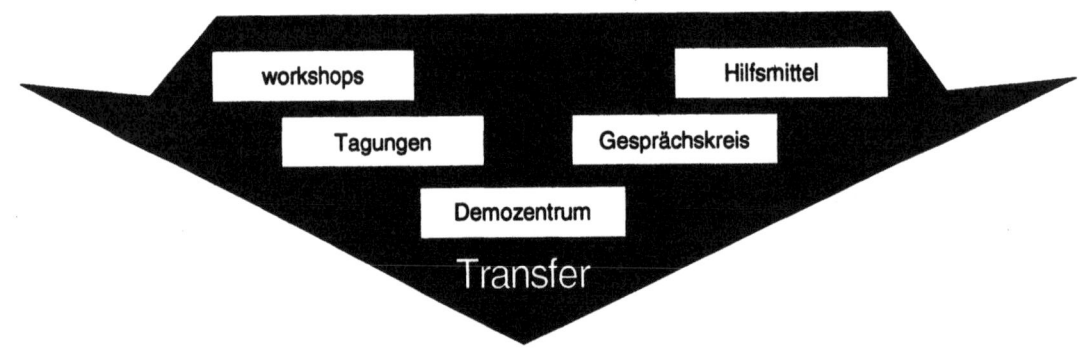

Trans-Verdi

Abbildung 11

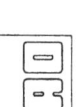

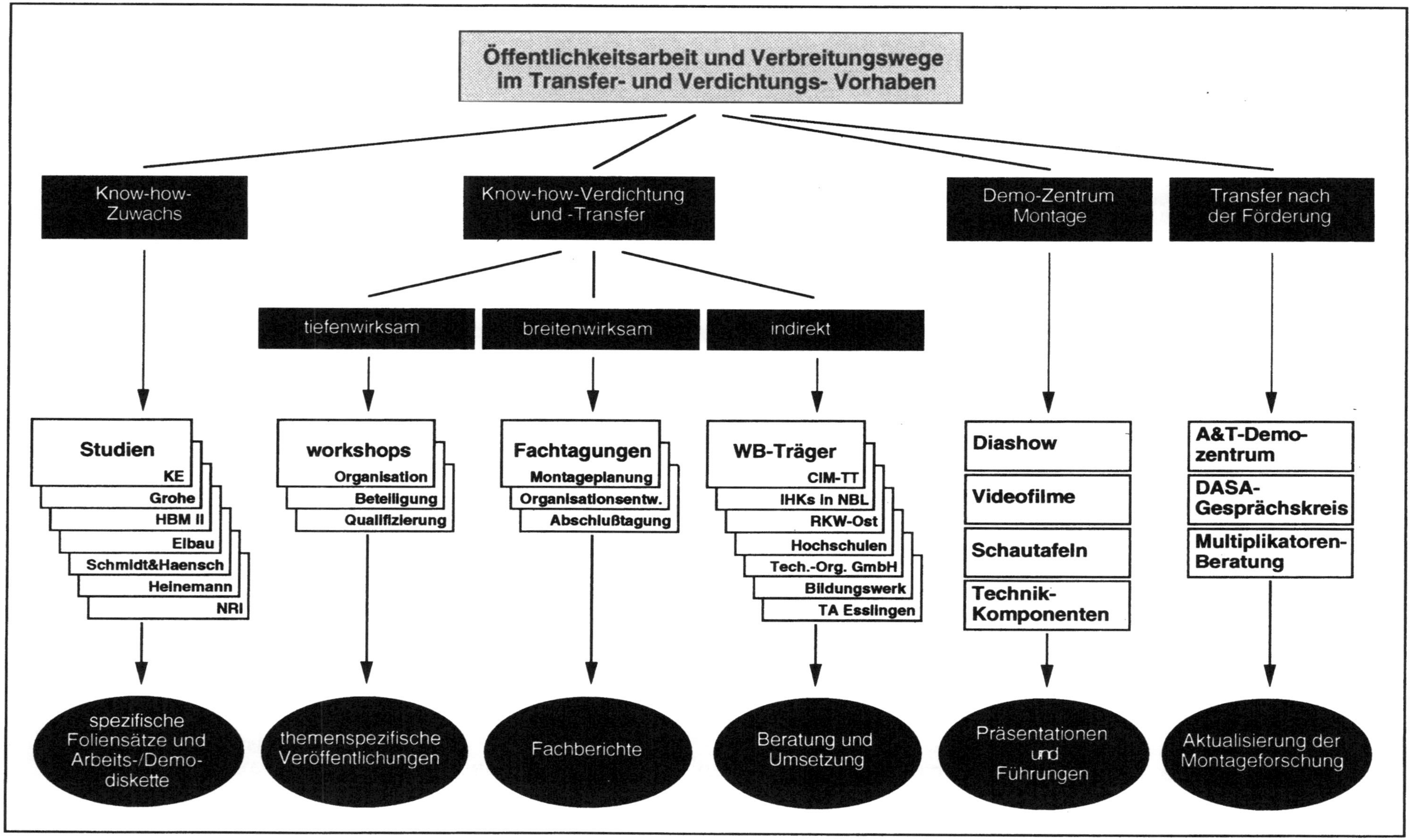

Trans-Verdi

Abbildung 12

Trend zu einer neuen Unternehmensstruktur in einer lernenden Organisation

Trend kooperativen, offenen, transparenten, promoteten, konstruktiven und kreativen Miteinander

von
- Patriarchisch autoritärer Führungsstil
- Verwaltungsmanager
- Bürokratische Abläufe
- Lange Entscheidungswege
- Rein ausführende Mitarbeiter

zu
- Kooperativer Führungsstil
- Coach und Mentor
- Flexible Abläufe
- Entscheidungs- und Verantwortungsdelegation
- Selbstständige, mitdenkende Mitarbeiter

Trans-Verdi

730NOR-0241-KIS

FAO IPK GfAH

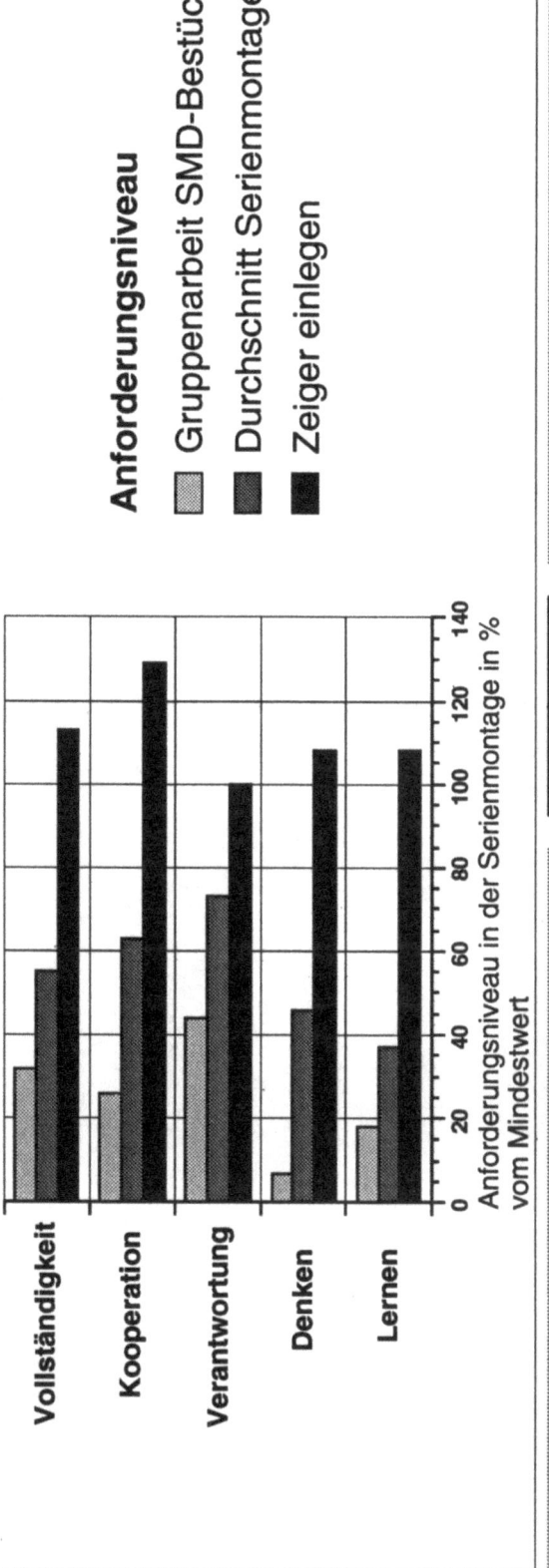

Abbildung 13

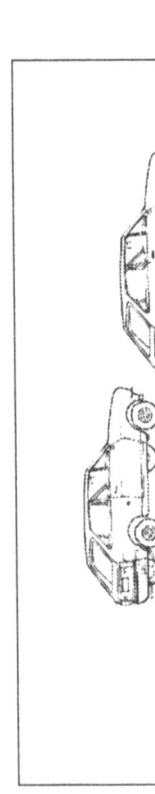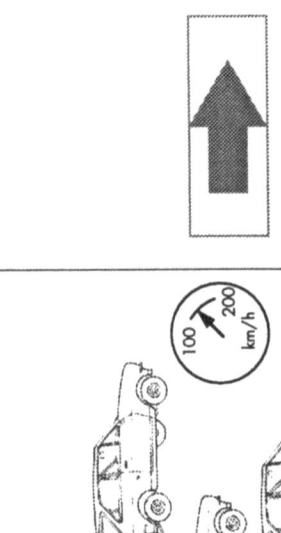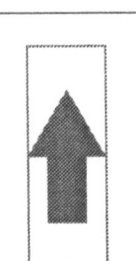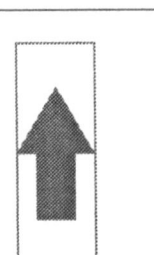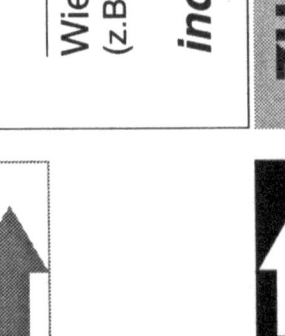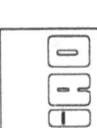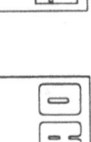

Abbildung 14

Abbildung 15

Trend zu einer stärkeren Berücksichtigung von Markt- und Kundenwünschen in der Montage

Trend zu: kundenwunschorientierteren, qualitativ hochwertigeren, schnelleren, kostengünstigeren und flexibleren Montage

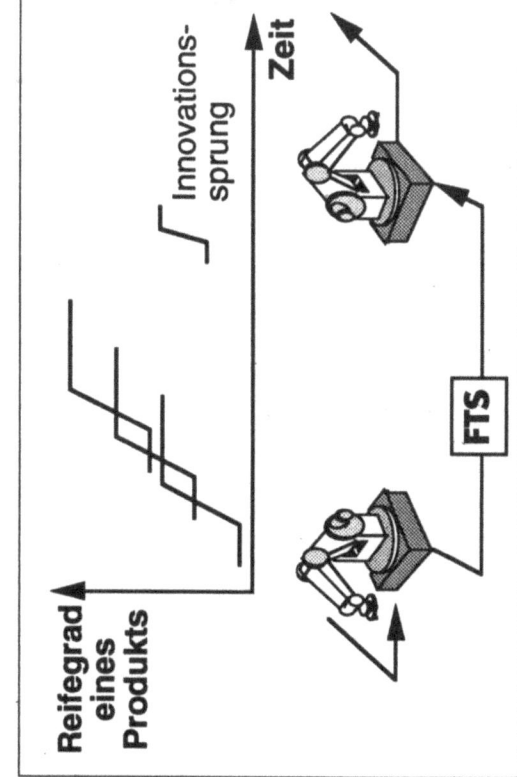

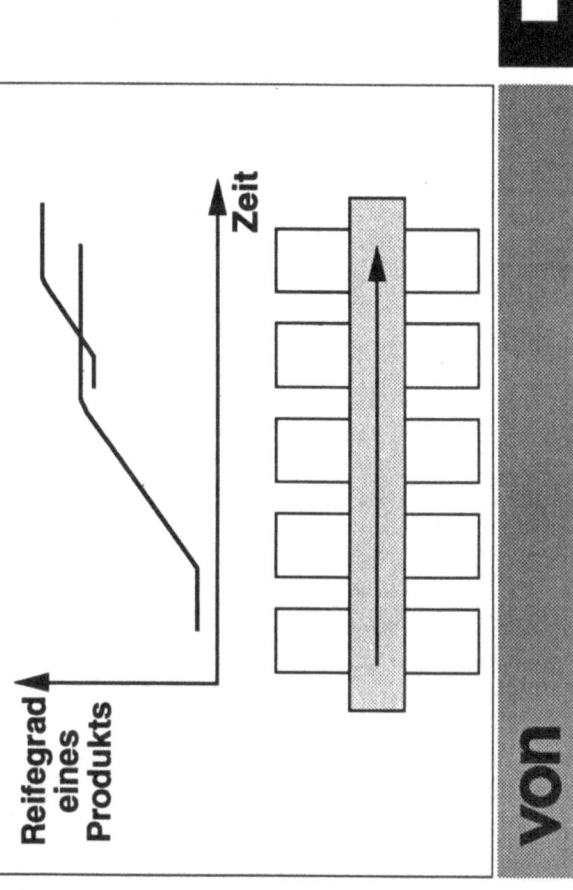

von
- Produktspezifische Technik
- Verkettete Arbeitssysteme
- Starrer Aufbau
- Massenfertigung
- Hauptzeit-Rüsten

zu
- Produktneutrale Technik
- Entkoppelte Arbeitssysteme
- Modularer Aufbau
- Kundenneutrale Vormontage
- Kundenspezifische Endmontage
- Hauptzeitparalleles Rüsten

Trans-Verdi

Abbildung 16

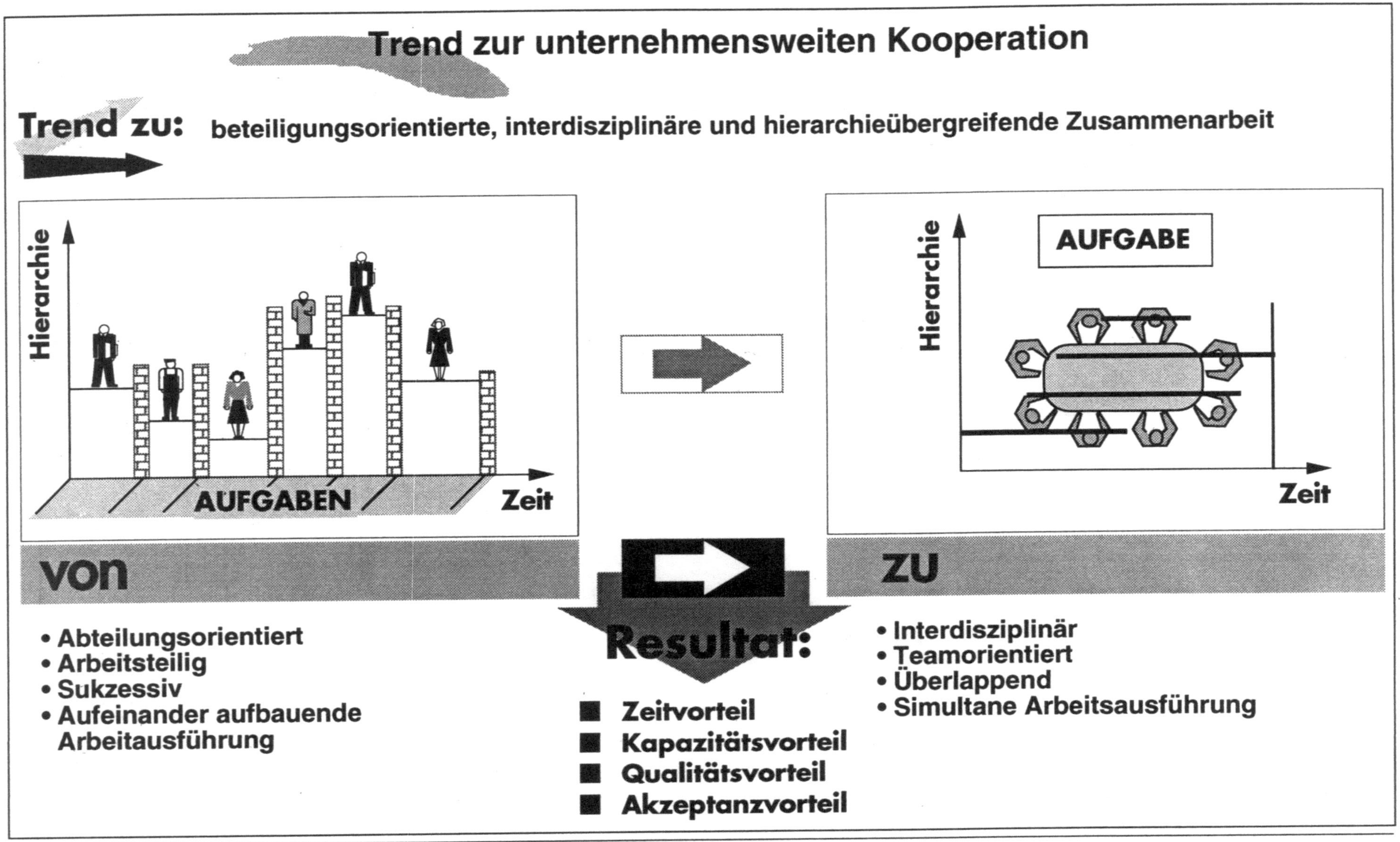
Trend zur unternehmensweiten Kooperation
Trend zu: beteiligungsorientierte, interdisziplinäre und hierarchieübergreifende Zusammenarbeit
Hierarchie
AUFGABEN
Zeit
von
• Abteilungsorientiert
• Arbeitsteilig
• Sukzessiv
• Aufeinander aufbauende Arbeitausführung
Resultat:
■ Zeitvorteil
■ Kapazitätsvorteil
■ Qualitätsvorteil
■ Akzeptanzvorteil
AUFGABE
Hierarchie
Zeit
ZU
• Interdisziplinär
• Teamorientiert
• Überlappend
• Simultane Arbeitsausführung

Trans-Verdi

IAO IPK GfAH

730NOR-0244-KIS

Produkte im absteigenden Lebenszyklus

- 8 Produktgruppen
- 21 Produktfamilien
- 1117 gefertigte Varianten
- 4500 lebende Stücklisten für Endprodukte

Baugruppen - Montage

- Spulen
- Motor
- Getriebe
- Litzen
- Deckel

Kontinuierlich sinkende Stückzahlen

ATBB - Verbundprojekt: Betriebliche Innovationsentwicklung

| Karl | Elektromechanische Montage |  Montagetechnik Prof. Seliger |

Ausgangssituation

Ca. 70 manuelle Arbeitsplätze, Montieren, Justieren, Prüfen, Reparieren. Überwiegend in Linienform angeordnet.

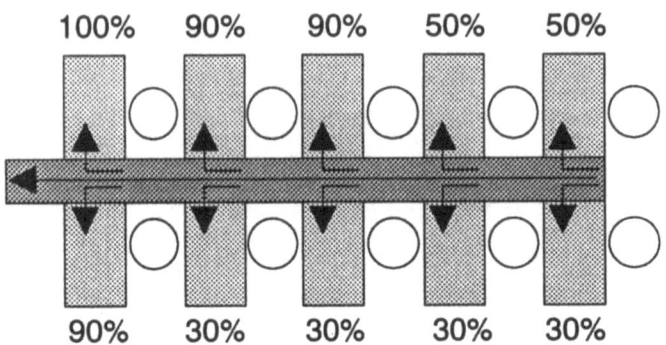

Problemstellung

Platzmangel auf einigen Arbeitstischen
Enge zwischen den Arbeitsplätzen
Kein durchgängiger Materialfluß

Lösungsansatz

Bildung von Arbeitsplatzgruppen

Gruppenförderliche Layoutgestaltung

Optimierung Materialfluß

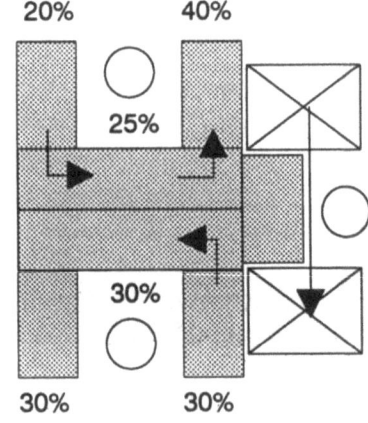

% = Auslastungsgrad

ATBB - Verbundprojekt: Betriebliche Innovationsentwicklung

Karl — **Restrukturierung des Montagesystems**

Montagetechnik
Prof. Seliger

INF, Abbildung 18

Kompetenzen der Gruppen

IWF, Abbildung 19

Selbstorganisation der Arbeit

- ☐ Einteilung der Arbeit
- ☐ Einrichtung der Arbeitsplätze
- ☐ Mitgestaltung der Arbeitsinhalte

Erfüllung des Produktionsprogramms

- ☐ Termingerechte Erledigung von Kundenaufträgen
- ☐ Verantwortung für die Qualität

Sicherung der Infrastruktur

- ☐ Pflege der Betriebsmittel
- ☐ Materialbereitstellung
- ☐ Verwaltung des Werkstattlagers

Personalentwicklung

- ☐ Qualifizierung
- ☐ Urlaubsplanung
- ☐ Arbeitszeitgestaltung im Rahmen der ArbZG und Betriebsvereinbarungen

ATBB - Verbundprojekt: Betriebliche Innovationsentwicklung

Karl — **Gruppenarbeit in der Montage**
Montagetechnik
Prof. Seliger

Systemgestaltung
Schwachstellenanalysen
Änderungen an technologischen Verfahren
Betriebsmittelauswahl und -anordnung

Arbeitsorganisation
Just-In-Time-Materialbereitstellung
Kapazitätsermittlung mithilfe der Simulation

Ablauforganisation
Konzept zur Einführung eines PPS-Systems

Qualitätsmanagement
Konzept zur Einführung von
* SPC
* FMEA
* QM-System nach ISO 9000
Erstellen eines QM-Handbuchs

Qualifizierung
Durchführung von Schulungen zu
JIT, SPC, FMEA und ISO 9000

| Krüger | Aufgaben des IPK bei HBM und ELBAU |  |

IWF, Abbildung 21

Zielsetzung
- Durchlaufzeit verkürzen
- Prozeßqualität verbessern

Aufgabenstellung
- Gruppen bilden
- Indirekte Tätigkeiten integrieren
- Kompetenz in die Werkstatt verlagern
- Qualifizieren
- Automatisieren

Lösungsansatz
- SMD-Technik einführen
- Belastende, monotone Tätigkeiten humanisieren
- Neues Entlohnungssystem
- Flexible Arbeitszeiten (Handeln nach Arbeitsabfall)
- Konstruktion und Arbeitsvorbereitung in die Fertigung integrieren (Dienstleistungsmentalität schaffen)
- Termin- und Qualitätsverantwortung übertragen

Zentrum: **LP-Bestückung (8 Personen)**

Umgebende Ellipsen:
- Standards überwachen
- Qualitätsverantwortung
- Betriebsmittel rüsten und warten
- Gruppenmitglieder qualifizieren
- Auftragsreihenfolge und Kapazitäten koordinieren
- Bestände überwachen und Material abrufen

Neue Arbeitsorganisation in der Leiterplattenbestückung bei HBM

Krüger

Neue Kultur in neuer Struktur
Unternehmenskultur ist Wettbewerbsfaktor

Dipl.-Ing. Hans-Peter Straub
Hewlett-Packard, Böblingen

Neue Kultur in neuer Struktur

Unternehmenskultur ist Wettbewerbsfaktor

Hans-Peter Straub
Hewlett-Packard, Böblingen

Sicherung der Wettbewerbsfähigkeit am Beispiel der Computerfertigung bei Hewlett-Packard Deutschland

Klassische Wettbewerbsfaktoren für eine Fertigung in Deutschland sind typischerweise Lohn- bzw. Gehaltsstrukturen, Arbeitszeitmodelle, tarifpolitische Bestimmungen, Krankeits- bzw. Urlaubszeiten, Automatisierungsgrad usw. Zusätzlich hierzu gibt es jedoch noch eine Anzahl von "Soft"-Faktoren, deren Einfluß nur allzu oft unterschätzt oder ganz außer Acht gelassen wird. Hierzu zählen insbesondere der Grad der Zielorientierung, die Sichtbarkeit des Einzelbeitrags jedes Mitarbeiters zum Erreichen des Unternehmensziels, die Glaubwürdigkeit der Grundwerte und Unternehmensziele und damit der Gesamtmotivationsgrad der Belegschaft.

Die Erfahrung zeigt aber, daß diese "sekundären", oft schwer meßbaren Größen, einen wesentlichen Einfluß auf die Wettbewerbsfähigkeit haben.

Am Beispiel der Computerfertigung in Böblingen wird aufgezeigt, wie strategische Ausrichtung auf allen Ebenen und konsequente Wertorientierung Hand in Hand gehen, um die Wettbewerbsfähigkeit langfristig zu sichern.

Zunächst wird kurz die Ausgangssituation dargestellt sowie die externen Herausforderungen wie z.B. veränderte Kundenerwartungen und Markttrends beschrieben. Hieraus wird dann die Vision und Strategie zur Standortsicherung abgeleitet.

Im zweiten Teil werden die Grundwerte und der Führungsstil bei Hewlett-Packard dargestellt und an Beispielen die positiven Auswirkungen aufgezeigt.

Im dritten Teil wird aufgezeigt, wie diese beiden Grundelemente zusammen als Grundpfeiler sowohl für radikale Reengineering-Projekte als auch für basisgetriebene, langfristige kontinuierliche Verbesserungsprojekte von ganz entscheidender Bedeutung sind, wie sie zusammenspielen und wie sich reengineering und "continuous improvement" nahtlos ergänzen.

Die Computerfertigung in Böblingen war Ende der 80er Jahre eine klassische Endmontage-Fertigung. Die wesentlichen Systemkomponenten wurden aus Europa, den USA und aus Fernost zugeliefert, auftragsbezogen montiert, getestet, verpackt und verschickt. Der Schwerpunkt lag in den Bereichen Produktqualität und Einführung von neuen Produkten. Die Fertigung war Bestandteil eines weltweiten Produktionsverbundes und rein funktional organisiert. Dem stark anwachsenden Wettbewerbsdruck von asiatischen Zulieferanten (die mehr und mehr Komplettlösungen anbieten) wurde durch verstärkte, zentrale Kostenkontrolle begegnet.

Gleichzeitig haben sich der Markt und die Kundenanforderungen stark verändert. Die "fetten" Jahre im Computermarkt waren vorbei, die Wachstumsraten haben sich normalisiert, der Verdrängungswettbewerb nahm zu. Der Trend zu offenen Unix-Systemen wurde dominierend, die Rechner selbst werden immer mehr zu Konsumgütern. Entsprechend verringerten sich die Handelsspannen und IT wurde zum Käufermarkt. Unsere Kunden forderten nicht nur exzellente Produkte, sondern auch wesentlich verbesserte Leistungen in der Auftragsbearbeitung und in der Auslieferung, sowie wesentlich kürzere Lieferzeiten (Bild 1).

Grundlage einer neuen Vision und einer neuen Strategie waren detaillierte Untersuchungen der Kundenerwartungen. Daraus abgeleitet wurde ein Zielsystem, bestehend aus Reengineering-Projekten, kontinuierlichen Verbesserungsprojekten und kurzfristigen Maßnahmen (Bild 2).

Der Umsetzungsplan (Bild 3) enthielt sowohl die strategischen Anforderungen als auch die Grundelemente des HP Führungsstils, um eine durchgängige vollständige Neuorientierung sicherzustellen.

Die HP-Werte (Bild 4) bilden das Fundament für die Unternehmensziele und den Führungsstil. Aus diesen Werten leiten sich die Handlungsmaximen für das tägliche Miteinander ab. Um diese Werte nützlich und lebendig zu machen, müssen sie in der Hektik des Alltags sichtbar bleiben. Elemente wie Teamgeist, Respekt und Vertrauen, Flexibilität und Innovation, hohes Leistungsniveau und kompromißlose Integrität müssen genauso Bestandteil von Besprechungen sein wie Hoshin-Planung, Projektmanagement, Eskalationen von Hot-Sites und Kostenplanung. Letztendlich ist das "Wie" für einen dauerhaften Erfolg genauso entscheidend wie das "Was". Kurzfristig mag das Durchpeitschen von Projekten (insbesondere von radikalen Neuerungen) erfolgversprechend aussehen, über den langfristigen

Erfolg entscheidet das Engagement und die Unterstützung aller beteiligten Mitarbeiter.

Neben diesen "Stilelementen" des täglichen Umgangs gibt es auch eine ganze Reihe von Rahmenbedingungen, die diesen Stil unterstützen. Z.B. gibt es keinerlei Stechuhren, die Mitarbeiter verwalten ihre Arbeitszeit selbständig, wir arbeiten in Großraumbüros ohne Statussymbole für die Vorgesetzten. "Management by wandering around", d.h. das zwanglose Gespräch zwischen Führungskraft und Mitarbeiter - über alle Hierarchiestufen hinweg - ist ein wesentliches Element um einerseits die Glaubwürdigkeit der Strategie zu untermauern, andererseits ermöglicht es ein unmittelbares Feedback von der Basis. Ziele für die Mitarbeiter werden vereinbart, nicht vorgegeben. Bereiche werden dezentral mit flachen Organisationsformen gestaltet, so daß der einzelne Mitarbeiter Freiräume für gestaltende Beiträge hat und nicht nur ausführendes Organ ist (Bild 5).

Im Rahmen des Wandels von einer reinen Fertigungsorientierung zu einer Order-Fullfillment-Organisation wurden sechs weltweite Reengineering-Projekte gestartet Am Beispiel des Auslieferprozesses wird dargestellt, wie radikale Veränderungen relativ schnell zu massiven Verbesserungen führen können und wie Zielklarheit und Vertrauen in den HP-Way die entstehenden Reibungsverluste und Widerstände auf ein Minimum begrenzen können. Der bisherige Auslieferungsprozeß erfolgt über länderspezifische Redistributionszentren, die die Ware empfangen, konsolidieren und an den Endkunden ausliefern. Ziel des Projektes ist es, bis Mitte 1995 alle europäischen Kunden direkt von Böblingen aus innerhalb von 72 Stunden zu beliefern.

Parallel zu den Reengineering-Projekten wurden die eigentlichen Fertigungsbereiche aufgefordert, sich konsequent an den Kundenbedürfnissen auszurichten und sich voll auf Tätigkeiten zu fokussieren, die für den Endkunden ein "value add" bedeuten. Dies heißt andererseits, alle anderen Tätigkeiten, die unter dem Begriff "costs of non-quality" zusammengefaßt wurden, systematisch zu eliminieren.

In einem ersten Schritt wurde das Prinzip der Zielvereinbarung konsequent auf alle Fertigungsmitarbeiter angewendet. D.h. der Mitarbeiter erhält keine Anweisung was er zu tun hat, sondern es wird vereinbart, wann welches Ergebnis erreicht sein sollte. Weiter wurden dezentrale Verantwortungbereiche (Teams) etabliert, die eigenverantwortlich diese Ergebnisse sicherstellen (d.h. planen, strukturieren und durchführen). Um sicherzustellen, daß die Aktivitäten der einzelnen Teams auf das

Gesamtziel hin konvergieren, wurde unter Beteilung aller Fertigungsbereiche eine sozio-technische Systemanalyse durchgeführt (Bild 6).

Dabei wurde aus der Vision und der Gesamtstrategie das Ziel für die Fertigungsbereiche abgeleitet. Anschließend wurden drei sich ergänzende Analysen durchgeführt.

Zuerst wurde das Umfeld analysiert, d.h. Kundenerwartungen, Stärken und Schwächen im Vergleich zum Wettbewerb, Chancen und Risiken im Computermarkt, interne Stärken und Schwächen (z.B. kritische Schnittstellen, Organisationsformen).

Parallel dazu wurde der Ablaufprozeß untersucht. Dabei wurden in jedem Prozeßschritt die möglichen Fehlerquellen identifiziert und auf ihre potentiellen Auswirkungen im weiteren Verlauf hin untersucht. Die Analyse ergibt am Ende ein Bild über die wesentlichen Fehlerquellen. D.h. es lassen sich kritische Varianten erkennen, die einen sehr großen Einfluß auf die Zielerreichung haben. Diese Varianten werden beschrieben durch die Häufigkeit mit der sie auftreten und durch ihre Wirkung, z.B. Produktionsstillstand (Bild 7).

In einer dritten Analyse wurde speziell das soziale System untersucht, das diese kritischen Varianten kontrollieren soll. Fragen hierbei waren z.B. wie die Rückmeldung über Abweichungen erfolgt, wie dieses Feedback direkt an den Verursacher zurückgemeldet wird, wie Eskalationen durchgeführt werden, etc. (Bild 8).

Hieraus ergaben sich klare Hinweise für die Optimierung des Zusammenspiels von Prozeßablauf und Teamstrukturen. Ebenso konnten die Anforderungen für begleitende Maßnahmen definiert werden, z.B. Trainings, Meßpunkte und Erfolgskriterien. Letztendlich wurde das Gesamtfertigungssystem konsequent auf die Unternehmensziele ausgerichtet und gleichzeitig die Teams so organisiert, daß ein optimaler Umgang mit den kritischen Schwachstellen ermöglicht wird.

Sowohl in dem Reengineering-Projekt als auch in dem "continuous improvement"-Projekt waren Zielklarheit und eine von allen getragene Firmenkultur die wesentlichen Erfolgsfaktoren. Speziell in Zeiten von hoher Unsicherheit mit radikalen Veränderungen kann eine glaubhaft gelebte Firmenkultur ein ruhender Pol sein, der für den einzelnen Mitarbeiter eine Orientierungshilfe ist und der auf der Gefühlsebene Sicherheit bietet, selbst wenn auf der Sachebene die Unsicherheiten oft recht groß sind.

Die Herausforderung

- Rechner werden Konsumgüter
- INTEL, Power PC, PA-Risk ..
- Open Systems, UNIX, NT
- Geringere Handelsspannen
- IT ist ein Käufermarkt

Wie erreichen wir unsere Vision?

Dauer

- 9 bis 24 Monate — Re-engineering Prozesse
- 6 bis 12 Monate — Kontinuierliche Verbesserung existierender Prozesse
- 3 bis 6 Monate — Kurzfristige Verbesserungen

Herausforderung

- Quote/Configure/Order
- Planning/Execution
- Product Representation
- Information Systems
- Direct Shipment

- Quickship Program
- HW & SW Integration

- OTD, CRD
- DEFOA

HEWLETT PACKARD

Böblingen Computer Manufacturing Operation
13.06.94_WS-KDL1.pre/KS

Erfolgsfaktoren

1. **Klare Strategie**
   "Best Product, Best Price" Jack Welch, GE

2. **Einbindung des mittleren Management**
   - Off-Site Meetings
   - Prozeß Organisation
   - Hoshin Pläne

3. **Kommunikation - Mitarbeiter**
   - Freitagsansprachen
   - Communication & Luncheons
   - Management by wandering around

4. **TQC Prozeß- & Selbststeuernde Arbeitsgruppen**

Die HP-Werte

- Wir haben Vertrauen in unsere Mitarbeiter sowie Achtung und Respekt vor ihrer Persönlichkeit.

- Wir legen besonderen Wert auf das hohe Niveau unserer Leistungen und Beiträge.

- Wir legen unserem Tun kompromißlose Integrität zugrunde.

- Wir erreichen unsere Unternehmensziele im Team.

- Wir fordern und fördern Flexibilität und Innovation.

 HEWLETT PACKARD

GmbH/PR HP in Bildern 1993/1994

Beispiele gelebter Firmenkultur bei Hewlett-Packard

Offene Kommunikation
- Informeller Umgang
- Open door policy
- Management by wandering around
- Gemeinsame Kaffeepausen
- Großraumbüros
- Klar definierte Leistungsbeurteilung

Grundlage für Beschäftigungssicherheit ist die Leistung (= HP-Unternehmensziel)
- Leistung des einzelnen Mitarbeiters, Leistung des Unternehmens und die Situation des Wettbewerbs
- Vermeidung von Feierschichten, solange praktikable Alternativen möglich sind
- Forderung von Flexibilität - Überstunden, Zeitausgleich durch Freizeit, lebenslanges Lernen, Umschulung, Mobilität, gehaltliche Rückstufung etc.

Führung durch Zielvereinbarung
- Hoshin- und Jahresplanung
- Einzel-/Gruppenziele
- Verantwortung für die Ergebnisse

Teilhaben am Erfolg
- Gewinnbeteilung
- Aktiensparplan
- Interne Förderung

Umfangreiche Weiterbildungsmöglichkeiten

Förderung von Meinungsvielfalt

Führend bei Gehalt und Sozialleistungen

Leistungsorientiertes Gehaltssystem

Flexible Arbeits- und Arbeitszeitgestaltung

Sichere und ansprechende Arbeitsplätze

KIT – Kollegen im Team: Generelles Vorgehen

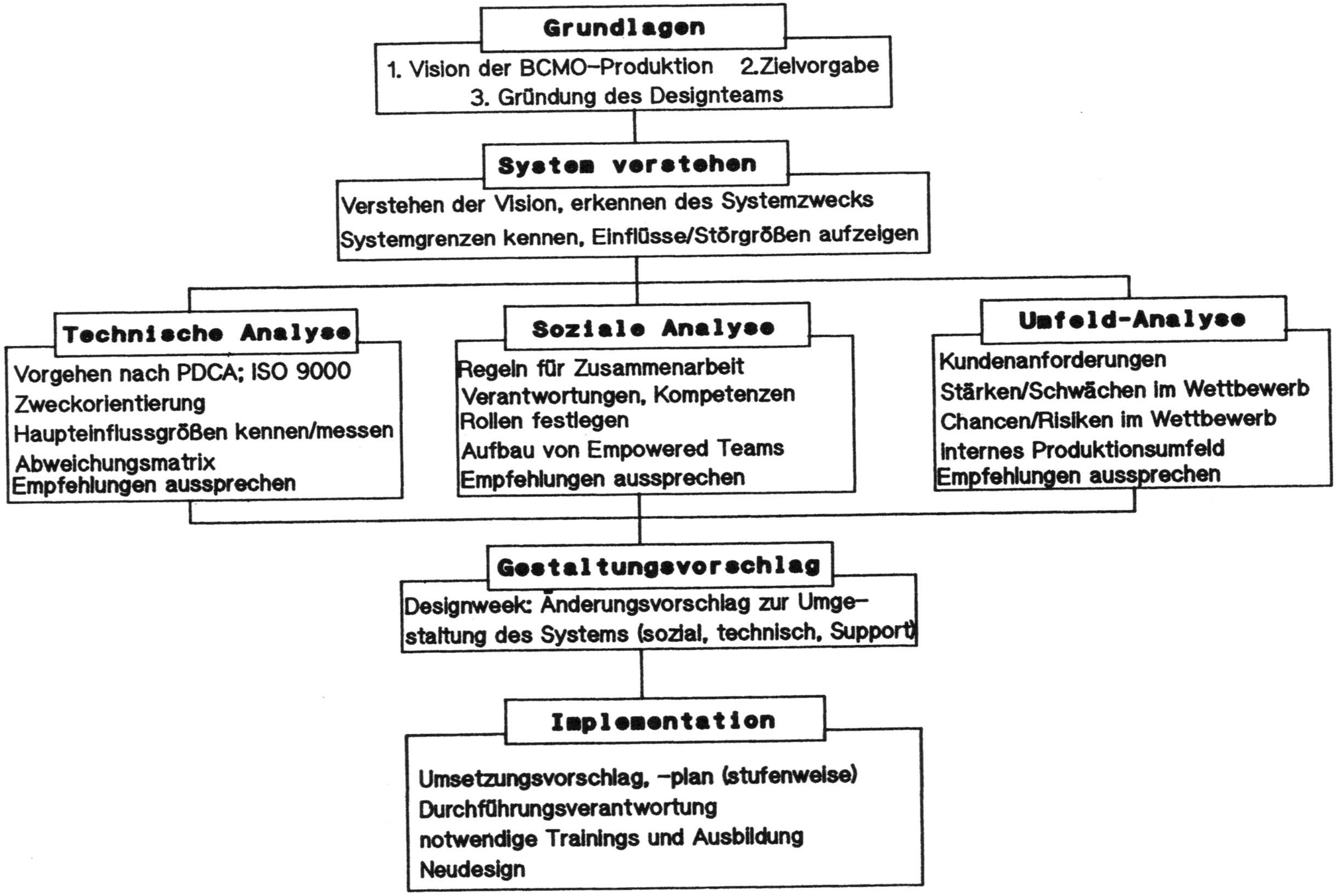

Grundlagen
1. Vision der BCMO-Produktion 2. Zielvorgabe
3. Gründung des Designteams

System verstehen
Verstehen der Vision, erkennen des Systemzwecks
Systemgrenzen kennen, Einflüsse/Störgrößen aufzeigen

Technische Analyse
Vorgehen nach PDCA; ISO 9000
Zweckorientierung
Haupteinflussgrößen kennen/messen
Abweichungsmatrix
Empfehlungen aussprechen

Umfeld-Analyse
Kundenanforderungen
Stärken/Schwächen im Wettbewerb
Chancen/Risiken im Wettbewerb
Internes Produktionsumfeld
Empfehlungen aussprechen

Soziale Analyse
Regeln für Zusammenarbeit
Verantwortungen, Kompetenzen
Rollen festlegen
Aufbau von Empowered Teams
Empfehlungen aussprechen

Gestaltungsvorschlag
Designweek: Änderungsvorschlag zur Umgestaltung des Systems (sozial, technisch, Support)

Implementation
Umsetzungsvorschlag, -plan (stufenweise)
Durchführungsverantwortung
notwendige Trainings und Ausbildung
Neudesign

Böblingen Computer Manufacturing Operation
makolpower07.gal|0993

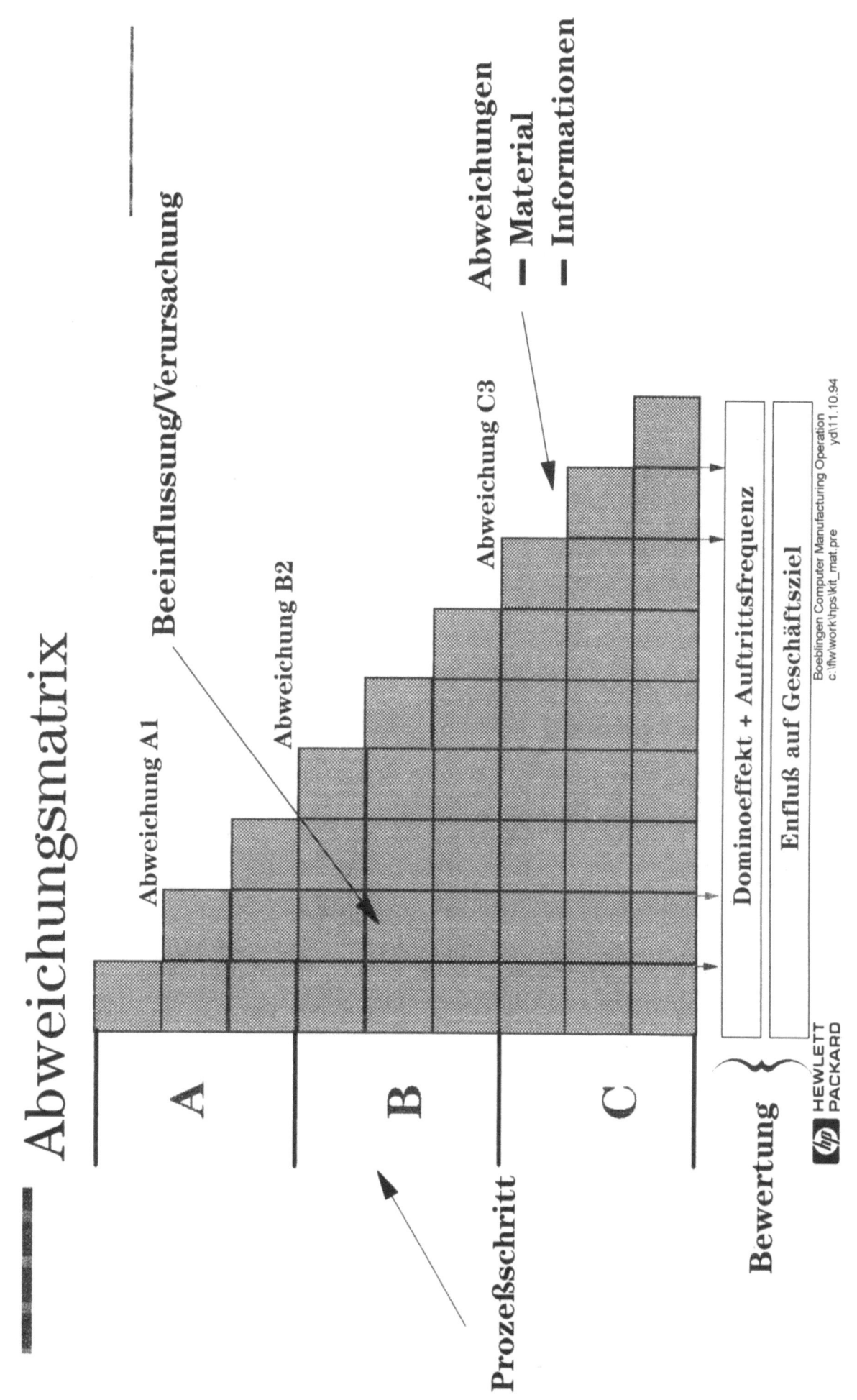

Teamstruktur zur Beherrschung von kritischen Abweichungen

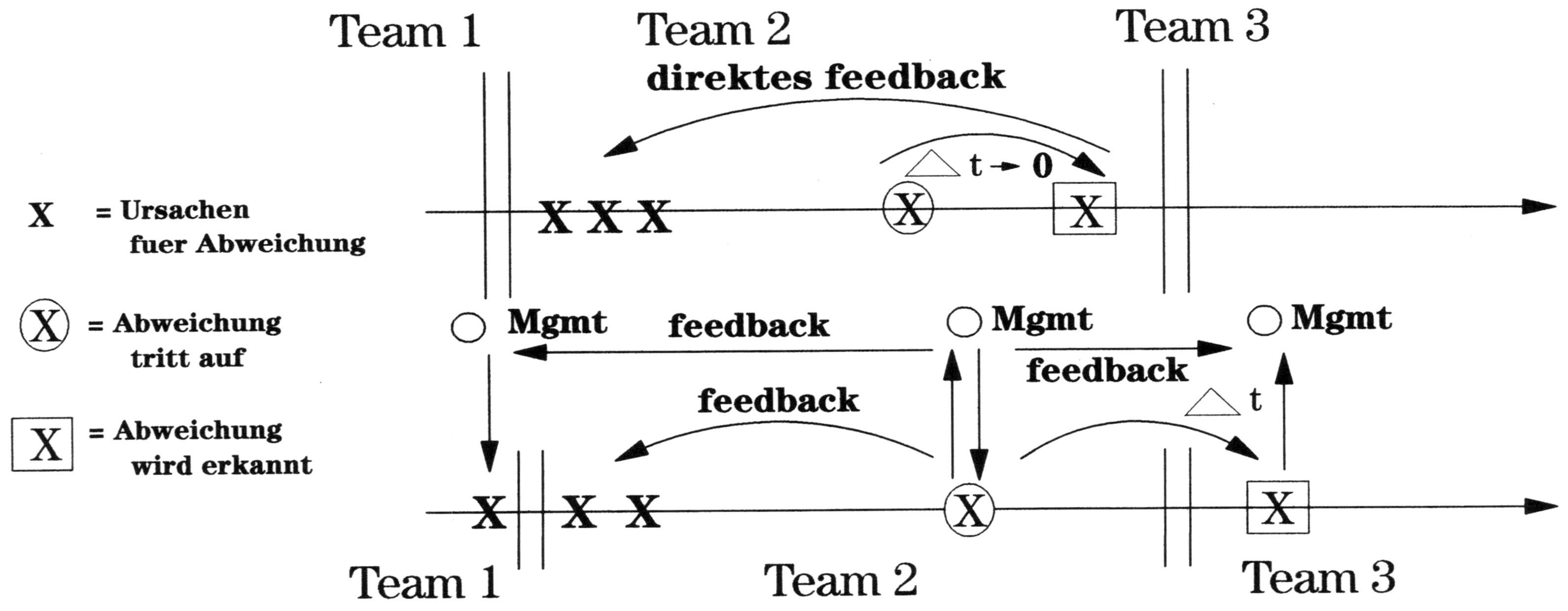

X = Ursachen fuer Abweichung

Ⓧ = Abweichung tritt auf

☐X☐ = Abweichung wird erkannt

Boeblingen Computer Manufacturing Organisation
C:\fw\work\hps\projekte\teamstru.pre   yd112.10.94

Abschaltende oder mitgestaltende Mitarbeiter?
Gemeinsam planen und umsetzen

Dipl.-Verw.wiss. Renate Winter-Hoss
Gesellschaft für Arbeitsschutz- und Humanisierungsforschung mbH (GfAH),
Außenstelle Stuttgart

Abschaltende oder mitgestaltende Mitarbeiter?

Gemeinsam planen und umsetzen

Dipl.-Verw.wiss Renate Winter-Hoss
Gesellschaft für Arbeitsschutz- und Humanisierungsforschung mbH (GfAH),
Außenstelle Stuttgart

Inhalt

1 Einleitung
2 Definition von Beteiligung / Partizipation und ihr Verhältnis zur gesetzlichen Mitbestimmung
3 Hemmnisse einer aktiven Beteiligung
3.1 Die "Altlasten" der tayloristischen Arbeitsorganisation
3.2 Blockierte Kommunikations- und Kooperationsstrukturen
4 Die neue Herausforderung: Innovatives Werkstattpersonal mit komplexen Aufgaben
5 Dimensionen und Reichweite von Beteiligung
6 Schritte zu einer ergebnisorientierten Beteiligung
6.1 Projektorganisation und Beteiligungsmodell sukzessiv wachsen lassen
6.2 Vertrauen schaffen und sicherstellen
6.3 Der Projektleiter als Integrationsfigur
6.4 Die richtige Sprache sprechen
6.5 Das Einstiegsthema muß sich an persönlicher Betroffenheit orientieren
6.6 Rasche Umsetzung erster Maßnahmen
6.7 Grundqualifikationen vermitteln
6.8 Geduld und Durchhaltevermögen zeigen
6.9 Souveränität auch bei Rückschlägen und Problemen bewahren
6.10 Beteiligung muß sich für beide Seiten "lohnen"
6.11 Beteiligung kontinuierlich fortführen
7 Praktische Tips für eine erfolgreiche Beteiligung
8 Literaturhinweise

1 Einleitung

Zur Einstimmung in das Thema nachfolgend einige Aussagen von betrieblichen Vertretern, die wir zum Thema Beteiligung zum Teil wörtlich, zum Teil sinngemäß gehört haben:

"Ohne Partizipation der Mitarbeiter hat man kurzfristig zwar einen geringeren Abstimmungsaufwand, hinterher muß aber jeder einzelne wieder mühsam davon überzeugt werden, daß er es jetzt anders machen soll".

"Mit Beteiligung akzeptieren die Mitarbeiter die Umstellung besser, sie nutzen die Maschinen besser, weil sie durch den Prozeß mehr Hintergrund- und Überblickswissen bekommen haben".

"Früher konnte man Entscheidungen treffen und die Mitarbeiter haben das notgedrungen akzeptiert. Heute geht es einfach nicht mehr so, weil die Leute selbstbewußter geworden sind."

"Unsere MItarbeiter kaufen sich privat teure Autos oder sonstige Dinge, da kann man doch nicht verlangen, daß sie, wenn sie einen neuen Bleistift brauchen, erst die Unterschrift von ihrem Chef holen müssen".

"Wenn Reorganisation (gegenüber bisherigen Maschineninvestitionen) wirklich ein wichtiges Rationalisierungspotential darstellt, kann man dies gar nicht ohne die Partizipation der Mitarbeiter ausschöpfen".

"Alle betroffenen Bereiche und Abteilungen müssen frühzeitig eingebunden werden".

"Durch die Beteiligung verstehen die Mitarbeiter die gesamtbetrieblichen Abläufe jetzt besser, reagieren bei Problemen selbständiger und effizienter und sie engagieren sich auch mehr".

"Das Betriebsklima ist besser geworden".

"Ein paar Streicheleinheiten sind manchmal ganz nützlich".

"Beteiligung verursacht Unruhe in der Produktion".

"Durch Beteiligung werden bei den Mitarbeitern zu hohe Erwartungen geweckt, die ja dann doch nicht erfüllt werden können".

"Die Mitarbeiter kennen sich mit den Details und den Sachfragen zu wenig aus".

"Die Mitarbeiter wollen gar nicht beteiligt werden, sie wollen in Ruhe gelassen werden".

"Es genügt, wenn der Betriebsrat entsprechend seinen Rechten informiert wird".

"Beteiligung ist kostspielig und luxuriös. Da sitzen dann ein Dutzend Mitarbeiter zusammen, diskutieren endlos ohne den richtigen Sachverstand zu haben und fehlen hinten und vorne an ihren eigentlichen Arbeitsplätzen".

"Mit Beteiligung werden meine Investitionskosten auch nicht geringer, im Gegenteil, wahrscheinlich sogar noch höher"!

Nebenbemerkung:

Ich verwende allein aus Gründen der einfacheren Schreib- und Lesbarkeit in den nachfolgenden Ausführungen nur die grammatikalisch männliche Form von "Mitarbeiter". Ich bin mir durchaus bewußt und möchte das an dieser Stelle auch hervorheben, daß gerade in der industriellen Serienmontage überwiegend weibliche Arbeitskräfte beschäftigt sind!

Sinn und Zweck, Kosten und Nutzen von Beteiligung sind nach wie vor in den Betrieben sehr umstritten. Welche Erfahrungen liegen bisher zu diesem Thema vor? Die nachfolgenden Ausführungen sind zusammengefaßte Ergebnisse aus betrieblichen Modellvorhaben, die in Experteninterviews, einem speziell zu dem Thema Beteiligung durchgeführten Workshop im Juni 1994 und aus einschlägiger Fachliteratur gewonnen wurden.

Das Handeln im Unternehmen erfolgt oft weniger auf der Basis objektiver wirtschaftlicher Erwägungen. Es wird eher bestimmt durch traditionelle Vorgehensweisen und Verhaltensmuster, die mit ausgewählten und begrenzten Wirtschaftlichkeitskennziffern scheinbar objektiviert werden. Das Handeln ist stark geprägt von einem bestimmten Menschenbild und einer immer noch großen Technikfaszination. Mein früherer Kollege Dieter Seitz drückte es wissenschaftlicher aus:

"Soziale Steuerungsmechanismen strukturieren aller Handeln" (Seitz, 1993, S. 11).

Es gibt keinen für alle Unternehmen gültigen objektiv besten Weg, um die Reorganisation des Unternehmens effizient zu gestalten. Das Vorgehen ist stark abhängig von bisherigen Produktions-, Organisations- und Kundenstrukturen, aber auch von Faktoren wie dem Betriebsklima u.a.

Eines scheint jedoch sicher zu sein: ohne die aktive Beteiligung insbesondere des Werkstatt- oder Produktionspersonals werden organisatorische und technische Innovationen zu lange Anlaufphasen haben und keinen nachhaltigen wirtschaftlichen Erfolg bewirken. Montäre oder gar disziplinarische Steuerungsmittel sind teuer, reaktiv und haben keine langfristige Wirkung. Unternehmen mit "abgeschalteten" Mitarbeitern werden keine Chance haben, sich auf den ständig ändernden und immer "chaotischer" werdenden Märkten zu behaupten, da Flexibilitätsreserven nur mit aktiv mitgestaltenden und mitdenkenden Beschäftigten zu mobilisieren sind.

Es gibt zwar laufend eine Vielzahl von neuen - in immer kürzerer Zeit wechselnden - Unternehmens- und Produktionskonzepten, teilweise mit neuen aber manchmal auch mit alten Inhalten, sicher jedoch mit immer schöneren begrifflichen Verpackungen. Neue Produktionskonzepte stellen bisherige Strukturen mehr oder minder in Frage und versuchen mit diversen Lösungsvorschlägen (z.B. mit einer möglichst weitgehenden EDV-technischen Vernetzung "CIM" oder mit hochintegrierten Arbeitskonzepten "lean production") Engpäße und Probleme des Unternehmens in den Griff zu bekommen und Lösungen für eine wirtschaftlichere Fertigung vorzustellen. Mit unterschiedlichen Schwerpunktsetzungen rekurrieren sie dabei auf die im Laufe der Zeit gewachsenen Technik-, Produktions-, Personal- und Arbeitsorganisationsstrukturen.

Welches der Konzepte von den Unternehmensverantwortlichen ausgesucht wird, wo also jeweils der Hebel für Veränderungen angesetzt und mit welcher Methode die Reorganisation in Angriff genommen wird, ist abhängig von:

- den bisherigen Erfahrungen mit Technik(innovationen), der Arbeitsorganisation und dem Personal,
- den Einstellungen der Geschäftsführung zum Personal (Menschenbild!) und
- dem Mut zum Risiko, neue Methoden zu erproben; dieser wiederum ist abhängig vom Leidensdruck des Unternehmens. Je größer die Krise, desto größer ist auch die Bereitschaft, neue Wege zu gehen.

Für das Gros der Unternehmen ist die Beteiligung, die Einbeziehung der produktiven Mitarbeiter und Mitarbeiterinnen in betriebliche Gestaltungs- und Entscheidungsprozesse einer dieser neuen und oftmals dornenreichen Wege. Die Bereitschaft ihn zu gehen, ist immer noch mäßig.

2 Definition von Beteiligung oder Partizipation und ihr Verhältnis zur gesetzlichen Mitbestimmung

Im Zusammenhang mit einem Modellvorhaben zur Arbeitsstrukturierung bei der Firma Hoesch, wurde folgende Definition entwickelt:

> "Unter Beteiligung wird die gemeinsame Einflußnahme von Belegschaftsmitgliedern über Beteiligungsgruppen auf die Lösung technischer, organisatorischer oder sozialer Probleme, die den eigenen Arbeitsbereich und/oder dessen unmittelbares Umfeld betreffen, verstanden. Eine Beteiligungsgruppe ist die anlagenorientierte Zusammenfassung von Belegschaftsmitgliedern zum Zwecke der Beteiligung. Die Beteiligungsgruppe trifft sich regelmäßig nach einem festen Zeitplan, in Ausnahmefällen häufiger" (Hoesch, 1989, S.9).

Eine Beteiligung der Betroffenen geht über die reine Information hinaus. In turnusmäßigen Gruppengesprächen werden Veränderungen des Arbeitsplatzes, des Arbeits- bzw. Montagesystems, z.B. durch den Einsatz neuer Technologien, oder organisatorische Veränderungen sowie soziale Probleme besprochen. Damit alle Ressourcen im Unternehmen optimal genutzt werden können, müssen Grenzen zwischen den Hierarchien und Abteilungen fallen. Planungen werden nicht mehr allein durch Spezialisten gemacht. Neu ist, daß anerkannt wird, daß die Montierer/Werker vor Ort "etwas von ihrer Arbeit verstehen", ihr Rat als Experten also nachgefragt wird und sie an Veränderungen und Entscheidungen beteiligt werden.

2. Beteiligungsebenen/Beteiligungsberechtigte			3. Beteiligungsrechte					
			3.1 Mitwirkungsrechte			3.2 Mitbestimmungsrechte		
BetrVerfG			3.1.1 Informations-recht	3.1.2 Anhörungs-recht	3.1.3 Beratungs-recht	3.2.1 Initiativ-recht	3.2.2 Widerspruchs-recht	3.3.3 Zustimmungs-recht
2.1 Arbeitsplatzebene		Mitbestimmung einzelner Arbeitnehmer § 81 - 84	81 82(2) 83(1) 84(2)	82(1) 84(2)		83(2)		
2.2 Betriebsebene	Mitbestimmung des Betriebsrats	2.2.1 Mitbestimmung im Rahmen allg. Aufgaben §§ 80, 85, 86	80(2) 85(3)	80(1)		??		
		2.2.2 Mitbestimmung in sozialen Angelegenheiten §§ 87 - 91	89(2) 90	89(1)	89(2)(3) 90	87(1) 91	91	87(1)
		2.2.3 Mitbestimmung in personellen Angelegenheiten §§ 92 - 105	92(1) 94(1) 95(1) 94(1) 100(1) 102(1) 103(1) 105	92(1)	96(1) 97 102(1)(2)	92(2) 93 95(2) 98(3) 102(3) 104	98(2) 102(3) 104	94(1) 95(1) 98(1)(3) 99(1)(2) 100(2) 103(1)
		2.2.4 Mitbestimmung in wirtschaftlichen Angelegenheiten § 106 - § 113 (BR und WA)	106(2) 108(3)(5) 110 111		106(1) 111 112(1)	112(2)(4)		
MitbestG 1951 (Montan) MitbestErgG § 129 BetrVG 1972 §76ff. BetrVG 1952 MitbestG 1976 (sämtliche in Verbindung mit Spezialvorschriften des Gesellschaftsrechts)			3.3 Recht auf Teilnahme an den Willensbildungs- und Entscheidungsprozessen der Kontroll- und Leitungs-organe					
2.3 Unternehmensebene		2.3.1 Mitbestimmung von Arbeitnehmervertretern im Aufsichtsrat	3.2.1 Rechte des Aufsichtsrats					
		2.3.2 Vertretung von Arbeitnehmerinteressen durch den Arbeitsdirektor im Leitungsorgan (KGaA)	3.2.2 Rechte des Leitungsorgans					

Abbildung 1: Beteiligungsebenen, -berechtigte und -rechte

Die Beteiligung in diesem Sinne muß als Ergänzung zu den gesetzlichen Mitbestimmungs- und Mitwirkungsrechten des Betriebsrates gesehen werden. Sie kann und soll die bestehenden Regelungen nach Betriebsverfassungsgesetz nicht aufweichen oder gar ersetzen. Die geltenden gesetzlichen Regelungen sind in nachfolgender Abbildung (1) aufgelistet. Sie sollen hier nicht näher erläutert werden, da es nachfolgend vorrangig darum geht, ergänzende Beteiligungsformen des (Werkstatt-) Personals bei arbeitssystembezogenen Veränderungen darzustellen.

Diese beiden Ebenen, die formal rechtliche und die durch neue Beteiligungsformen faktisch praktizierte, sollen nicht nebeneinander her existieren, sondern möglichst miteinander verzahnt werden. So nahmen z.B. bei der Fa. Hoesch die gewählten Sprecher der Beteiligungsgruppen regelmäßig an Vertrauensleutesitzungen der Gewerkschaft und an Informationsbesprechungen des Betriebsrats teil.

Es sollte also eine kontinuierliche Zusammenarbeit sowohl zwischen Betriebsrat und Geschäftsführung wie auch zwischen Betriebsrat und den Problemlösegruppen erfolgen.

Der Betriebsrat kann sich bei derartigen gemeinsamen Besprechungen mit Beteiligungsgruppen besser über die Probleme vor Ort und auch über die Planungen informieren. Er bekommt damit die Möglichkeit, sukzessiv Erfahrungen mit Gestaltungsaktivitäten zu machen, sich somit auch für eigene Initiativen und Beiträge bei nachfolgenden Planungen und Veränderungen zu qualifizieren. Seine formalen Rechte und Funktionen bleiben dabei unberührt, sein Verständnis und seine Sachkompetenz in Detailfragen erhöht sich. Mit der Beteiligung gehen selbstverständlich auch Enttäuschungen des Betriebsrates und der Beschäftigten einher. Aussagen, wie die, daß man beim nächsten Projekt auf bestimmte Faktoren "besser aufpassen würde", machen zweierlei deutlich:

- erstens fühlte sich dieser Betriebsrat übervorteilt, der Aushandlungskompromiß war also aus seiner Sicht nicht befriedigend,
- zweitens haben sie für die Geschäftsführung zwar einen eher drohenden Charakter, verweisen aber auch darauf, daß die Verhandlungspartner mit zunehmender Erfahrung kompetenter und gleichberechtigter werden.

Auf Basis der Untersuchungen in dem Projekt Montageevaluierung kam Seitz zu dem Schluß, daß Betriebsräte, als traditionelle Interessenvertretung, nicht in der Lage waren, zentrale Weichenstellungen der Rationalisierung in den Projekten vorzunehmen. Auch die basisnahen, konkreten Gestaltungsprozesse konnten sie nicht wesentlich beeinflußen. Der Betriebsrat existiert als formale Institution mit einem relativ klar abgegrenzten Handlungsrahmen. Demgegenüber sei der soziale Ort von Gestaltung diffus: in Netzwerken der Interaktion betrieblicher Akteure finden Auseinandersetzungen, Abstimmungen und Verhandlungen statt, die den Ausschlag für die Arbeits- und Technikgestaltung geben. Er fordert daher eine Erweiterung von Beteiligungskonzepten nach "unten" auf direkte Formen der Partizipation, die mit repräsentativen Formen der Mitbestimmung verknüpft werden müssen (Seitz, 1993, S.24).

3 Warum ist eine aktive Beteiligung der Beschäftigten heute immer noch so schwierig?

In den Unternehmen haben sich durch langjährige Praxis und formale Regelungen hierarchische Strukturen herausgebildet, welche bereits in Boom-Zeiten ineffizient waren. Dies kam nur damals weniger zum Vorschein als heute. Festzementierte hierarchische Organisations- und Machtkonstellationen sind und werden zum Teil bis heute noch - sofern sie überhaupt in Frage gestellt wurden - mit ihrem relativen Erfolg begründet worden.

Arbeitsteilung und hierarchische Unterordnungsverhältnisse waren Praxis und wurden oft als "Voraussetzung" eines kontrollierbaren, beherrschbaren und wirtschaftlich arbeitenden Betriebs betrachtet. Dahinter steckte ein Menschenbild, das von tendenziell gering qualifizierten und wenig engagierten Mitarbeitern - insbesondere in der Produktion - ausging.

Der Elan von manchem Mitarbeiter und mancher Führungskraft, die zunächst noch innovative Ideen hatten, neue Vorgehensweisen ausprobieren wollten, zerschellte und zerschellt auch heute noch oft an alten verkrusteten Strukturen und Machtpositionen im Unternehmen. Sie machten mit dem Satz "*das haben wir schon immer so gemacht*" ihre "leidvollen Berufserfahrungen". Sie resignierten nach einiger Zeit und setzten sich irgendwann zur Ruhe, um dem allgemeinen betrieblichen Alltagstrott zu fröhnen. Ihr Berufsleben wurde dadurch zwar nicht unbedingt interessanter, dafür aber weniger nervenaufreibend. Kreativität und Engagement wurde auf den Feierabend und das Wochenende verlegt.

Dann gab und gibt es ja aber (natürlich?) noch den - von seiner Persönlichkeitsstruktur her - passiven, eher lethargischen Mitarbeiter, der "seinen Job macht", um das nötige Geld zu verdienen. Kreativität und Engagement waren bzw. sind ihm - so die Meinung seiner Vorgesetzten - meist auch nach Feierabend fremd.

Entsprechend diesem Menschenbild wurden den Werkern üblicherweise extrem unterfordernde - teilweise sogar gesundheitsschädliche und persönlichkeitsdeformierende - Tätigkeiten und Aufgaben mit geringstem Arbeitsinhalt übertragen.

Die arbeitsteilige und unterfordernde Art der Produktionsarbeit ist seit Jahrzehnten traditionell gewachsen und hat sich bis heute so verfestigt, daß in der Montage immer noch - trotz der jahrelangen Arbeiten und Diskussionen über die Humanisierung der Arbeit, über Gruppenarbeit, leanproduction und fraktale Unternehmen Arbeitsplätze mit minimalen Arbeitsinhalten vorherrschen (Pack, 1993). Es bedarf in den Unternehmen extremer Anstrengungen, Arbeitsinhalte in der Produktion anzureichern und mit höherwertigen Tätigkeits-, Dispositions- und Entscheidungsspielräumen auszustatten.

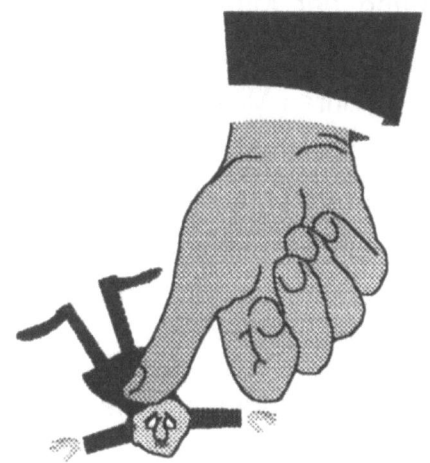

So wurde seit Beginn der Industrialisierung systematisch der abgeschaltete Mitarbeiter insbesondere in der Produktion und Montage "erzogen"! (Glücklicherweise wirkte diesem Trend das öffentliche und duale Bildungssystem mit Qualifizierungsoffensiven zumindest auf der Angebotsseite entgegen.)

Nun sollen sich - so der Wunsch der Unternehmen - die Mitarbeiter möglichst plötzlich umstellen. Gesucht werden jetzt aktive, innovativ denkende und engagierte Mitarbeiter nicht nur in Führungsetagen, sondern gerade auch in der Produktion und in der Montage vor Ort! Es ist ein Fehlschluß zu meinen, man könne sich diese Mitarbeiter "von der Stange einkaufen". Grundqualifikationen hierfür sind zwar durchaus vorhanden, das Nutzen und die Weiterentwicklung von Schlüsselqualifikationen ist aber nur durch permanente praktische Ausübung möglich. Jeder Betrieb muß seine Beschäftigten selbst zu kompetenten Problemlösern erziehen. Und jeder weiß, Erziehung ist mehr als Qualifizierung. Es handelt sich um einen langfristigen kontinuierlichen Prozeß. Die Basis der vielfach geforderten Schlüsselqualifikationen sollte möglichst bereits in der Erziehung von Kindern und in der Ausbildung gelegt werden. Ihre Festigung und Reife müssen diese Qualifikationen letztlich aber über deren permanenten Abruf im beruflichen Alltag erlangen.

3.1 Welche Erfahrungen hat zum Beispiel Ihr Personal bisher in Ihrem Unternehmen gemacht?

Je nach Ausgangssituation und Historie Ihres Betriebes müssen Sie geeignete Schritte zu einer erfolgreichen Einbeziehung der Mitarbeiter entwickeln. Die Beteiligung Ihrer Mitarbeiter ist abhängig von deren bisherigen Erfahrungen im Betrieb. Überlegen Sie also, was Sie bisher von ihren Mitarbeitern erwartet haben, welche Verhaltensweisen "belohnt" und welche "bestraft" wurden: Gehorsam oder eher Kritikfähigkeit, individuelles Durchsetzungsvermögen durch Ellenbogenstärke oder Kooperations- und Kompromißfähigkeit, eifriges fleißiges Arbeiten (mit den Händen) bei gleichzeitig möglichst wenig Kommunikation untereinander oder "Gespräche und Diskussionen" zwischen den Kollegen.

Der Geschäftsführer von der Fa. Mettler-Toledo, Herr Tikart, brachte in einem seiner zahlreichen Vorträge ein anschauliches Beispiel hierzu: Wenn früher die Geschäftsführung in der Montage auftauchte, verstummten die Gespräche und jeder arbeitete dienstbeflissen und eifrig vor sich hin. Heute sei dies nicht mehr so. Die Beschäftigten sprechen heute weiter, Grüppchen und Gespräche bleiben bestehen und werden mit der Geschäftsführung fortgesetzt. Der Geschäftsführer betonte - und konnte dies seinen Beschäftigten auch glaubhaft machen - daß es besser sei, daß die Leute miteinander reden. Auch wenn sie sich dabei über viele betriebsfremde Themen unterhalten würden, sei dies besser, wie wenn sie gar nicht miteinander reden würden. Bei einer Unterhaltung über das letzte Fußballspiel oder den letzten Familienausflug werden (manchmal zwar eher beiläufig) auch betriebliche Informationen ausgetauscht, die aber oft wesentlich für einen reibungslosen Ablauf sein können.

Kennzeichen alter "Kooperationsformen"

- Bereichsrationalitäten Vorrang vor Gesamtoptimum
- Spezialistenplanungen
- Abteilungskämpfe
- Hierarchiegrenzen
- Einzelkämpfertum
- Wenig Kommunikation

Mißtrauen, Ineffizienz

Allen Betriebspraktikern ist bekannt, daß viele kurzfristige Engpäße in der Materialversorgung in den meisten Betrieben durch gute Kontakte zwischen dem Meister oder Vorarbeiter aus der Produktion und dem Kollegen aus dem Lager bzw. aus dem Zulieferbetrieb etc. informell gelöst werden konnten. Natürlich "sprengen" solche Beziehungen die ohnehin sehr fragwürdigen starren PPS-Systeme. Angesichts dessen, daß das Geld aber mit der Produktion verdient wird und nicht mit der Einhaltung und Aktualisierung von EDV-Daten scheint dies wenig bedeutend.

4 Die neuen Anforderungen: Innovatives Werkstattpersonal mit komplexen Aufgaben

Erforderlich für aktive, mitdenkende und selbstverantwortlich handelnde Mitarbeiter sind veränderte Arbeitsorganisationsformen sowie kontinuierliche Beteiligungsprozesse. Dies bedeutet im einzelnen:

- ganzheitliche Arbeitsinhalte,
- Übertragung von Entscheidungs- und Dispositionsspielräumen,

- Prinzip des Vertrauens und der Verständigung,
- Delegation von Verantwortung und eine
- dauerhafte Partizipation am Gestaltungsprozeß der Arbeit.

Nachdem Wettbewerbsvorteile hierzulande kaum noch über technische Investitionen und Verbesserungen am eigentlichen Bearbeitungs- und Montageprozeß erreicht werden können, sollen über organisatorische und personelle Innovationen Wettbewerbsvorteile erreicht werden. Bei ständig steigendem Innovationstempo erreicht man bei der Gestaltung der Systeme immer weniger stabile dauerhafte Resultate. Unter dem Einfluß vieler Kräfte (insbesondere auch die des Marktes) und unterschiedlichster Interessen werden die einmal erreichten Arrangements und Konzepte weiter entwickelt, modifiziert oder verworfen, so daß sich Gestaltung heute als fortlaufender Prozeß darstellt. Prozessuale Aspekte gewinnen immer mehr an Bedeutung. Mit wachsender technischer Komplexität verbindet sich somit ein zunehmender Bedarf nach sozialer Innovation.

Eigenständige Innovationsbeiträge seitens des Werkstattpersonals werden immer bedeutender. Maßnahmen zur Zentralisierung/Dezentralisierung von Tätigkeiten und Verantwortungsbereichen, top-down-Steuerung oder Selbsteuerung von Gestaltungsprozessen auf unteren Hierarchieebenen sollten bereits heute unter diesem Aspekt getroffen werden.

Nach wie vor wird aber in der Mehrzahl der Unternehmen nach dem "alten Strickmuster" vorgegangen: top-down Ansätze sind weit verbreitet, erst erfolgen technische, dann organisatorische und dann erst personelle Planungen bzw. Anpaßmaßnahmen.

Seitz geht - angesichts der erheblichen Diskrepanz zwischen Forderungen und verbalen Bekundungen einerseits und betrieblicher Praxis andererseits - von systematischen Barrieren aus, von einer begrenzten Rationalität betrieblicher Abläufe, wobei sich - trotz anders lautender verbaler Bekundungen und Absichten - eine Eigendynamik im betrieblichen Handeln entwickle, das letztlich dem alten Strukturkonservatismus treu bliebe.

Wie können also die sehr starken Beharrungskräfte betrieblicher Organisationsstrukturen aufgeweicht werden?

Wie können alte Funktionseliten daran gehindert werden, andere Akteurgruppen aus dem Gestaltungsprozeß herauszuhalten bzw. sie auszuschließen oder auch nur "nieder zu halten".

Wie kann ich meine Mitarbeiter zu mehr Engagement und Eigeninitaitive motivieren?

5 Dimensionen und Reichweite von Beteiligung

Betrachten wir einen Umstrukturierungsprozeß in einem Unternehmen, so stellt sich zunächst die Frage, welche Fachabteilungen/Bereiche, welche Disziplinen also bei der Planung und Umsetzung einbezogen wurden und welche Hierarchieebenen aus diesen Abteilungen/Bereichen miteinander kooperiert haben. Die (interdisziplinäre) Zusammenarbeit auf horizontaler Ebene durch die Einrichtung von funktionsübergreifenden Projektgruppen soll Spezialwissen zusammenführen und Bereichsrationalitäten zum Ausgleich bringen, d.h. für ein gesamtbetriebliches Optimum sorgen. Die Aufgabenstellung dieser Projektgruppen wurde üblicherweise zeitlich und inhaltlich auf die Lösung eines konkreten Planungsfalles begrenzt. Auch auf dieser "horizontalen" Zusammenarbeit, entwickelt(e) sich aber üblicherweise eine gewisse Dominanz bestimmter Abteilungen gegenüber anderen heraus.

So kommt es häufig vor, daß zwar Personal- oder Aus- und Weiterbildungsabteilungen im Planungsprozeß involviert sind und bestimmten Alternativplanungen den Vorrgang geben würden, letztlich aber doch die Stimme der "Technikabteilungen" den Ausschlag für die Auswahl einer Alternative geben. Gründe hierfür sind zum einen der Informationsvorsprung letzterer Abteilungen sowie der größere Abstand der Personalabteilungen vom Planungs- und Produktionsprozeß. Sinnvoll wäre es daher, Personal-Know-How direkt in die "Technischen Abteilungen" in Form von dort angesiedelten Stellen zu integrieren.

Die hierarchieübergreifende Zusammenarbeit auf vertikaler Ebene ist gegenüber der projektorientierten Teamarbeit bislang sehr viel weniger praktiziert worden. Fertigungsplanungen wurden von Spezialabteilungen durchgeführt, wobei gelegentlich Meinungen oder Erfahrungen zu bestimmten Fragen von der Produktion (meist dem Meister oder Instandhalter) eingeholt wurden. Ein kontinuierlicher und systematischer Austausch mit gegenseitigem Vorschlagsrecht zwischen verschiedenen Hierarchieebenen wurde bisher kaum praktiziert. Montagepersonal wurde nicht befragt und nicht in die Planung einbezogen.

Dimensionen und Reichweite von Beteiligung:

Dimensionen
- horizontal: abteilungsübergreifend →
- vertikal: hierarchieübergreifend ↓
- formal: Betriebsrat

Reichweite
- Anhörung, Information, Mitgestaltung, Entscheidung, Vetorecht

Formale Strukturen der Beteiligung / Formen der Projektorganisation
- Einberufungsrechte, Zusammensetzung der Teilnehmer, zeitliche Regelungen, Wei sungsbefugnisse...
- informelle Abweichungen

Zeitpunkte der Beteiligung
- Planung, Umsetzung

Qualifizierungserfordernisse

Unter Reichweite oder Grad der Beteiligung ist zu verstehen, ob lediglich informiert wird, eine Anhörung stattfindet, Vorschläge nachgefragt und aufgegriffen werden oder sogar ein Mitbestimmungs- bzw. Mitentscheidungsrecht besteht (eventuell sogar im Sinne eines Vetorechts). Üblicherweise geht das Mitwirkungsrecht in den untersuchten Modellvorhaben lediglich bis zum Vorschlags- und Mitspracherecht für die Werker. Entscheidungsbefugnisse lagen je nach Investitionshöhe und Auswirkung der Entscheidung beim Projektleiter oder aber in der Regel bei der Geschäftsführung. Insofern hat sich bei den formalen Mitbestimmungsrechten nichts verändert, dennoch wurden bestimmte Themen und Verbesserungsvorschläge aufgegriffen und Abhilfe bei Problemen geschaffen.

Weitere wichtige Aspekte sind der Zeitpunkt der Einbeziehung der Beteiligten sowie formelle Regelungen der Beteiligung. Werden die Betroffenen also bereits bei der Planung einbezogen oder erst bei der Umsetzung und erfolgt die Beteiligung regelmäßig oder ad hoc nach Bedarf. Werden die Beteiligungsgruppen "vertikal und horizontal durchmischt" (d.h. integriert) oder erfolgen jeweils abgegrenzte Sitzungen mit anschließendem Austausch mit anderen Gruppen über Gruppensprecher.

Welche Formen jeweils die geeigneten sind, ist abhängig vom Ziel der Beteiligung, dem spezifischen aktuellen Thema, der Routine von Gruppengesprächen usw. Es wird also nicht für eine "ausschließlich richtige" und möglichst umfassende Beteiligungsform plädiert. Je nach Ausgangslage kann dies zunächst zu Überforderungen bei Betroffenen führen, können aufgeblähte und nicht arbeitsfähige Projektorganisationen entstehen oder unverbindliche Diskussionszirkel, die mehr in allgemeiner Frustration münden als in zukunftsgerichtetes Engagement.

6 Schritte zu einer ergebnisorientierten Beteiligung

Für manche Betriebe ist zunächst schon einmal der Weg - nämlich Beteiligung zu erproben - das Ziel. Beteiligung als solche wäre also bereits ein erster Erfolg, da damit dringend erforderliche Kommunikationsprozesse in Gang gesetzt würden.

Dabei sollte allerdings angemerkt werden, daß keine Beteiligung besser ist, als eine Schein-Beteiligung. Die skeptische, abwartende Haltung, manchmal sogar Angst bei Mitarbeitern vor Veränderungen sind meist auf die alten leidvollen Erfahrungen zurückzuführen, daß man nicht ernstgenommen wurde, und nur so getan wurde, als ob die Beschäftigten etwas zu sagen hätten. So werden spätere positive

Ansätze blockiert. Es wurden diesbezüglich schon ungeheure Berge von "Altlasten" aufgehäuft. Sie sollten eher abgetragen, statt noch weiter erhöht werden. Diejenigen, die es "ernst meinen" und wirkliche Beteiligung einführen wollen leiden enorm darunter.

6.1 Projektorganisation und Beteiligungsmodell wachsen lassen

Wichtigste Voraussetzung ist, einfach anfangen zu beteiligen! Dabei ist die frühzeitige Einbeziehung des Betriebsrates unabdingbar. Im Falle der Einbeziehung externer Begleitinstitute wurde zudem ein direkter Kontakt zwischen Betriebsrat und Begleitforschung gefordert.

Plädiert wird für ein wachsendes Beteiligungsmodell, das sich an den betrieblichen Bedingungen orientiert und das sich im Laufe der Zeit - mit immer mehr Routine - permanent verändern wird. Während es zunächst sicherlich noch umfangreicherer Regelungen bedarf, wird es mit zunehmender Praxis immer weniger formal gehandhabt werden müssen. Ein kontinuierlicher Verbesserungsprozeß also auch in bezug auf die Projektorganisation.

Zu Beginn von Beteiligungsprozessen sind üblicherweise mehr formale Regelungen (z.B. regelmäßige Sitzungen) gefordert. Auch sind zunächst stärkere Aktivitäten seitens des Betriebsrates und einzelner Vorgesetzter oder externer Berater notwendig, um Kooperations- und Kommunikationsprozesse anzustoßen und aufrechtzuerhalten. Betriebsvereinbarungen, formelle Regelungen zur Konfliktaustragung usw. sind erforderlich und sinnvoll, wobei allerdings zu betonen ist, daß nicht alle Eventualitäten von Beginn an berücksichtigt werden können. In einem laufenden Projekt wurde die Beteiligung durch eine verbindliche Festschreibung von Mindestbedingungen in einer Betriebsvereinbarung abgesichert. Trotz Beteiligung wird es Interessensgegensätze und Konflikte geben, die letztlich meist doch von "oben" entschieden werden müssen. Wichtig ist dabei aber, daß die Entscheidungsgründe transparent gemacht werden.

Beispiele meist komplexer Projektorganisationen in geförderten Betrieben machten drei Dinge deutlich:

Komplexe Organisationsformen mit vielen Ausschüßen und Projektgruppen zu verschiedenen Themen sind noch keine Gewähr für eine erfolgreiche Beteiligung, allerdings für eine ungeheure Protokollflut. Mit zunehmender Komplexität der Projektorganisation können - aufgrund der Undurchschaubarkeit - nämlich wieder

Projektausschuß

Aufgaben:
- Koordination und Steuerung der Projektarbeit
- Begleitung der Forschungsaktivitäten
- Diskussion der Arbeitsergebnisse
- Verabschiedung von Gestaltungsvorschlägen

Zusammensetzung:
- Geschäftsleitung
- Betriebsrat
- Vertreter aus Projektteams
- Begleitforschung (FGAT, IPA)

Projektteams

Aufgaben:
- Bearbeitung von Schwerpunktthemen
- Mitwirkung bei Problemanalysen
- Mitwirkung bei der Diskussion von Untersuchungsergebnissen und bei der Entwicklung von Gestaltungsalternativen
- Mitwirkung bei der Bewertung von alternativen Gestaltungskonzepten
- Begleitung der Systemeinführung

Zusammensetzung:
- betriebliche Führungskräfte und Experten aus unterschiedlichen Abteilungen
- Betriebsrat
- Begleitforschung

Pilotgruppe

Aufgaben:
- Mitwirkung bei Problemanalysen
- Diskussion von Untersuchungsergebnissen
- Mitwirkung bei der Erarbeitung von Gestaltungsvorschlägen
- Teilnahme an Qualifizierungsmaßnahmen
- praktische Erprobung von Gestaltungsalternativen

Zusammensetzung:
- Mitarbeiterinnen und Mitarbeiter aus der Farbmontage
- Begleitung durch Betriebsrat
- Moderation durch FGAT

Beispiel der Projektorganisation bei der Fa. Grohe Thermostat GmbH: Aufgaben der einzelnen Organe

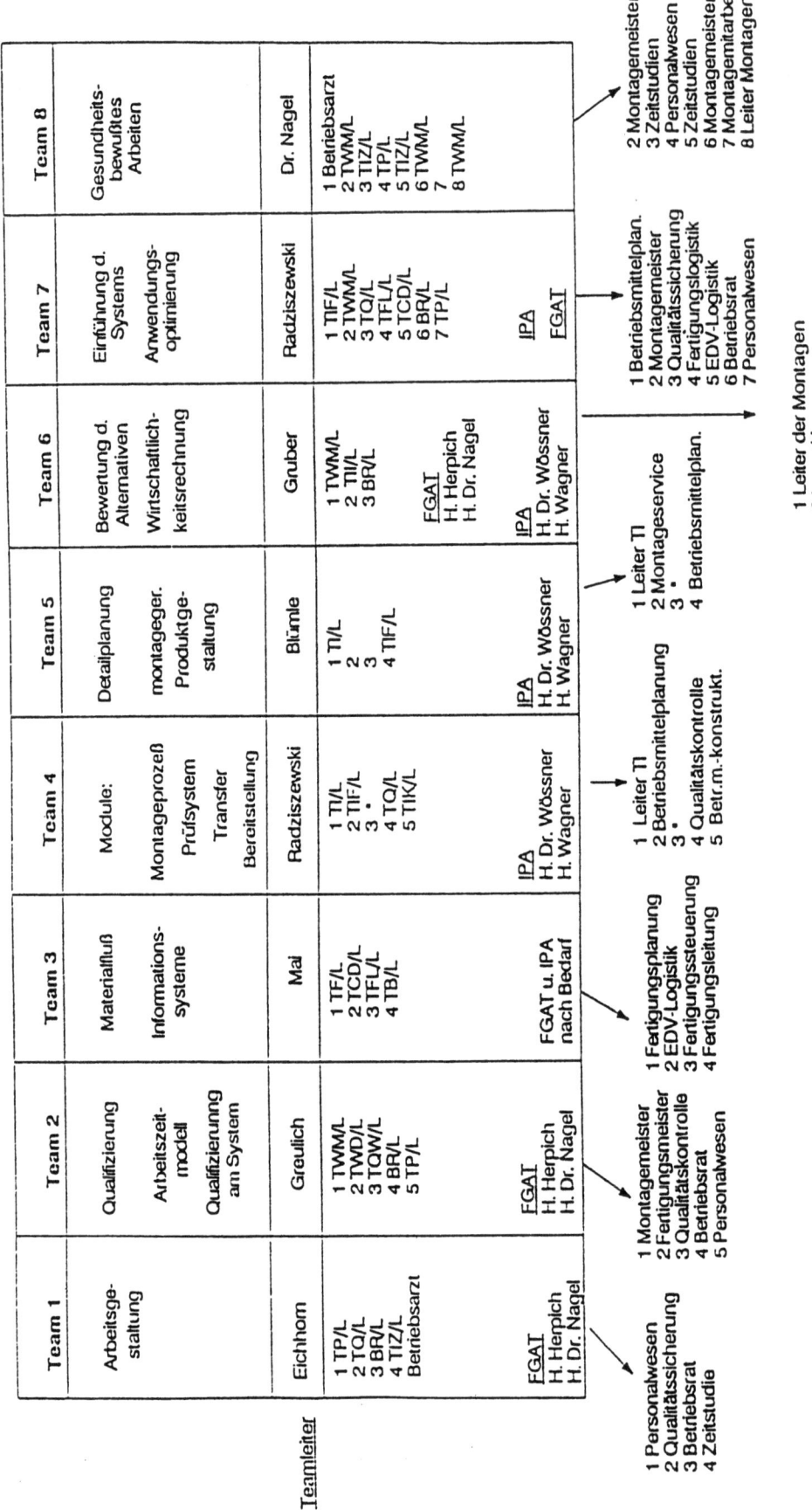

Beispiel zur Themenstellung und Zusammensetzung der Projektteams bei der Fa. Grohe Thermostat GmbH

die "alten Funktionseliten" meist aus den bereits bisher starken Abteilungen (Technik, Fertigungsplanung, AV) ihre Interessen und Vorgehensweisen durchsetzen. Sinnvoller erscheint es, am Anfang von Beteiligungsprozessen überschaubare Gruppen mit relativ abgegrenztem Themenspektren einzurichten. Die Ausweitung der Thematik in inhaltlicher wie auch in organisatorischer Hinsicht (Kooperationserfordernisse mit anderen Abteilungen und Gruppen) werden sich bei einer ergebnisorientierten Beteiligung zwangsläufig herauskristallisieren und wachsen dann für alle Beteiligten nachvollziehbarer.

Zweitens konnten in den Projekten Abteilungen und Disziplinen einbezogen werden, die bisher nicht an derartigen Innovationen beteiligt wurden. Insbesondere seien hier genannt die Personalabteilung sowie die Aus- und Weiterbildungsabteilungen. Diese Einbeziehung erfolgte zunächst auch eher langsam und zurückhaltend. Die entsprechenden Abteilungen waren bisher gewohnt, auf (technische) Anforderungen zu reagieren. Sie trauten sich kaum eigenständige Vorschläge zu, "schielten also immer mit einem Auge" auf den "Technikausschuß" oder sahen sich gezwungen, zunächst den (technischen) "Projektleiter" um Einverständnis zu fragen. Als Vorteil derartiger erster Pflänzchen abteilungsübergreifender Kooperationen ist hervorzuheben, daß dabei erstmals eine gemeinsame Aufgabe definiert und verfolgt wurde. Bei weiterer Praktizierung des Modells können so sukzessiv eigenständige Innovationsbeiträge und Ideen seitens dieser Abteilungen erwartet werden.

Drittens hatte man manchmal den Eindruck, daß die Anzahl aller Beteiligten zu den letztlich im Arbeitssystem Betroffenen überdimensioniert war. Dabei waren meist noch nicht einmal besonders viele MontagearbeiterInnen beteiligt. Dies hat sicher mit dem erhöhten Aufwand zu Beginn der Beteiligung zu tun (Anstoßfunktion), es ist aber teilweise auch die Folge eines übertriebenen Bürokratisierungsprinzips. Komplizierte Organisationsformen spiegeln sicherlich die komplexer werdende Thematik von Reorganisationsprozessen wider. Sie sind häufig aber auch ein Indiz für ein mißtrauensbehaftetes Verhältnis zwischen den Beteiligten und noch lange kein Beleg für innovative Beteiligungsmethoden. Unter die bisherigen Verhaltensmuster und Vorgehensweisen der Beteiligten - die meist durch Absicherungsstrategien gekennzeichnet sind - sollte möglichst ein Schlußstrich gezogen werden. Dies ist allerdings nur mit einer guten Vertrauensbasis möglich.

Wir kommen daher zu einem der wichtigsten Aspekte einer erfolgreichen Beteiligung:

6.2 Vertrauen schaffen und sicherstellen

Da Sie sicherlich alle wissen, wie man Vertrauen systematisch zerstören kann - jeder von uns wird diesbezüglich seine Erfahrungen bereits gemacht haben - gehe ich davon aus, daß sie auch wissen, wie man Vertrauen sukzessiv schaffen kann. Genauere psychologische Handlungsanleitungen möchte ich dazu nicht geben.

Zu erwähnen sei nur, daß Vertrauen nur durch einen langen, mühsamen und permanenten Prozeß herzustellen ist, während Mißtrauen ausgesprochen schnell und einfach produziert werden kann. Die Einhaltung von Abmachungen, Offenheit, Transparenz und fundierte Begründungen bei und für unliebsame Entscheidungen sind hierzu unabdingbar.

In einem der untersuchten Modellvorhaben wurde auch die Erfahrung gemacht, daß die Motivation zur Beteiligung und das Vertrauen von Montagearbeiterinnen im Projekt durch eine weibliche Begleitforscherin besonders groß gewesen ist.

6.3 Der Projektleiter als Integrationsfigur mit solider Kompetenzausstattung

Die Wahl des Projektleiters ist wohl einer der ausschlaggebensten Erfolgsfaktoren für Beteiligungsprozesse. Der Projektleiter muß das Vertrauen der Personen besitzen, die an Beteiligungsprozesse herangeführt werden sollen. Er muß sowohl das Vertrauen der Geschäftsführung besitzen als auch von dieser mit umfangreichen Kompetenzen ausgestattet werden. Er muß von wichtigen "Meinungsmachern" im Betrieb akzeptiert sein. Eine Person, die sich in der Vergangenheit durch sehr umstrittene Entscheidungen und einen patriarchalen Führungsstil ausgezeichnet hat, sollte also möglichst nicht an die Spitze des Teams gesetzt werden. Dennoch sollte der Projektleiter möglichst in der hierarchischen Spitze des Unternehmens angesiedelt sein bzw. ihm sollten vergleichsweise große Handlungsspielräume zugesichert werden. Ein Projektleiter sollte also "oben" angesiedelt sein, aber dennoch "unten" vor Ort präsent sein und auch dort agieren. Ein Projektleiter, der um Kompromisse im Team bemüht ist, "unten" voller Tatendrang und guten Willens agiert, dessen Entscheidungen aber von "oben" nicht akzeptiert werden, kann seine Funktion nicht adäquat ausfüllen.

Der Projektleiter muß imstande sein, bestehende Hierarchieängste und "unnötigen Respekt" durch ein möglichst natürliches Verhalten abzubauen.

6.4 Die richtige Sprache sprechen!

Kommunikation - und das ist ein wesentlicher Bestandteil von Beteiligung - ist nur möglich, wenn man sich gegenseitig versteht und das ist in den meisten Fällen keinesfalls gegeben. Mit der "richtigen" Sprache sprechen ist also sowohl eine Anforderung an die Vorgesetzten - und ich muß das hier in bezug auf meine Disziplin selbstkritisch anmerken - als auch insbesondere an die externen (wissenschaftlichen) Berater. Eine gemeinsame Sprache der Beteiligten entwickelt sich oft erst im Laufe des Projektes. Erklärungen, wer was mit bestimmten Begriffen meint, kosten zunächst zwar Zeit, sind aber gerade am Anfang sehr wichtig.

Der Projektleiter als Integrationsfigur

- von unten und oben akzeptiert
- geduldig
- kompetent und entscheidungsbefugt
- natürliches Verhalten
- vertrauenswürdig
- souverän auch bei Fehlschlägen

6.5 Das Einstiegsthema muß sich an persönlicher Betroffenheit orientieren

Das richtige Einstiegsthema für Gruppengespräche muß gewählt werden. So sollte für das Montagepersonal also das Thema aufgegriffen werden, das die Montagearbeiter persönlich aktuell stark betrifft, z.B. Firma A: "Schlechtes Betriebsklima zwischen Meistern und Montagearbeiterinnen", Firma B: "Gesundheitsschädigung durch Heben und Bewegen großer Lasten", Firma C: "behindertengerechte Arbeitsplätze", Firma XY: "Gesundheitsschädigung an Arbeitsplätzen mit bestimmten Emissionen" usw. In jedem Betrieb gibt es aktuelle Themen in der Montage, die bei Gesprächen mit den Werkern schnell zutage kommen, sofern sie nicht sowieso schon bekannt sind.

Die Bearbeitung von Problemen sollte in überschaubaren Schritten erfolgen, um gerade gewerbliche Mitarbeiter nicht zu überfordern.

Den Beteiligten müssen - von ihnen bewältig- und beeinflußbare - Verantwortlichkeiten für einzuleitende Maßnahmen übertragen werden.

6.6 Rasche Umsetzung erster Maßnahmen

Zu dem von den Montagearbeitern gewählten Einstiegsthema müssen rasch Maßnahmen getroffen werden, die erste Erfolge sichtbar machen und die zeigen, daß "nicht über ihre Köpfe hinweg" entschieden wird. Sitzungen mit endlosen Diskussionen ohne sichtbare Veränderungen werden sonst bald zu tristen, langweiligen und vor allem demotivierenden "Pausen" von den auszuführenden Montagearbeiten.

Es geht hier nicht um die Umsetzung großer umfassender Lösungen. Dies sind per se nicht schnell umsetzbar. Kleine ergonomische Verbesserungen, kleinere Anschaffungen oder Verbesserungen durch die eigene Betriebsmittelfertigung, z.B. Hebehilfen, andere Transportkisten u.ä., können allerdings leicht und rasch getätigt werden und sind auch nach der größeren Umstellung noch nutzbar. Die Geschäftsführung muß also bereit sein, zumindest kleinere Investitionen schnell zu entscheiden und zu realisieren. Die - bis zu diesem Zeitpunkt oft noch skeptisch-abwartende Haltung seitens der Betroffenen - wandelt sich dann in eine eher positiv-offene Erwartungshaltung. Das gleiche gilt natürlich auch für die Seite der Geschäftsführung: auch für sie muß ein erfahrbarer Nutzen sichtbar werden.

6.7 Grundqualifikationen vermitteln

Eine Qualifizierung in Richtung "Problemlösekompetenz" ist von Nöten. Nach Sell/ Frohnhofen setzt sich Problemlösekompetenz zusammen aus Methodenkompetenz, Innovationskompetenz, Entscheidungskompetenz sowie kommunikativer, sozialer und emotionaler Kompetenz (Sell/Frohnhofen, 1993). Sinnvoll ist eine Einführung in Kommunikations- und Moderationstechniken, in Grundlagen der Rhetorik, in Regeln zur Konfliktaustragung u.ä. Allerdings sollten diese Techniken weniger theoretisch erläutert werden, sondern vielmehr anhand konkreter betrieblicher Konflikte und Sachverhalte diskutiert werden. Da es sich zunächst um Diskussionen über Verbesserungen an Arbeitsplätzen bzw. im System handeln wird, sollten zugleich auch arbeitswissenschaftliche Grundkenntnisse vermittelt werden (Körperhaltungen, Gesundheitsschulungen, Gefahrenbereiche ...). Die Vermittlung einer abstrakten Problemlösekompetenz ohne arbeitswissenschaftliches Grundlagenwissen wird den Gestaltungsprozeß kaum positiv beeinflußen. Die Anschaulichkeit und Betroffenheit der Beteiligten ist durch konkrete betriebliche - möglichst arbeitssystembezogene - Beispiele zu gewährleisten. So sollten zum Beispiel erst fachliche (Alternativ-)Vorschläge - in verständlicher Form! - in Sitzungen eingebracht werden, bevor man in die Diskussion einsteigt. Trotzdem müssen aber auch (zunächst) unrealistisch anmutende Vorschläge geäußert werden dürfen.

6.8 Geduld und Durchhaltevermögen zeigen!

Wie bereits oben erwähnt, werden die wenigsten Mitarbeiter voller Elan, Mitteilungs- und Tatendrang in die ersten Gruppen- oder Projektausschußsitzungen eilen. Verbreitet ist eher eine skeptisch abwartende Haltung, nach dem Motto: "*Schaun wir halt mal, was die von uns wollen*". Zunächst laufen viele gruppendynamische Prozesse ab. Das, worüber diskutiert werden sollte, wird oft nicht diskutiert, weil es von anderen Konflikten überlagert wird. Die Klärung und das Aufräumen dieser "Nebenkriegsschauplätze" ist sicherlich eine der schwierigsten Aufgaben eines Moderators und des Projektleiters. Diese unvorhergesehenen Inhalte bei Besprechungen werden meist als Rückschläge und Begründungen für das Nichtfunktionieren von Beteiligung angeführt. Dabei sollte man sich aber klar machen, daß das Austragen dieser Konflikte zwar ausgesprochen zeitraubend sein kann, oft aber dringende Voraussetzung für ein späteres sachgerechtes Diskutieren der anderen Probleme und vor allem auch für eine reibungslose Interaktion in der Produktion ist. Zugleich ist darauf zu achten, daß manche Beteiligten eher gebremst werden müssen, während andere eher angestoßen werden müssen.

6.9 Souveränität auch bei Rückschlägen und Problemen bewahren

Auf die Frage, warum ein bestimmter Projektleiter in einem Vorhaben auf besonders viel Akzeptanz und Rückhalt gestoßen ist, bekamen wir zur Antwort: *"Weil Herr XY auch bei Mißerfolgen und Problemen sachlich und souverän geblieben ist und auch hinterher mal mit einem etwas trinken gegangen ist."*. Umgekehrt muß das cholerische Verhalten eines Vorgesetzten, der Mitarbeiter nach Fehlern vor versammelter Mannschaft anschreit, in bezug auf Beteiligungsprozesse geradezu fatal wirken. Dennoch gibt es sie auch heute noch in der Praxis.

6.10 Beteiligung muß sich für beide Seiten "lohnen"

Beteiligungsprozesse stehen meist unter dem Anfangsverdacht, viel zu kosten und wirtschaftlich zu wenig Nutzen zu bringen. Die Kosten der Beteiligung sind daher auch zunächst relativ einfach als Gegenargument gegen dieses Vorgehen aufzulisten: da sind vor allem die Ausfallzeiten der sonst produktiv tätigen Mitarbeiter zu nennen und es müssen - sofern noch nicht vorhanden - auch noch Räumlichkeiten eingerichtet bzw. zur Verfügung gestellt werden. Vor allem kostet es aber Zeit.

Der quantitative Nutzen der Betriebe von Beteiligungsprozessen kann dagegen kaum direkt nachgewiesen werden. Einsparungen durch frühzeitige Fehlervermeidung, geringere Anlaufzeiten oder flexibleres und schnelleres Reagieren auf veränderte Anforderungen sind zwar feststellbar, aber nicht allein auf Beteiligung zurückzuführen.

Beteiligung wird ja nicht per se durchgeführt, sondern üblicherweise im Zusammenhang mit Umstrukturierungen, dem Einsatz neuer Technologien oder Maschinen, veränderten Arbeitsorganisationsformen, häufig auch noch bei gleichzeitigen Produktinnovationen. Welche Effekte nun auf die Beteiligung allein zurückzuführen sind, kann also kaum eruiert werden. Es können im positiven Fall geringere Durchlaufzeiten oder geringere Lagerbestände festgestellt werden. Würden nun diese Verbesserungen allein auf die Beteiligung zurückgeführt werden, wäre das genauso unlauter, wie zu behaupten, daß die Beteiligung keinerlei Rolle gespielt habe.

Betriebe, die Beteiligung im Zusammenhang mit Umstrukturierungs- und Automatisierungsprojekten erprobt hatten, führten als Vorteile vor allem auf (Als

Ergebnisse aus dem bereits oben erwähnten Hoesch-Vorhaben in einem Kaltwalzwerk kann man folgendes nachlesen):

> "Die ehemals starre Grenze zwischen ausführender und leitender Tätigkeit verwischt sich allmählich und macht einer sachbezogenen Kooperation Platz, erweiterte Dispositions- und Entscheidungsspielräume für die Gruppen sind Voraussetzung wie Ergebnis dieser Arbeitsorganisation. Die Belegschaft ist durch die Beteiligungsarbeit insgesamt informierter geworden, betriebliche Entscheidungen sind für sie transparenter. Die Diskussion mit der Betriebsleitung ist versachlicht. Die Beschäftigten haben eine positive und langfristig orientierte Perspektive für das Beteiligungsverfahren entwickelt. Letztendlich profitieren alle betrieblichen Akteure von den Beteiligungsgruppen. Während die Betriebsleitung mit dem Beteiligungsverfahren vor allem die Aktivierung der Problemlösefähigkeit der Beschäftigten, eine verbesserte Kooperation und Kommunikation innerhalb der Belegschaft und zu unteren Vorgesetzten sowie eine beschleunigte Anpassung der Produktionsbedingungen an technischen Wandel und Veränderungen des Marktes erreichen kann, herrschen bei der Belegschaft bzw. dem Betriebsrat eher Interessen an der Durchsetzung eigener Vorstellungen zur Arbeits- und Arbeitsplatzgestaltung und höherem Einfluß der Beschäftigten auf ihre Arbeitsbedingungen vor" (Hoesch AG, 1989, S. 46 ff).

Als wirtschaftlicher Nutzen bei Hoesch wurde aufgeführt, daß die Belegschaft produktiver geworden sei (mit weniger Beschäftigten wurde das gleiche Porduktionsvolumen erbracht). Der Betrieb sei flexibler geworden, neue Aufträge bzw. kurzfristige Auftragsänderungen konnten in kürzerer Zeit erledigt werden. Außerdem wurde eine höhere Qualität der Produkte festgestellt.

6.11 Beteiligung kontinuierlich fortführen

Häufig hängt die Beteiligung noch zu stark von bestimmten Projekten ab und wird nach Abschluß der Vorhaben abgebrochen. Beteiligungsprozesse bewähren sich unter wirtschaftlichen Gesichtspunkten nur dann, wenn sie dauerhaft fortgeführt werden. Selbststeuerung und Selbstorganisation müssen zur Selbstverständlichkeit bei der Alltagsarbeit werden. Erst im Laufe der Zeit reduziert sich der zunächst hohe Einführungsaufwand.

7 Praktische Tips für eine erfolgreiche Beteiligung

- Regelmäßig und häufig durch den Betrieb gehen, sich Zeit nehmen für Gespräche vor Ort, Besuche statt Kontroll-Rundgänge. Atmosphäre erspüren, erkennen und durch eigenes Verhalten Atmosphäre beeinflußen.

- Workshops und Arbeitssitzungen mit den Betroffenen durchführen, auch wenn diesen die Hintergrundinformation oft fehlt. Sie sollten ja gerade deswegen einbezogen werden, damit diese Hintergrundinformationen selbstverständlich werden.

- Unteres Führungspersonal nicht außen vor lassen, sondern einbeziehen.

- Auch "unangenehme, lästige", dafür aber kritikfähigere Mitarbeiter einschließen, damit sich die anderen auch trauen, etwas zu sagen.

- Schnelle Umsetzung von Verbesserungsvorschlägen am Arbeitsplatz, damit Ergebnisse sichtbar werden (vermitteln, daß die Firma sich die Gesundheit/die Zufriedenheit der Mitarbeiterin etwas kosten läßt).

- Für weibliche Mitarbeiterinnen vorzugsweise weibliche Ansprechpartnerin zur Verfügung stellen (z.B. ist im Personalwesen eine Frau für alle weiblichen Mitarbeiterinnen in der Montage zuständig).

- Bei heiklen Themen, wie z.B. dem Betriebsklima, den Mut haben, die Betroffenen auch ohne Vorgesetzten diskutieren zu lassen; ggfs. bewährt sich die befristete Einbeziehung externer Personen.

- Montagearbeiterinnen die Gelegenheit zur Teilnahme an Moderationsseminaren geben, wobei die zeitliche Gestaltung dieser Seminare die spezielle Situation berücksichtigen muß (z.B. finden in einer Firma regelmäßige Sitzungen von Qualitätszirkeln statt, die von den Montiererinnen selbst moderiert werden).

- Arbeitswissenschaftliche Grundkenntnisse und Problemlösekompetenz vermitteln, kurz Qualifizierung zur Beteiligung. Grundqualifizierung in Kommunikationstechniken ist hilfreich! Die Vermittlung von Schlüsselqualifikationen sollte am Beispiel (von konkreten betrieblichen Problemen) erfolgen nicht abstrakt am Beispiel von partnerschaftlichen Auseinandersetzungen oder dgl.

- Häufigere kurze Zusammenkünfte sind effizienter als lange endlose.

- Möglichst ein konkretes Ziel für eine Sitzung vorgeben, um die Diskussionen zielgerichtet führen zu können, aber auch hinnehmen können, daß eine Sitzung mal nicht so effizient lief. Dafür wurden vielleicht wichtige Gespräche für ein besseres Betriebsklima geführt. Verantwortlichkeiten für Maßnahmen bis zur nächsten Sitzung festlegen.

- Grobe Regeln aufstellen, z.B. wie Entscheidungen bei Konflikten gefällt werden. Entscheidungen bei Interessenkonflikten müssen begründbar und nachvollziehbar sein, dann werden sie akzeptiert, auch wenn sie "weh tun".

- Beteiligung ersetzt nicht Entscheidungen von Führungskräften und auch nicht die Zusammenarbeit von Betriebsrat und Geschäftsführung. Sie ist nicht geeignet, die unteren Führungskräfte zu entmachten, sie verhindert keine Interessenskonflikte, macht aber Abläufe transparenter, fördert Akzeptanz, hat qualifizierenden Charakter insbesondere extrafunktionale Qualifikationen werden gefördert, verbessert Kommunikations- und Kooperationsfähigkeit und damit das Betriebsklima und macht damit Abläufe effizienter, erhöht die Flexibilität des Unternehmens durch verbesserte informelle Strukturen.

8 Literaturverzeichnis

- HOESCH AG (Hrsg.): Menschengerechte Arbeitsgestaltung - Arbeitsstrukturierung Kaltwalzwerke; Broschüre der HOESCH AG, Dortmund, 1989.

- Protokolle zum 2. Transverdi-Workshop "Beteiligung - gemeinsam planen und gestalten" am 30. Juni 1994 bei der Fa. Grohe Thermostat GmbH, Lahr.

- Seitz, D.: "Per Order de Mufti läuft gar nichts ...", edition sigma, Berlin, 1993.

- Sell, R.; Fuchs-Frohnhofen, P.: "Gestaltung von Arbeit und Technik durch Beteiligungsqualifizierung", hrsg. vom Ministerium für Arbeit, Gesundheit und Soziales des Landes Nordrhein-Westfalen, Reihe "Mensch und Technik - Sozialverträgliche Technikgestaltung, Materialien und Berichte Band Nr. 39", Westdeutscher Verlag, Opladen, 1993.

- Volmerg, B.; Senghaas-Knobloch, E.; Leithäuser, T.: "Erlebnisperspektiven und Humanisierungsbarrieren im Industriebetrieb", hrsg. vom BMFT, Schriftenreihe "Humanisierung des Arbeitslebens", Band 63.

Erfahrungen mit der Einführung von Gruppenarbeit
Konsequente Mitarbeitererbeteiligung

Dipl.-Ing. Fred Cohrs
National Rejectors Inc. GmbH, Buxtehude

Erfahrungen mit der Einführung von Gruppenarbeit

Konsequente Mitarbeitererbeteiligung

Dipl.-Ing. Fred Cohrs
National Rejectors Inc. GmbH, Buxtehude

Das Bundesministerium für Forschung und Technologie, BMFT, fördert ein Projekt der Firma National Rejectors Inc. GmbH. Dieses Projekt hat das Ziel, unter aktiver Beteiligung der Mitarbeiter aus Fertigung und Montage eine betriebsumfassende effiziente Arbeitsorganisation zu entwickeln und damit die Wettbewerbsfähigkeit wieder herzustellen und den Standort Deutschland zu sichern.

Ein solches Projekt hat in der deutschen Industrie Neuheitscharakter. Die Erfahrungen aus diesem Projekt sollen dann auf andere Betriebe übertragen werden.

Die Firma National Rejectors Inc. GmbH, kurz NRI, entwickelt und produziert als Zulieferer der Automatenindustrie elektronische Münzprüfer sowie Chipkarten und Abrechnungssysteme für den Einsatz in Getränke-, Snack-, Zigaretten-, Spiel-, Kopier- und Fahrkartenautomaten.

Gegenstand des Projektes ist ein elektronischer Münzprüfer mit der internen Bezeichnung G 40, der als Nullserie bereits gefertigt wird. Es gibt jedoch noch einen großen Bedarf an konstruktiven Verbesserungen, sowie eine vollkommen neue Variante für den Einsatz im Wechslerbereich zu entwickeln. Auf diesen Prozeß sollen alle Projektmitarbeiter unmittelbar Einfluß nehmen.

Parallel zu der montagegerechten Konstruktion des G-40 soll ein Montagesystem mit einer entsprechend angepaßten Betriebs- und Fertigungsorganisation gestaltet werden, das die Bedürfnisse aller dort tätigen Mitarbeiter erfüllt und trotzdem wirtschaftlich ist.

Damit dieses möglich ist, soll sich das Projektteam in erster Linie aus Mitarbeitern zusammensetzen, die heute direkt vor Ort an dem Vorgängergerät arbeiten. Es soll nicht so sein, daß

"die da oben sich mal wieder was ausgedacht haben",

sondern

"wir, die wir alle direkt am Produkt arbeiten, haben unter Nutzung unserer vielen Erfahrungen aus der täglichen Arbeit ein System entwickelt, das diese Anforderungen erfüllt".

Hierzu wurde ein Projektteam gebildet, das sich aus Mitarbeitern der Fertigungsbereiche, der Arbeitsvorbereitung, der Entwicklungsabteilung und dem Betriebsrat zusammensetzt. Das Team wird von wissenschaftlichen Mitarbeitern der TU Hamburg-Harburg und TU Cottbus unterstützt.

Aber Beteiligung hört sich in der Theorie sehr gut an, dies aber in der Praxis auch anzuwenden, ist nicht ganz so einfach. Hier muß erst ein Umdenken bei allen Mitarbeitern, nicht nur innerhalb des Projektes stattfinden, um wirklich etwas zu erreichen. Genau hier treten die ersten größeren Schwierigkeiten auf, wenn Vorarbeiter, Meister, Fertigungsplaner oder sogar Abteilungsleiter ihren Aufgabenbereich beschnitten sehen. Hinzu kommt, daß sich die Projektmitarbeiter häufig die Frage stellen, *"Soll ich hier wirklich mitarbeiten und eventuell an der Wegrationalisierung von Arbeitsplätzen mitwirken?".*

Bereits die Zusammensetzung des Projektteams war nicht ganz einfach. Mit dem Betriebsrat wurde vereinbart, daß die Mitarbeiter sich freiwillig melden sollen, keiner soll gezwungen werden. Im Rahmen einer Informationsveranstaltung wurde das gesamte Projekt und die angestrebte Zusammensetzung des Projektteams vorgestellt und somit für die aktive Mitarbeit in dem Projekt geworben.

Hierauf kamen dann Aussagen wie:

"Bei so vielen Professoren, Doktoren, BMFTs, DLRs, IAOs und GfAHs da können wir ohne Studium doch gar nicht mitreden".

Nachdem daraufhin die direkte Besetzung der Projektgruppe nochmals dargestellt und darauf hingewiesen wurde, daß die Zusammenarbeit in der Projektgruppe fast ausschließlich mit den wissenschaftlichen Mitarbeitern der Begleitforscher erfolgt, meldeten sich nach einer Bedenkzeit von zwei Tagen 11 Mitarbeiter zur Mitarbeit im Projektteam, teilweise mit der Bemerkung: *"vielleicht behalte ich dadurch ja meinen Arbeitsplatz".*

Hier wird sehr deutlich, welches Mißtrauen in der Belegschaft vorherrscht, was teilweise auch darin begründet ist, daß NRI innerhalb dieses und des letzten Jahres, bedingt durch den Rückgang und der Produktionseinstellung von mechanischen Münzprüfern, insgesamt 160 Mitarbeiter freisetzen mußten.

Es wurde dann entschieden, alle Mitarbeiterinnen, die sich freiwillig gemeldet haben, in die Projektgruppe aufzunehmen.

In verschiedenen Arbeitssitzungen zusammen mit den Begleitforschern wurden anhand konkreter Probleme Lösungen unter Einbeziehung der direkt Betroffenen erarbeitet und so die Mitarbeiterbeteiligung geübt. Zum Beispiel wurde ein Konzept und konkrete Lösungen zur Belastungsreduzierung an den Klebearbeitsplätzen erarbeitet, was sehr viele neue positive Gestaltungsvorschläge hervorbrachte, die zur Zeit auch realisiert werden.

Ebenso sind zwei Mitarbeiterinnen in der Wertanalyse-Projektgruppe G-40 eingebunden, wo sie eine Menge praktischer Erfahrung einbringen, die weder in der Konstruktion noch in der Arbeitsvorbereitung vorhanden sein kann. Allerdings wurde hier der "Fehler" gemacht, daß die Mitarbeiterinnen von oben bestimmt wurden, was deren Kolleginnen sehr verstimmte.

Schon nach kurzer Zeit zeigte sich, daß je mehr Informationen man den Mitarbeitern gibt und je direkter die Personen betroffen sind, desto besser wird die Zusammenarbeit und um so offener kann über alles gesprochen werden. Es muß eine gewisse Vertrauensbasis vorhanden sein und die Mitarbeiter müssen merken, daß man sie ernst nimmt und daß ihre Meinung oder Anregung auch aufgenommen und geprüft wird.

Der Betriebsrat steht dem Projekt positiv gegenüber, ist bei allen Besprechungen und Arbeitssitzungen vertreten, hält sich bei der aktiven Beteiligung aber weitgehend zurück.

Diese positive Zusammenarbeit wirkt schon über das Projekt hinaus. So erarbeiten Mitarbeiter aus den Produktionsbereichen die Abläufe für Verfahrensanweisungen für ein Qualitätssicherungssystem nach DIN ISO 9001. Es werden zusammen mit den Betroffenen Prüfpläne und Prüfanweisungen für die Werkerselbstprüfung erarbeitet.

Es gibt noch eine Vielzahl von Themen, die zukünftig unter aktiver Beteiligung von Fertigungsmitarbeitern bearbeitet werden.

Diese konsequente Einbeziehung von Betroffenen ist am Anfang für die Entscheidungsträger nicht einfach, da sie sehr teuer ist. Denn hier werden produktive Arbeitsstunden investiert. Außerdem ist es doch viel einfacher und bequemer, etwas zu bestimmen, als vorher in einer größeren Runde die Vor- und Nachteile zu diskutieren und dann abzustimmen.

Dies muß natürlich seine Grenzen haben.

NRI sieht hierin aber eine Investition in die Zukunft. Die letzten Jahre haben gezeigt, daß technische Innovationen alleine nicht ausreichen, um die Konkurrenzfähigkeit zu erhalten. Die besonders wichtige schnelle Reaktionsfähigkeit des Unternehmens auf neue Marktanforderungen wird vor allem von der Organisation und flexiblen Anpassung der täglichen Arbeitsabläufe bestimmt. Es muß kurzfristig die entscheidende Voraussetzung für die Entwicklung einer schlagkräftigen Arbeitsorganisation geschaffen werden. Das Unternehmen kann damit über die freiere Mitarbeiterentfaltung in eine neue Dimension der Leistungsfähigkeit, Flexibilität und der Produktqualität vorstoßen. Die Durchlauf und Lieferzeiten werden dadurch kürzer und die Produktionskosten sinken.

Projekt

Menschengerechte Montagestrukturierung bei der Gestaltung eines teilautomatisierten Endmontagebereiches für Münzprüfautomaten

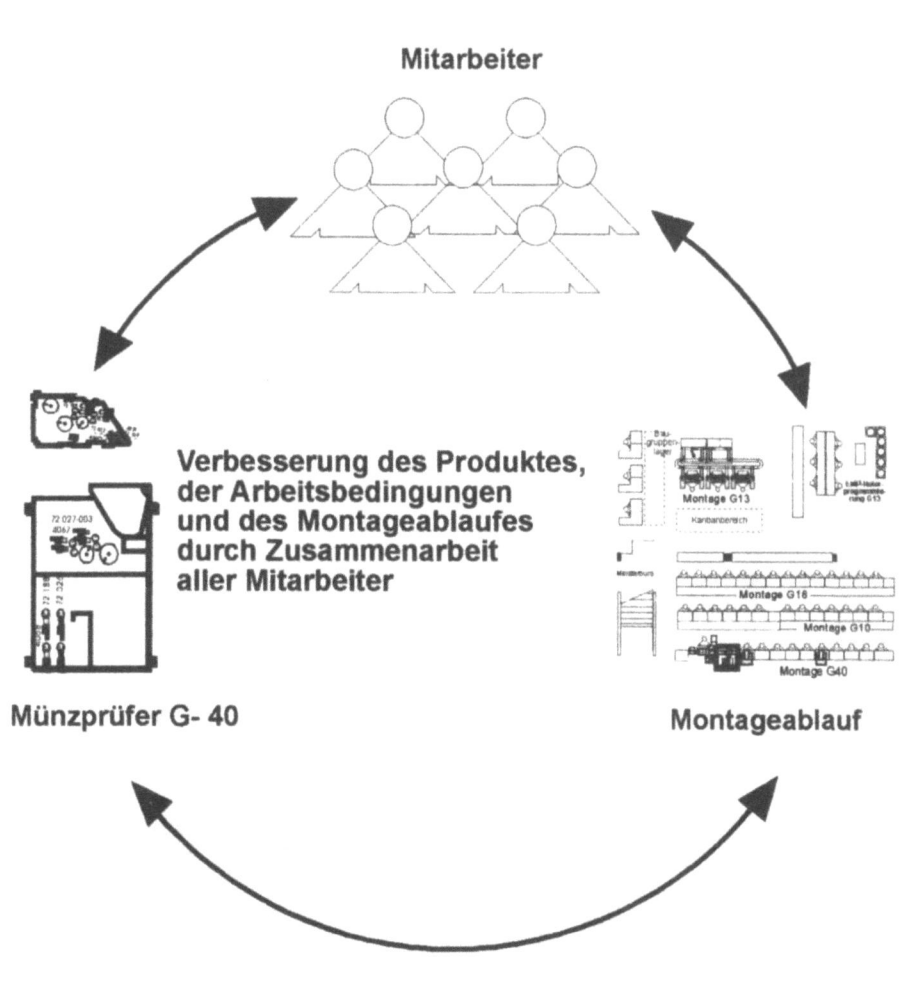

F. Co 9 / 94

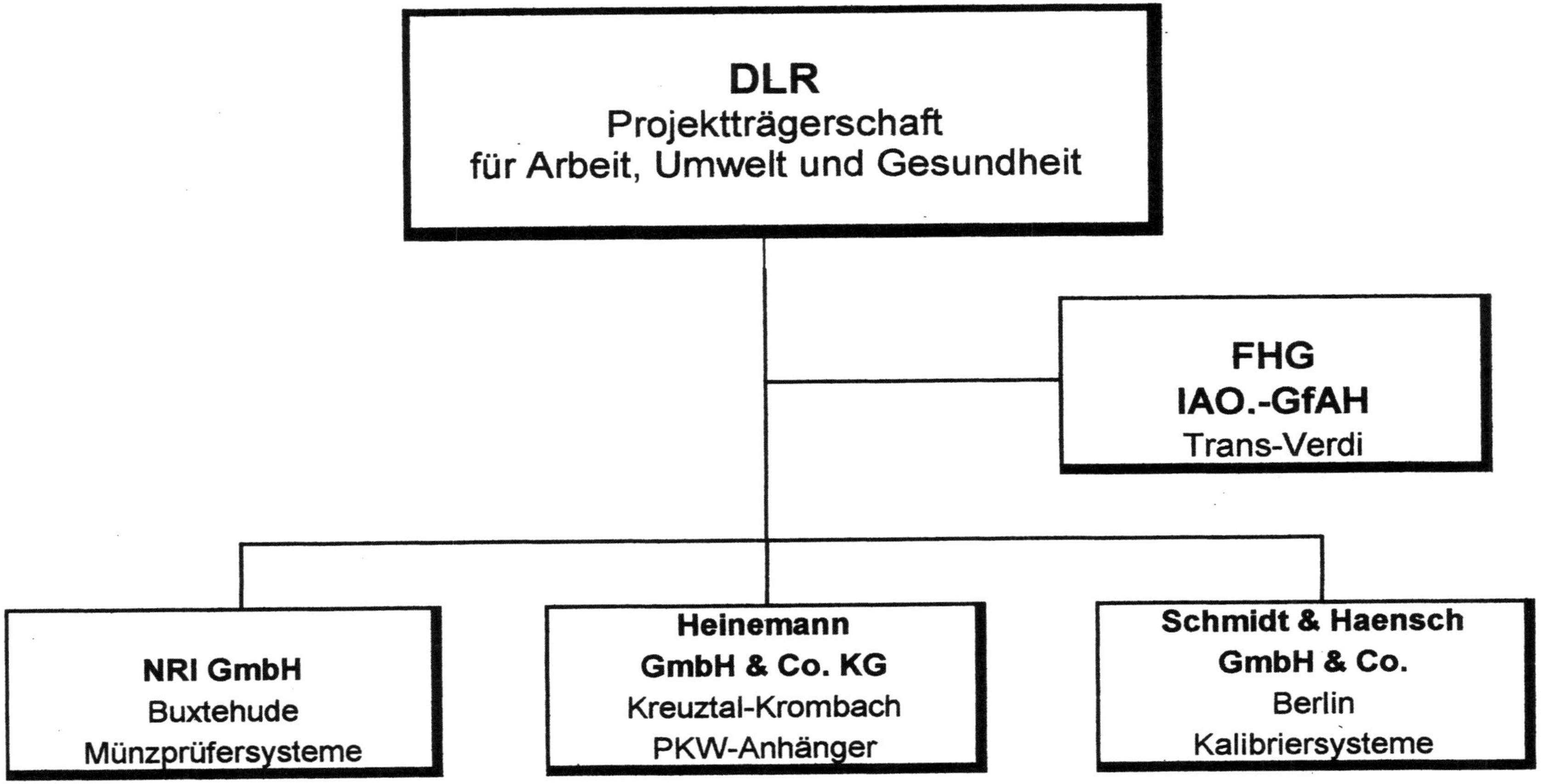

```
                    ┌─────────────────────┐
                    │  FHG                │
                    │  IAO.-GfAH          │
                    │  Trans-Verdi        │
                    └──────────┬──────────┘
                               │        ┌─────────────────────┐
                               │        │ Schmidt & Haensch   │
                               │        │ GmbH & Co.          │
                               │        │ Berlin              │
                               │        │ Kalibriersysteme    │
                               │        └──────────┬──────────┘
┌─────────────────────┐        │                   │
│ DLR                 │        │                   │
│ Projektträgerschaft ├────────┼───────────────────┤
│ für Arbeit, Umwelt  │        │                   │
│ und Gesundheit      │        │                   │
└─────────────────────┘        │        ┌──────────┴──────────┐
                               │        │ Heinemann           │
                               │        │ GmbH & Co. KG       │
                               │        │ Kreuztal-Krombach   │
                               │        │ PKW-Anhänger        │
                               │        └─────────────────────┘
                    ┌──────────┴──────────┐
                    │ NRI GmbH            │
                    │ Buxtehude           │
                    │ Münzprüfersysteme   │
                    └─────────────────────┘
```

F. Cohrs
05.01.1994 bac

Dateiname: DLR-ORGA.DOC

Projektorganisation
menschengerechte Montagestrukturierung

Technische Universität Hamburg-Harburg Arbeitsbereich für Werkzeugmaschinen und Automatisierungstechnik	National Rejectors, Inc. GmbH Fertigungsbereich	Technische Universität Hamburg-Harburg Arbeitsbereich für Arbeitswissenschaft	Technische Universität Cottbus Arbeitsbereich für Arbeitswissenschaft
Projektleiter Wissenschaftlicher-Mitarbeiter Hilfswissenschaftler Techniker Studentische Hilfskraft	Projektleiter Leiter FuE 2 BR-Mitglieder 1 AV-Mitarbeiter 1 BME-Mitarbeiter 9 Fertigungsmitarbeiter	Projektleiter Wissenschaftlicher-Mitarbeiter Studentische Hilfskraft	Projektleiter Wissenschaftlicher-Mitarbeiter

F. Cohrs
09.02.1994 bac

Dateiname: PROJORG.DOC

Aktuelle Beteiligungsthemen

- Pflichtenhefterstellung für ein Montagesystem G - 40

- Arbeitsplanerstellung für den vorläufigen Montageablauf G - 40

- Arbeitsplatzgestaltung und Ausrüstung für die Vorserienmontage G - 40

- Wertanalyse G - 40

- Reduzierung der Belastungen an Klebearbeitsplätzen der Vormontage

- Erarbeitung eines Reinigungs- und Wartungsplanes an Klebearbeitsplätzen

- Arbeitsplatzgestaltung und Ausrüstung an der Montageanlage G - 13

- Konzipierung von Vorrichtungen an Handarbeitsplätzen

- Arbeitsplatzgestaltung und Ausrüstung an der universellen Programmieranlage

- Erstellen von Prüfanweisungen für die Werkerselbstprüfung

- Erarbeiten von Verfahrens- und Arbeitsanweisungen für ein QS - System nach DIN ISO 900

Erfahrungen mit der Einführung von Gruppenarbeit
Konsequente Mitarbeiterbeteiligung

Dipl.-Psych. Mathis Kuchejda
Schmidt & Haensch GmbH & Co., Feinmechanik und Optik, Berlin

Erfahrungen mit der Einführung von Gruppenarbeit

Konsequente Mitarbeiterbeteiligung

Dipl.-Psych. Mathis Kuchejda
Schmidt & Haensch GmbH & Co., Feinmechanik und Optik, Berlin

Firmendaten

Schmidt & Haensch

Standort: Naumannstr. 33

               10829 BERLIN

Ca. 100 Mitarbeiter

Umsatz (92) ca. 12 Mio DM

Warenzeichen ISIS und ELOPTRON

1   Einleitung

Hinter den o.g. Kurzdaten steckt ein traditionsreiches Familienunternehmen, das 1864 gegründet wurde und bis heute durch einen Angehöinin der 5. Generation) geführt wird. Ursprünglich war Schmidt & Haensch spezialisiert auf den wissenschaftlichen Sondergerätebau, der in enger Abstimmung mit den damals führenden Wissenschaftlern der technischen Optik entwickelt wurde. Ein im übrigen hervorragendes Modell für den Technologietransfer, das im ausgehenden 19. und dem Beginn des 20. Jahrhundert wie selbstverständlich gewachsen war und wodurch sich alle Beteiligten aufs beste gegenseitig inspiriert haben. Eine Technologiekooperation, die auch heute durch die Subventionierung mit Milliardenbeträgen nicht annähernd so erfolgreich umgesetzt werden kann. Schmidt & Haensch hatte entsprechend an vielen Entwicklungen der Spektroskopie, Photometrie, Polarimetrie, Mikroskopie, Refraktometrie etc. mitgewirkt und verstand sich als feinmechanische, optische "Künstlerwerkstatt", in der kaum eine noch so ausgefallene Konstruktion zu schwer zu realisieren war.

Damals waren fast 500 Mitarbeiter angestellt, die Präzisionsmechanik und Optik häufig als Unikate aus Rohmaterialien "schnitzten". Aus der Geschichte und Tradition der Firma Schmidt & Haensch entwickelte sich ein Selbstverständnis; es entstand eine Firmenkultur, die bis heute Auswirkungen auf die Abläufe und Überzeugungen der Mitarbeiter hat.

1951 wurde ein zweites Produkt, die Zeichentechnik, unter dem Markenzeichen ISIS dazugekauft, das bald der dominierende Faktor in der Produktion, dem Vertrieb, den Deckungsbeiträgen etc. wurde. Die Arbeitsabläufe in beiden Produktgruppen haben sich mit der steigenden Stückzahl zunehmend auseinander entwickelt. ISIS wurde zunehmend als Großserienprodukt gefertigt, das zu seinen besten Zeiten 2 - 3000 Einheiten pro Monat ausstieß. ELOPTRON das entsprechende Markenzeichen für elektronenoptische Meßtechnik spezialisiert sich zunehmend auf die Bereiche Polarimetrie, Photometrie und Refraktometrie, wobei bis heute einige Sonderprodukte der Farbmetrik dazugehören. Aufgrund der deutlich geringeren Stückzahl im Bereich ELOPTRON blieb die Fertigungsorganisation durch die Kleinserien begrenzt. Die zunächst noch verbreiteten visuellen Geräte erforderten einen hohen mechanischen und optischen Justieraufwand.

2 Ausgangssituation für das Verbundprojekt

Zunächst wurde versucht, dem voraussehbaren strukturellen Wandel in der Zeichentechnik der achtziger Jahre, eigene Entwicklungen von automatischen Zeichensystemen, d.h. Plottern, CAD-Software etc. entgegenzusetzen. Nach erheblichen Investitionen in F&E wurde aber bald erkannt, daß aufgrund der zunächst noch zu verhaltenen Marktakzeptanz ein Return of Invest immer unwahrscheinlicher wurde, da zunehmend Billigsysteme und einfache Ausgabesysteme (Plotter) den Markt eroberten. Bis auf die Digitalisierung (Zeichnungseingabegeräte auf Basis der Zeichenmaschinen) hat sich Schmidt & Haensch aus dem CAD-Markt zurückgezogen und auf den vielversprechenden Markt der automatischen Meßtechnik konzentriert. So wurden nach der bereits bestehenden Automatisierung der Produktgruppe "Polarimetrie", die Refraktometer automatisiert und neuerdings durch automatische Handlingsysteme (Probenzuführung und Vorbereitung) ergänzt. Dabei werden zunehmend auch Fremdgeräte softwaretechnisch angepaßt und mit Informationsleitsystemen verbunden. Eine neue Produktentwicklung (Prozeßrefraktometer) wird derzeit in die Fertigung überführt.

1991 begann der Zeichenmaschinenmarkt konjunktur- und strukturbedingt einzubrechen. Damit verbunden war ein radikaler Abbau der Fertigungskapazitäten in diesem Bereich, verbunden mit dem Versuch die Fertigungsorganisation insbesondere der Meßgeräte neu zu überdenken, da zum einen mehr Geräte in kürzeren Durchlaufzeiten und zum anderen der Montage und Prüfaufwand unter betriebswirtschaftlicher Sicht mit zu hohem Aufwand betrieben wurde. Ein bereits 1991 eingereichter Projektantrag im Programm "Arbeit und Technik" hatte denn auch konsequenterweise den Titel: "Menschengerechte Automatisierung und Neustrukturierung komplexer Meß-, Justage- und Kalibrierprozesse für die Montage von Meßgeräten". Nach zwei Jahren wurde der Schwerpunkt des Projektes neu definiert, da aufgrund der wirtschaftlichen Entwicklung neue Aspekte für Schmidt & Haensch in den Vordergrund traten.

Der Titel "Menschengerechte Neustrukturierung der Auftragsbearbeitung vom Vertrieb bis zur Montage für einen flexiblen Produktmix" drückt schon aus, wo Schmidt & Haensch die neuen Ansätze zur Optimierung der Ablauforganisation und der Verbesserung der Wirtschaftlichkeit sieht. Außer Frage steht dabei, daß dabei die Nutzung des sog. Humankapitals, also des Mitarbeiterwissens und deren Vorschläge zur Verbesserung der Arbeitsorganisation bzw. der gesamten Prozessabläufe von entscheidender Bedeutung ist. Im übrigen wurden bereits Ende der 80er Jahre positive Erfahrungen mit sog. Qualitätszirkeln gesammelt. Diese hatten allerdings lediglich die Optimierung einzelner Produkte zum Inhalt, also deren konstruktive Überarbeitung nach den Vorschlägen der an der Montage beteiligten Mitarbeiter.

3 Vorhabensziele

1. Die Erhöhung der Flexibilität in Fertigung und Montage durch räumlich und organisatorische Integration der bisher getrennten Montagebereiche von ISIS und ELOPTRON Produkten.
2. Die Reduzierung des Arbeitsaufwandes und Vermeidung von Redundanzen entlang der Auftragsbearbeitungskette vom Vertrieb bis zum Versand.

Weitere und spezielle Vorhabensziele sind auf den Folien 1 - 4 aufgeführt.

Viele der hier genannten Projektziele wurden als einzelne Aktivität hier und da in der Vergangenheit bereits angesprochen, allerdings fehlte bisher der systematische und konsequente Ansatz unter Beteiligung aller von dem Vorhaben betroffenen Mitarbeitern.

Das Vorhaben gewann auch durch die Einbeziehung Externer, d.h. der Begleitforschungsinstitute AXIOM und GITTA, einen offiziellen Charakter und wurde dadurch in seiner Bedeutung auch den Mitarbeitern gegenüber unterstrichen.

Gestatten Sie mir an dieser Stelle eine persönliche Bemerkung. Auch die Geschäftsleitung (also der Autor) und der Betriebsleiter wurden zunehmend motiviert, nicht zuletzt in den Workshops des IAO zum Verbundprojekt, da dort in sehr offener und plastischer Weise über Erfahrungen bei der Einführung von Gruppenarbeit in den Unternehmen berichtet wurde.

Die Geschäftsleitung versuchte ihrerseits, in Betriebsversammlungen und in Gesprächen mit Mitarbeitern, die Bedeutung und Chancen, die das Projekt für das Unternehmen hat, deutlich zu machen.

4   Vorhabensschritt IST-ANALYSE

Sowohl in Gesprächsrunden Geschäftsführung/Mitarbeiter als auch in Einzelgesprächen mit Mitarbeitern haben die Begleitforscher den Organisationsablauf, den Fertigungsablauf sowie den administrativen Ablauf der Auftragsabwicklung untersucht. Dabei unterlagen sie keinerlei Beschränkungen. Ihnen wurde offen über die einzelnen Abläufe berichtet und auf "Fehler im System" hingewiesen.

Allerdings muß an dieser Stelle kritisch bemerkt werden, daß vor allem zu Anfang des Projektes das "Fachchinesisch" der Begleitforscher die Mitarbeiter nicht aus der Reserve locken konnte. Im Gegenteil, die Metasprache der Begleitforscher führte zu einem Verhalten, das vielleicht durch die innere Haltung *"was kann ich schon dagegensetzen"* am besten beschrieben werden kann. Ansonsten nicht *"auf den Mund gefallene Mitarbeiter"* waren zunächst verstummt.

Diese Reaktionen wurden in Gesprächen mit den Begleitforschern wie auch den Mitarbeitern thematisiert und aufgeweicht. Die Geschäftsleitung und insbesondere der Betriebsleiter machte alle Beteiligten immer wieder auf die Bedeutung ihres Engagements aufmerksam, besonders auf die seltene Chance ihren Arbeitsplatz selber gestalten und variieren zu können. Dabei konnte beobachtet werden, daß auch bisher eher zurückhaltende Mitarbeiter sich für das Projekt engagierten und die Geschäftsführung zum Teil "radikalere Veränderungsvorschläge" formulierte, als dies zunächst akzeptiert wurde. Die Geschäftsführung hat sich bewußt aus der Diskussion herausgehalten, um den Erhebungsprozeß einerseits als auch den Gestaltungsprozeß andererseits nicht zu behindern bzw. zu bevormunden.

Entscheidend ist, daß die in Vorbereitung befindlichen Veränderungen von Arbeitsabläufen und Inhalten von den Beteiligten entwickelt und damit auch getragen werden.

Eingangs wurde auf die gewachsene Firmenkultur hingewiesen. Bei der Zusammenführung zweier völlig verschiedener Produkte und deren Montagearbeitsinhalte müssen auch zwei innerbetrieblich gewachsene Kulturen zusammengeführt werden. Dies mag auf den ersten Blick angesichts der Größe der Firma befremdlich erscheinen. Tatsache ist jedoch, daß aufgrund der unterschiedlichen Komplexität der Arbeitsinhalte der beiden Produktgruppen bzw. deren Anforderungen an die Präzision, die jeweiligen Mitarbeiter sich, zumindest in der Vergangenheit, auch für unterschiedlich qualifiziert hielten.

5   Arbeitsinhalte

Dia 1:   Montage von Laufwagen

Dia 2:   Montage von Laufwagen

Dia 3:   Montage von Laufwagen und Führungen

Dia 4:   Montage von Zeichenköpfen

Dia 5:   Prüfung von Zeichenköpfen

Dia 6:   Justierung von Zeichenmaschinen

Dabei unterscheiden sich die Montagebereiche ISIS und ELOPTRON vor allem hinsichtlich ihrer Differenzierung, Losgröße und Genauigkeitsanforderungen (1/100 bzw. 1/1000, 2 Bogensec. bzw. 10 ex. - 5 Winkelgrad).

Dia 7:   Montagebereich ELOPTRON

Dia 8:   Optik prüfen und Putzen

Dia 9:   Keilkasten montieren

Dia 10: Kennlinie, Lichtverteilung prüfen

Dia 11: Ergebnis dokumentieren und zuordnen

Dia 12 - 18: Produkte

Entsprechend den unterschiedlichen Montageanforderungen sind auch die Qualifizierungen der Mitarbeiter verschieden. Naturgemäß werden aufgrund der differenzierteren Arbeitsteilung im Bereich ISIS mehr angelernte Mitarbeiter beschäftigt als im Bereich ELOPTRON. Dort werden fast nur Facharbeiter und Techniker beschäftigt.

Ziel der integrierten Montage ist es, die Aufgabenfelder so zu strukturieren, daß auch angelernte Mitarbeiter mit zusätzlicher Qualifizierung Montagearbeiten im Bereich ELOPTRON übernehmen können. Dabei sind z.Zt. folgende Aufgabenfelder benannt worden (Folie 10: Saccharomat 5):

- Montage und Justierung "optischer Meßtechnik" bis zum Einbau optischer Komponenten (angelernte Mitarbeiter).
- Montage elektrischer Komponenten, Kabelbäume, Gehäuse.
- Einfache Prüfarbeiten an Platinen, Montage und Justierung "Zeichentechnik" einschließlich Reparaturen und Kostenvoranschläge.
- Montage und Justierung "optischer Meßtechnik" ab Einbau optischer und elektronischer Komponenten bis zur Inbetriebnahme (Facharbeiter).
- Montagearbeiten für die Entwicklung (Prototypen und Nullserie), Einmeßreihen, Prüfung von Komponenten.
- Reparaturarbeiten an visuellen Geräten und mechanischen Komponenten.
- Eingangskontrolle bzw. Endabnahme von Handelsware (visuelle Geräte).
- Endarbeiten und zum Versand fertigmachen der gesamten Gerätepalette, Auftragsverwaltung (Teileorganisation, Kommisionierung).
- Geräte verpacken (Zeichentechnik und optische Meßtechnik).

6 Arbeitsorganisation

Derzeit werden drei Modelle der Organisationstruktur diskutiert (Folie 5):

6.1 Meistersteuerung und Einzelarbeit

Diese Option ist im wesentlichen eine Fortschreibung der Ist-Situation, da die Planung und Steuerung durch einen Leiter erfolgen soll. Allerdings sind zusätzliche Verantwortungsbereiche wie Kommissionierung und Bestandsführung geplant. Eine Flexibilisierung des Personaleinsatzes wird durch die Qualifizierung der angelernten Mitarbeiter für die Aufgabenfelder (s.o.), die nicht unbedingt die Kenntnisse und Erfahrungen einer Fachkraft erfordern.

6.2 Gruppenarbeit mit Selbststeuerung

Die Planung und Steuerung sämtlicher Montageaufträge bzw. -arbeiten werden als gemeinsame Aufgabe (Kernaufgabe) aller Montagemitarbeiter der Arbeitsgruppe übertragen. Es wird davon ausgegangen, daß die Gruppe in regelmäßigen Abständen (alle 1 - 2 Wochen) einen der Arbeitskapazität entsprechenden Auftragsvorrat unter Berücksichtigung der Liefertermine und der speziellen Kundenwünsche erhält und dessen Abarbeiten eigenständig plant, steuert und überwacht. Um einen möglichst flexiblen Personaleinsatz zu ermöglichen, wurde ein Weiterbildungsraster entwickelt (Systematik, in der festgelegt wird, welche Aufgaben jeder Mitarbeiter möglichst beherrschen soll und in welcher Reihenfolge eine diesbezügliche Schulung vorgenommen werden soll). Der Qualifizierungsplan der Gruppe soll mit der Montageleitung abgestimmt werden und die Schulungsmaßnahmen dann Bestandteil der Kernaufgaben der Gruppe werden.

6.3 Kooperative Steuerung durch Fachkräfte

Diese Option stellt eine Zwischenlösung dar. Es kann davon ausgegangen werden, daß eine Gruppenarbeitslösung aufgrund der vorhandenen Qualifikationsunterschiede und der unterschiedlichen Qualifikationsanforderungen auch mittelfristig wenig realistisch erscheint, weil die angelernten Mitarbeiter nicht über hinreichende Kenntnisse verfügen, um an den gemeinsamen Planungen aktiv teilzunehmen. Die Planung und Steuerung der Montagearbeiten soll durch die Facharbeiter erfolgen. Dies setzt die regelmäßige Abstimmung mit der AV voraus. Um eine höhere Personalflexibilität zu erzielen und auch den angelernten Mitarbeitern Entwicklungsmöglichkeiten zu schaffen, ist ebenfalls ein Qualifizierungsplan zu entwickeln. Derzeit werden die Realisierungschancen der Variante 2 und 3 weiter untersucht.

7 Qualifizierungsplan

Um die Voraussetzung für eine flexiblere Aufgabenverteilung sowie eine flexiblere Wahrnehmung notwendiger Arbeitsinhalte zu erreichen, werden derzeit Arbeitsunterlagen sowie Schulungsmaterialien für den Gerätetyps Saccharomat erarbeitet. Anläßlich des nächsten Serienstarts dieses Gerätetyps sollen bereits erste Rückmeldungen über die lerngerechte Aufbereitung der Arbeitsunterlagen erfolgen und gegebenenfalls Überarbeitungen vorgenommen werden.

Die Arbeitsunterlagen sollen nach folgender Gliederung entstehen:

- Montageplan mit graphischer Darstellung.
- Zeichnungen, vereinfachte Zusammenstellungen, Stückbegleitkarten nach Montageplan.
- Beschreibung der Arbeitsgänge mit den Anforderungen an die Ausführung.

8   Ist-Ablauforganisation

Unter Einbeziehung der Auftragsbearbeitung und des Vertriebes ergibt sich folgender vereinfacht dargestellter Informationsfluß (Folie 6).

Der "inoffizielle" Informationsfluß unterscheidet sich im wesentlichen durch seine mehrfachen Iterationen vom "offiziellen" Informationsfluß (Folie 7).

Die Koordinierungen stellen im wesentlichen Rückfragen der Montageabteilungen an den Vertrieb dar, der die Aufträge z.T. nicht ausreichend definiert hat oder technisch nicht einwandfrei angenommen hat.

Wird der Ablauf eines Kundenauftrags im einzelnen nachvollzogen, so ergibt sich daraus ein noch komplexeres Bild (Folie 8). Die hier dargestellte Komplexität führt verständlicherweise zu Fehlinformationen. Ferner ist der damit verbundene Abstimmungsaufwand unter Kostenaspekten zu aufwendig bzw. entstehen zu viele Reibungsverluste. Daher ist es notwendig, eine gemeinsame Sicht der Komunikationsflüsse im Betrieb zu erreichen. Dies geschieht durch die "Objektivierung" in den Arbeitsgruppen unter Einbeziehung der Begleitforscher. Die Sensibilisierung muß wesentlich unter dem Aspekt der Kundennähe und Kundenzufriedenheit stehen, wobei der Kunde in der derzeitigen Projektphase noch der externe Kunde ist. Eine Sensibilisierung für den internen Kunden, d.h. die nachfolgende Gruppe bzw. Arbeit ist derzeit noch nicht erfolgt. Erschwerend kommt hinzu, daß die technische Unterstützung des Vertriebs mit Vertriebssoftware bzw. Rechnern derzeit noch mangelhaft ist. Allerdings konnte noch kein Konzept unter Einbeziehung von Schnittstellen zur AV konsensfähig entwickelt werden.

Aus den genannten Gründen werden derzeit noch zu viele Arbeiten manuell erledigt, was die Effektivität des Vertriebs einschränkt.

Eine Sensibilisierung gegenüber dem internen Kunden sollte auch die mögliche zusätzliche Qualifizierung der Vertriebsmitarbeiter eröffnen. Dabei wird an interne Produktschulungen gedacht, die den Komunikationsbedarf mit den technischen Abteilungen zum Inhalt haben und organisieren helfen sollen.

Um den Kundenerfordernissen nach schneller und optimaler Information und Auftragsabwicklung gerechter zu werden, ist derzeit geplant, die Vertriebsabteilungen mit den auftragsspezifischen Stufen der Montage enger zu verzahnen (Folie 9). Dabei soll der Tatsache Rechnung getragen werden, daß die Kundenanfragen aufgrund der zunehmenden Komplexität der Anwendungen der Produkte zunehmen werden. Die Unterstützung von technisch versierten Mitarbeitern, auch der Entwicklungsabteilung, in Verbindung mit einer Qualifizierung der Vertriebsabteilung ist vorgesehen. Darüber hinaus wird derzeit darüber diskutiert, Mitarbeiter des Montage- und Servicebereichs unmittelbar an der Auftragsbearbeitung bzw. der Kundenanfrage zu beteiligen, also den "inoffiziellen" Informationfluß quasi zu legalisieren. Damit sollen falsche Informationen z.B. hinsichtlich Lieferzeiten und technischen Eigenschaften vermieden und mehr Kundennähe erreicht werden. Dies bedeutet auch, daß Mitarbeiter aus dem Montagebereich zumindest zeitweise Vertriebsaufgaben wahrnehmen werden.

9 Zusammenfassung

Der derzeitige Stand des Verbundprojektes Trans-Verdi in der Firma Schmidt & Haensch ist durch die umfangreiche Erhebungs- und Sensibilisierungsphase gekennzeichnet. In den verschiedenen Arbeitsgruppen des Montage- und Vertriebsbereiches werden Vorschläge zur Optimierung der Arbeitsabläufe von den der Mitarbeiter erarbeitet und mit den Begleitforschern und der Geschäftsleitung auf ihre Umsetzbarkeit hin diskutiert. Dabei darf der wirtschaftliche Erfolgsdruck des Unternehmens nicht außer acht gelassen werden, der als Voraussetzung für die Sicherung der Arbeitsplätze allen Beteiligten bekannt ist.

Erhöhung der Flexibilität in Fertigung und Montage durch

- räumliche Integration der Montagebereiche,

- Erhöhung der Mitarbeitereinsatzflexibilität mittels Neustrukturierung und Erweiterung der Arbeitsaufgaben sowie Qualifizierung,

- Optimierung der Abläufe in den indirekten und direkten Bereichen.

| Projekt: Schmidt & Haensch | Projektziele | AXIOM / GITTA |

SCHMIDT+HAENSCH

Folie 1

Reduzierung der Durchlaufzeiten.

Erhöhung der Qualitätsstandards in jedem Bereich und in der Zusammenarbeit der Funktionsbereiche vom Vertrieb bis zur Montage sowie Schaffung von handhabbaren Standards.

Reduzierung der Lagerbestände insbesondere im Bereich der unfertigen Erzeugnisse.

Erhöhung der Kostentransparenz durch Verbesserung der Zuordnung.

Projekt: Schmidt & Haensch	Projektziele	AXIOM / GITTA
SCHMIDT + HAENSCH		Folie 2

Senkung der Arbeitsaufwände entlang der Auftragsbearbeitung durch

- Optimierung und Vereinfachung der Ablauforganisation,

- optimalere Gestaltung der Informationsflüsse,

- Minimierung der geringqualifizierten Tätigkeiten im Endbereich,

- konstruktive Überarbeitung der Produkte, insbesondere durch Zusammenarbeit von Entwicklung und Montage,

- Objektivierung der Prüfaufwendungen,

- Optimierung der Vertriebsabläufe durch Reduzierung des hohen händischen Anteils.

| Projekt: Schmidt & Haensch | Projektziele | AXIOM / GITTA |

SCHMIDT + HAENSCH

Folie 3

Erhöhung der Fertigungs- und Liefersicherheit durch

- **Verbesserung der Planungsgrundlagen, insbesondere im Bereich der Disposition,**

- Fehlerreduzierung in der Fertigung ("Nullfehler" Baugruppen)

| Projekt: Schmidt & Haensch | Projektziele | AXIOM / GITTA |

SCHMIDT + HAENSCH

Folie 4

Optionen der Aufgabenstruktur für eine integrierte Montage

Integrierte Montage

Option A — Meistersteuerung mit Einzelarbeit

Planung + Steuerung verbunden mit:
- Baugruppen montieren
- Geräte verpacken
- Platinen vorprüfen
- Komponenten einbauen + ausrichten
- Entwicklungsarbeiten
- Reparaturen durchführen

Option B — Kooperative Steuerung durch Fachkräfte

Zentrum: Planung + Steuerung

Sechseck-Segmente:
- Komponenten prüfen
- Endabnahme visueller Geräte
- Einbau elektr. Komponenten
- Entwicklungsarbeiten
- Optik einbauen und justieren
- Reparaturen durchführen

Außen:
- Platinen vorprüfen
- Baugruppen ELOPTRON montieren
- Geräte verpacken
- Baugruppen ISIS montieren

Option C — Gruppenarbeit mit Selbststeuerung

Zentrum: Planung + Steuerung

Sechs Segmente: Einzelaufgabe (×6)

SCHMIDT + HAENSCH GmbH & Co.

GITTA mbH Berlin

"Offizieller" Informationsfluß IST (Hauptrichtungen)

```
                    Fertigung
                       ▲
                       │
   Montage              Montage
   ISIS                 Eloptron
     ▲                    ▲
      \                  /
       \                /
            AV  ─ ─ ─ ▶  Lieferant
            ▲
            │
         Vertrieb
            ▲
            │
          Kunde
```

──▶ Informationsfluß

- - ▶

Projekt: S&H **AXIOM Berlin GmbH**

SCHMIDT + HAENSCH

Folie 6

Projekt: S&H

SCHMIDT + HAENSCH

"Inoffizieller" Informationsfluß IST (Haupttrichtungen)

- Fertigung
- Montage ISIS
- Montage Eloptron
- AV
- Lieferant
- Vertrieb
- Kunde

→ Informationsflüsse/Abstimmungen
⇢ regelmäßige Koordinationen

AXIOM Berlin GmbH

Folie 7

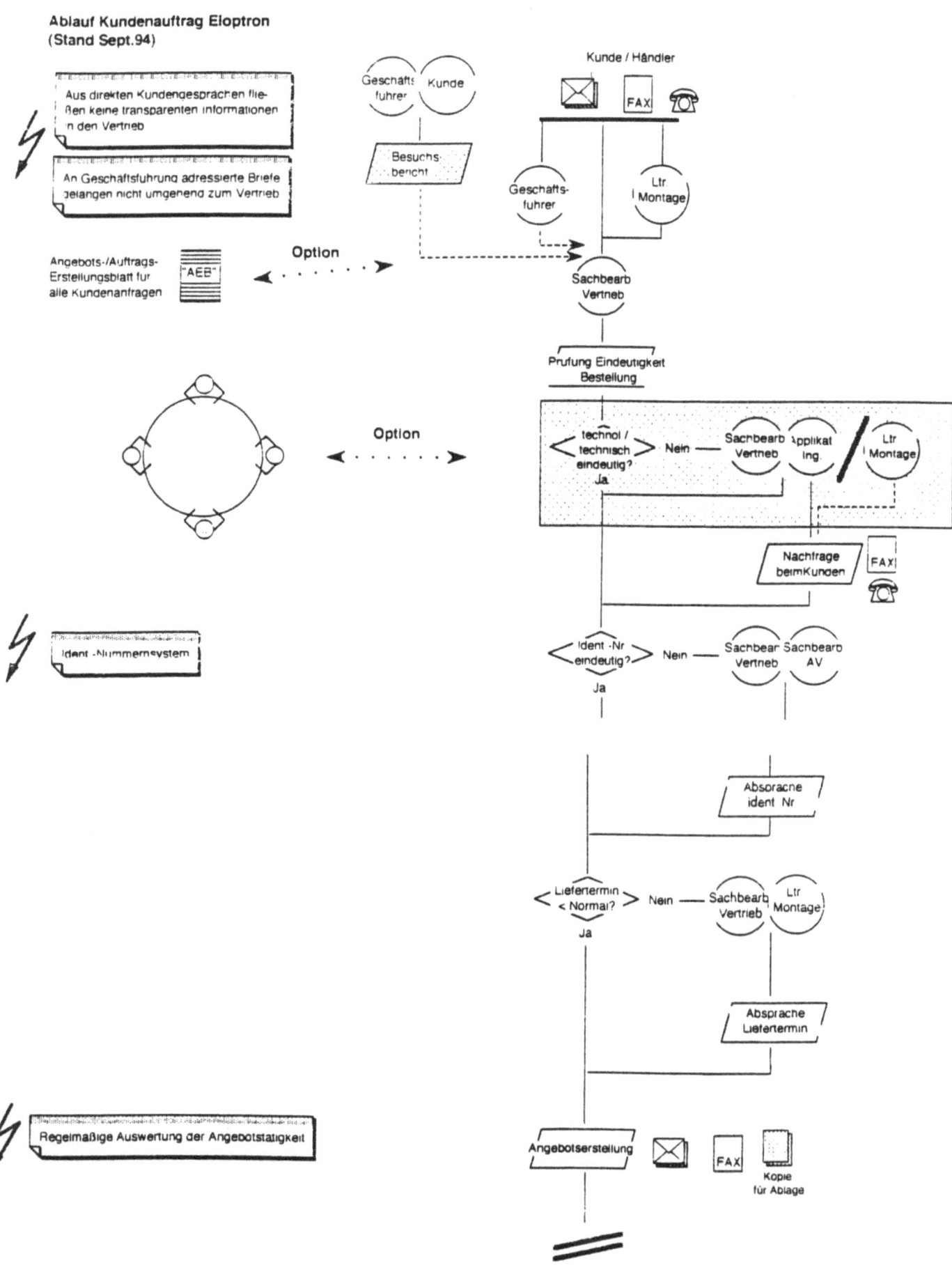

SCHMIDT + HAENSCH

Projekt: S&H — Zielrichtung Informationsfluß SOLL (Hauptrichtungen) — **AXIOM Berlin GmbH**

Kunde → Vertrieb ⇄ Montage ISIS / Montage Eloptron → AV → Fertigung

AV ⇢ Lieferant

↑ Informationsflüsse/Abstimmungen regelmäßige Koordinationen

Folie 9

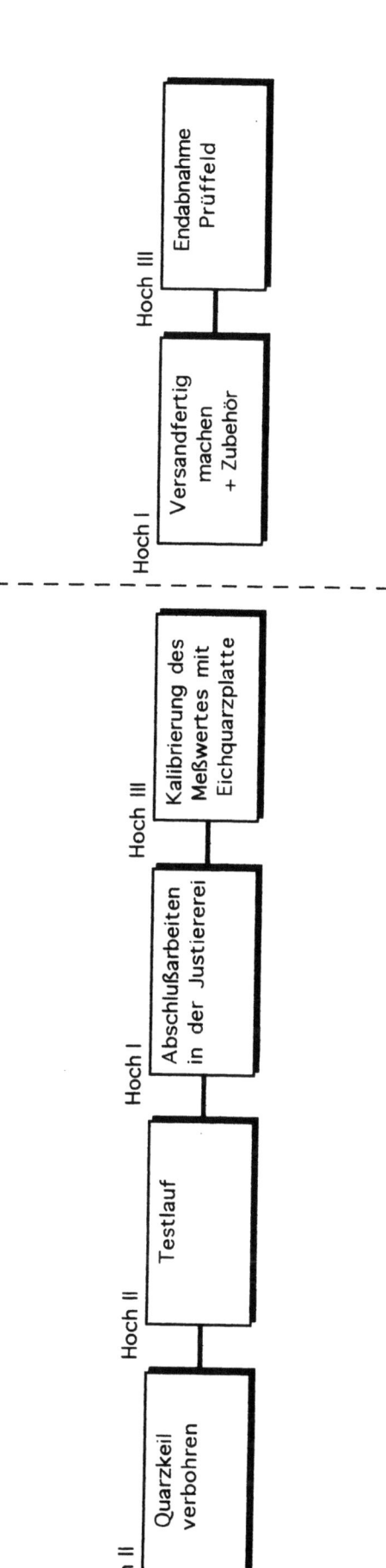

Marktnahe Montagekonzepte
Flexible Strukturen für flexible Mitarbeiter

Oskar Radziszweski
Grohe Thermostat GmbH, Lahr

Marktnahe Montagekonzepte
Flexible Strukturen für flexible Mitarbeiter

Oskar Radziszweski
Grohe Thermostat GmbH, Lahr

Inhalt

Darstellung des Unternehmens

Verbundprojekt: Ziele und Projektschwerpunkte

Porjektergebnisse und Projektbewertung

- Technik

- Arbeitsorganisation und Logistik

- Qualifizierung

Weiterentwicklung ergebnisorientierter Systeme und Organisationen

Darstellung des Unternehmens

Die Grohe Thermostat GmbH in Lahr, ist eine rechtlich selbständige Gesellschaft. Sie gehört zur Firmengruppe Friedrich Grohe AG mit dem Firmensitz in Hemer (Westfalen). Vier Produktionswerke in Lahr, Hemer, Iserlohn und Herzberg (Brandenburg) stellen sanitäre Armaturen, Thermostate und Brausen her.

Der Vertrieb erfolgt weltweit. Der Exportanteil liegt bei 67 %. Schwerpunkte sind Westeuropa und Nordamerika, aber auch der mittlere und ferne Osten. Eigene Vertriebsgesellschaften bestehen in 12 Ländern. Die Abnehmer sind überwiegend Großhändler. 1993 betrug der der Gesamtumsatz des Unternehmens 881 Millionen DM.

Inzwischen sind wir das größte Unternehmen am Standort Lahr und Umgebung. Zur Zeit beschäftigen wir ca. 1.600 Mitarbeiter. Insgesamt sind ca. 4.000 Mitarbeiter im gesamten Unternehmen beschäftigt.

Das Produktsortiment umfaßt ca. 6.300 unterschiedliche Endprodukttypen und -varianten, einschließlich Ersatzteile. Hinzu kommen Sonderanfertigungen.

Die Fertigungstiefe ist sehr groß. Im Produktionszweig Messingfertigung reicht sie vom Gießen und Pressen über alle Zerspannungs- und Oberflächenverfahren bis zur Endmontage.

Der Montagebereich in Lahr mit zur Zeit 550 Mitarbeiter ist, aufgrund permanent steigender Ansprüche des Marktes, besonders mit hohen und auch künftig steigenden Flexibilitätsanforderungen konfrontiert.

Verbundprojekt: Ziele und Projektschwerpunkte

Mit finanzieller Förderung durch das Bundesministerium für Forschung und Technologie begann in der Montage im Werk Lahr im Spätsommer 1990 ein umfangreiches Gestaltungsprojekt, in dessen Verlauf nicht nur neue technische Systemkomponenten, sondern auch ein neues Konzept für die Logistik (Informations- und Materialfluß), eine veränderte Arbeitsorganisation (Gruppenarbeit) sowie ein umfangreiches Qualifizierungsprogramm für die betroffenen MitarbeiterInnen entwickelt und erprobt wurde.

Unterstützt und begleitet wurde das Projekt von 2 wissenschaftlichen Instituten: dem Institut für Produktionstechnik und Automatisierung (IPA), Stuttgart und den Forschungsgruppen Arbeitssoziologie und Technikgestaltung (FGAT), Berlin/Konstanz.

Ein wesentliches Ziel des Projektes war es, die Flexibilität in der Montage durch ein Bündel technischer, organisatorischer und qualifikatorischer Maßnahmen zu erhöhen. Es ging darum, die Durchlauf- bzw. Lieferzeiten zu verkürzen, die steigenden Variantenzahlen und die kleiner werdenden Losgrößen zu bewältigen und nicht zuletzt die Auslieferungsqualität zu verbessern.

Gleichzeitig sollten aber auch die Arbeitsbedingungen für die Mitarbeiterinnen und Mitarbeiter verbessert werden. Ansatzpunkte dafür waren der Abbau von körperlichen Belastungen durch technische und ergonomische Maßnahmen, die Schaffung größerer Arbeitsinhalte und interessanterer anspruchsvollerer Aufgabenfelder, die Erweiterung der Handlungsspielräume und der Möglichkeiten zur Selbststeuerung bei der Arbeit sowie das Angebot umfangreicher Qualifizierungsmöglichkeiten.

Schließlich sollten, dies war das dritte wichtige Thema im Projekt, alle diese Innovationen "partizipativ", d.h. unter regelmäßiger und intensiver Beteiligung der Mitarbeiterinnen und Mitarbeiter aus der Montage entwickelt und erprobt werden. Deshalb wurde zu Beginn des Projektes eine sogenannte Pilotgruppe aus

Montagemitarbeiterinnen, Bandführerinnen, Vorarbeiter und Einrichter gebildet, die quasi stellvertretend für alle Beschäftigten an den Projektaktivitäten beteiligt waren.

Projektausschuß	
Aufgaben	- Koordination u. Steuerung der Projektarbeit - Begleitung der Forschungsaktivitäten - Diskussion der Arbeitsergebnisse - Verabschiedung von Gesaltungsvorschlägen
Zusammensetzung:	- Geschäftsleitung - Betriebsrat - Vertreter aus Projektteams - Begleitforschung (FGAT, IPA)

Projektteams	Pilotgruppe
Aufgaben - Bearbeitung von Schwerpunktthemen - Mitwirkung bei Problemanalysen - Mitwirkung bei der Diskussion von Untersuchungsergebnissen und bei der Entwicklung von Gestaltungsalternativen - Mitwirkung bei der Bewertung von alternativen Gestaltungskonzepten - Begleitung der Systemeinführung Zusammensetzung - betriebliche Führungskräfte und Experten aus unterschiedlichen Abteilungen - Betriebsrat - Begleitforschung	Aufgaben - Mitwirkung bei Problemanalysen - Diskussion von Untersuchungsergebnissen - Mitwirkung bei der Erarbeitung von Gestaltungsvorschlägen - Teilnahme an Qualifizierungsmaßnahmen praktische Erprobung von Gestaltungsalternativen Zusammensetzung: - Mitarbeiterinnen und Mitarbeiter aus der Farbmontage - Begleitung durch Betriebsrat - Moderation durch FGAT

Abb. 1: Projektorganisation

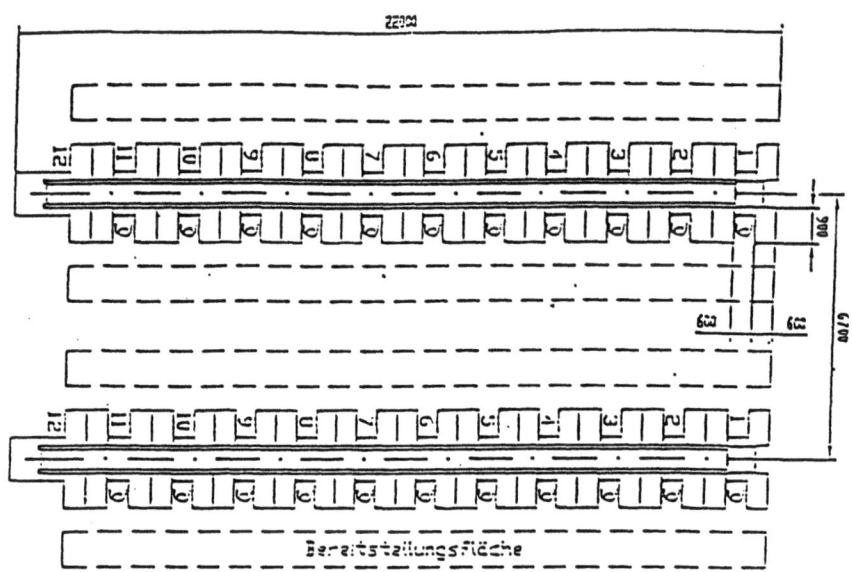

Abb. 2.1: Montagelinie "Ausgangsstation"

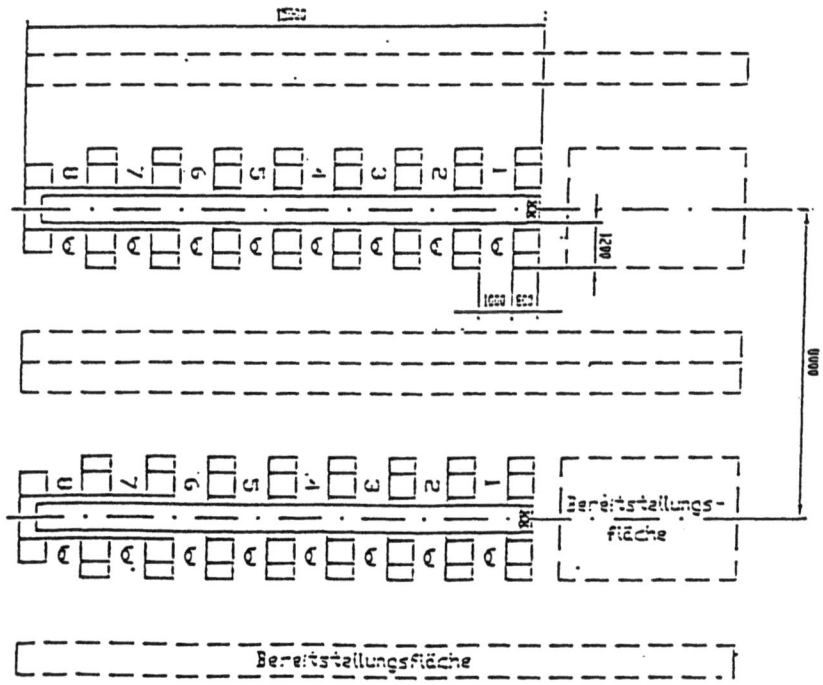

Abb. 2.2: Montagelinie "Erprobung"

Analyse des Montageablaufs

Die Montage der Armaturen erfolgt in einzelnen manuellen Arbeitsstationen. Die Stationen sind über ein Gurtband miteinander verkettet. Die Montagestationen sind so aufgebaut, daß rechts und links des Bandes unterschiedliche Varianten montiert werden können. Damit sind folgende Nachteile verbunden (Abb. 3):

- Zwangstakt mit geringen Arbeitsinhalten je Montageplatz,
- keine Puffermöglichkeiten,
- undefinierte Werkstücklage,
- unübersichliche Materialbereitstellung bei schnell wechselnden Aufträgen,
- Engpaßarbeitsplätze (z.B. Dichteprüfung) und
- hohe Belastung der Montagemitarbeiterinnen bei der Produkthandhabung.

Abb. 3: Montageband zur Armaturenmontage

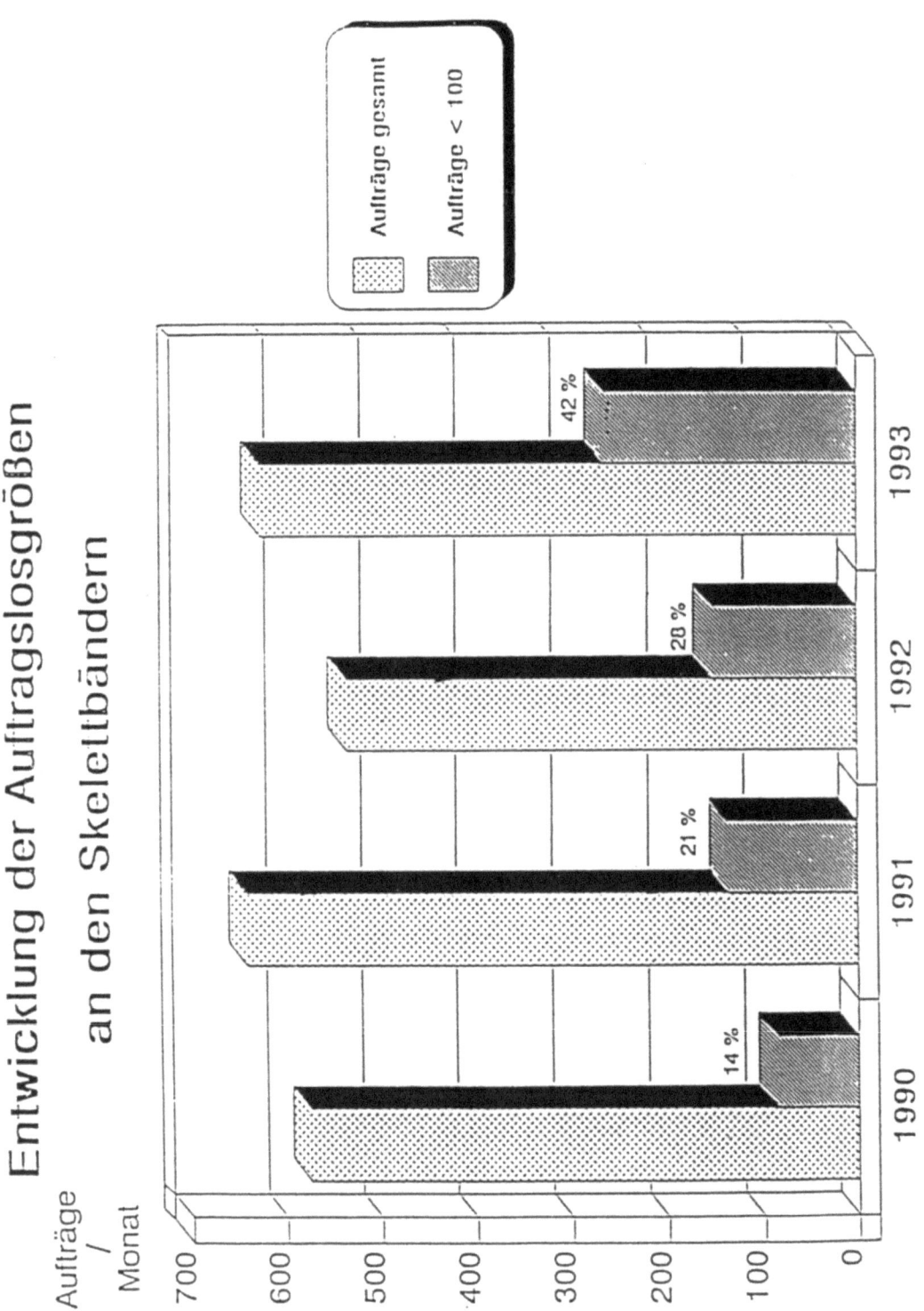

Abb. 4: Entwicklung der Auftragslosgrößen an den Skelettbändern

Ergebnisse aus dem Forschungsprojekt Montage

Ziele waren:

1. Flexible Technik

- Entwicklung von standardisierten Montagemodulen
- Montagesysteme für unterschiedliche Losgrößen

2. Organisation und Logistik

- Montagesteuerung, Materialbereitstellung; Betriebsmittel-Organisation

3. Qualifizierung des Montagepersonals

Im Verlauf des Verbundprojektes wurden folgende Ergebnisse erzielt (Abb. 5):

zu 1. Flexible Technik

- System für Serienmontage
- System für Variantenmontage (Pilotanlage)
- System für Komplettmontage

Aufgrund der Technikgestaltung brauchen Chrom- und Farbarmaturen zukünftig nicht mehr gesondert montiert werden.

zu 2. Organisation und Logistik

- Montagefeinsteuerung mittels Leitstand
- PC-gesteuerter Betriebsmitteleinsatz
- Einführung von Gruppenarbeit

zu 3. Qualifizierung

- Qualifizierungskonzept
  - Grundqualifizierung (Produktkenntnisse)
  - Fachqualifizierung I (Verfahrenskenntnisse)
  - Fachqualifizierung II (Organisationskenntnisse)
- Erarbeitung des Schulungsmaterials
- Integration in das Grohe-Bildungssystem und Schulung von bisher 44 Mit arbeitern

Ergebnisse aus dem Verbundprojekt Montage

Entwicklung und Realisierung eines Montagesytems zur Montage von Armaturen mit nach unten stehenden Rohren und Schläuchen und Einleitung von organisatorischen Maßnahmen zur Gruppenarbeit.

Entwicklung und Realisierung einer Montage-Leitstandtechnik zur aktuellen Information von Montage-, Prozeß- und Lagerdaten und zur Einleitung von auftragsbezogenen Montageprozessen und Materialbereitstellungen.

Entwicklung und Realisierung eines vollautomatischen Prüfmoduls für die Funktionsprüfung von Armaturen mit Rohren und Schläuchen im direkten Transferbetrieb.

Entwicklung und Realisierung einer vollautomatischen Beschraubungsanlage für Kartuschenbeschraubung mit elektronisch gesteuerter Überwachung von Drehmoment und Drehwinkel.

Konzeptentwicklung und Realisierung einer Laser-Beschriftungsanlage passend für Chrom- und Farbarmaturen.

Entwicklung und Realisierung eines MDE/EDV-geführten Materialflußkonzeptes für den Bereich Montage und Lager.

Entwicklung und Realisierung eines Konzeptes für die MDE/EDV-geführten Betriebsmittellogistik in den Montagen.

Konzepterarbeitung und Realisierung einer Spezifikation für die Gewichtung von Oberflächenfehlern an den Armaturenkörpern.

Konzepterstellung und Realisierung eines Kataloges für die lagerichtige Bestükkung der Gitterboxen mit Endprodukten.

Entwicklung und Realisierung eines Qualifizierungskonzeptes für die produktbezogene Qualifizierung mit der Integration in das Grohe-Bildungssystem.

Entwicklung eines Konzeptes für die niveaugesteuerte höhenverstellbare Fußplattform zur ergonomischen Anpassung an die Arbeitsplattform von Transfersystemen.

Konzepterstellung einer Arbeitsorganisation zur Einführung von Gruppenarbeit in der Montage.

Gesundheitsbewußtes Arbeiten.

Entwicklung eines Konzeptes für wirtschaftliche Montagesysteme auf der Basis automatischer und halbautomatischer Module.

Abb. 5: Ergebnisse aus dem Verbundprojekt Montage

Daher wurden folgende Systemkonzepte erstellt:

- System für Serienmontage
- System für Variantenmontage (Pilotanlage)
- System für Komplettmontage

Diese Systeme sind in den Abb. 6, 7, und 8 dargestellt.

Systemlayout A (Serienmontage)

Das System ist durch folgende Merkmale gekennzeichnet:
- Serienmontage mit integrierter Vormontage
- Losgrößen ca. 500 - 2000 Stück/Tag
- sehr gute Voraussetzung für eine stufenweise Automatisierung
- eindeutiger Materialfluß
- definierte Werkstücklage
- hohe Produktivität
- arbeitsplatzbezogene Teilebereitstellung ab Lager über Leitstand.

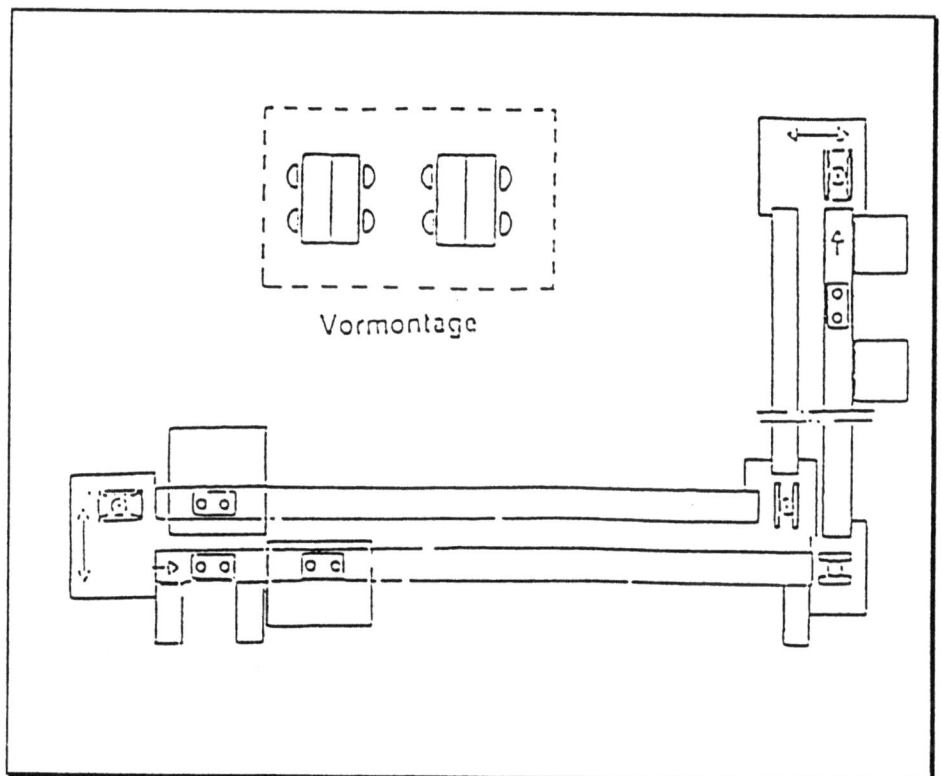

Abb. 6: Montagesystemlayout A für Serienmontage

Systemlayout B (Variantenmontage)

Das System ist durch folgende Merkmale gekennzeichnet:

- Variantenmontage
- Losgrößen ca. 100 - 1000 Stück/Tag
- sehr gute Voraussetzung für eine stufenweise Automatisierung
- eindeutiger Materialfluß
- definierte Werkstücklage
- gute Produktivität bei vielen Varianten und unterschiedlichsten Losgrößen
- arbeitsplatzbezogene Teilebereitstellung ab Lager, falls erforderlich auftragsbezogene Sammelbereitstellung im Montagesystem.

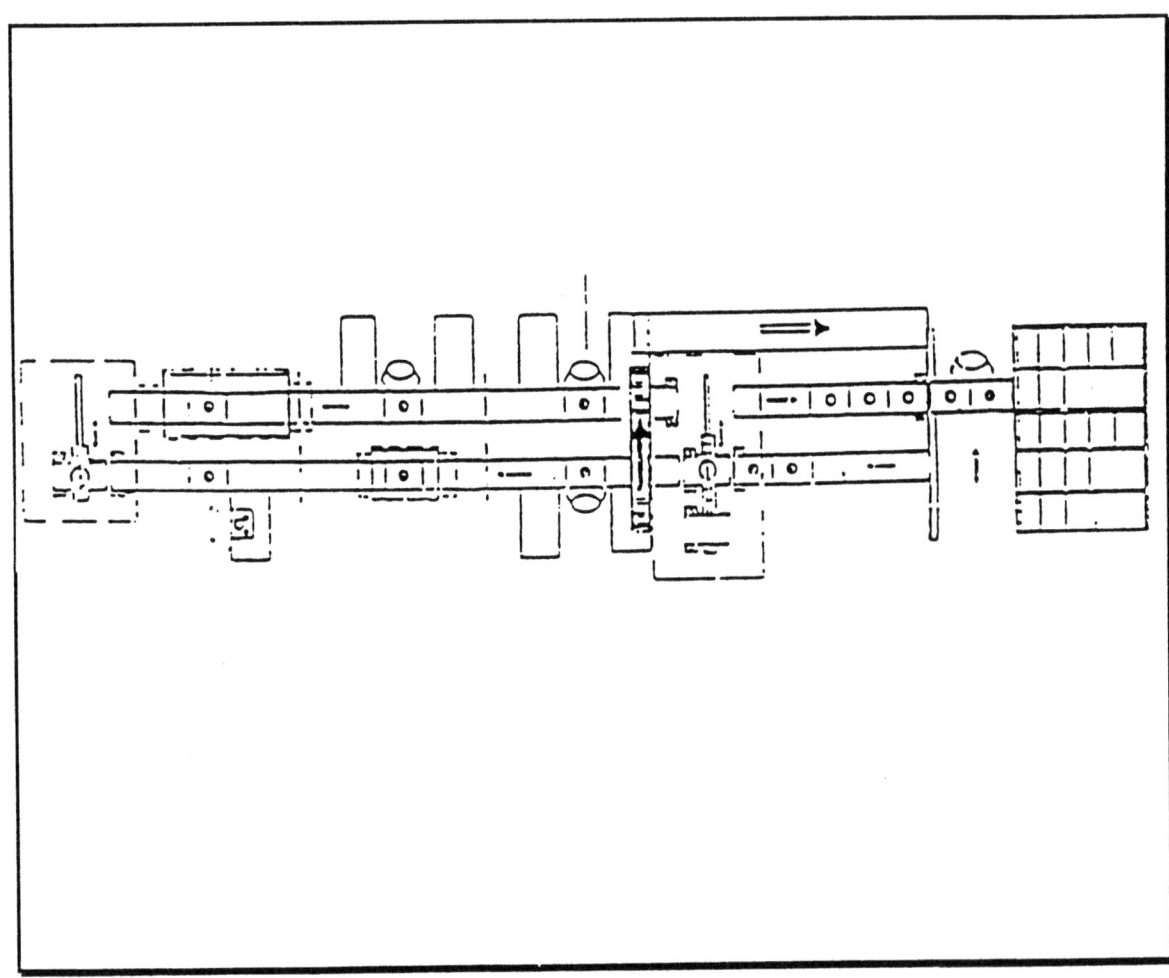

Abb. 7: Montagesystemlayout B für Montagevarianten

Systemlayout C (Komplettmontage)

Das System ist durch folgende Merkmale gekennzeichnet:

- Komplettmonage durch 1 Person
- Losgrößen ca. 1 - 200 Stück/Tag
- Montage aus manuellen und halbautomatischen Modulen
- geringe Produktivität
- Wirtschaftlichkeit ist nur bei Kleinstlosgrößen gegeben
- auftragsbezogene Sammelbereitstellung innerhalb der Motnagezelle auf Kommissionierwagen
- dezentrale Aufttragssteuerung.

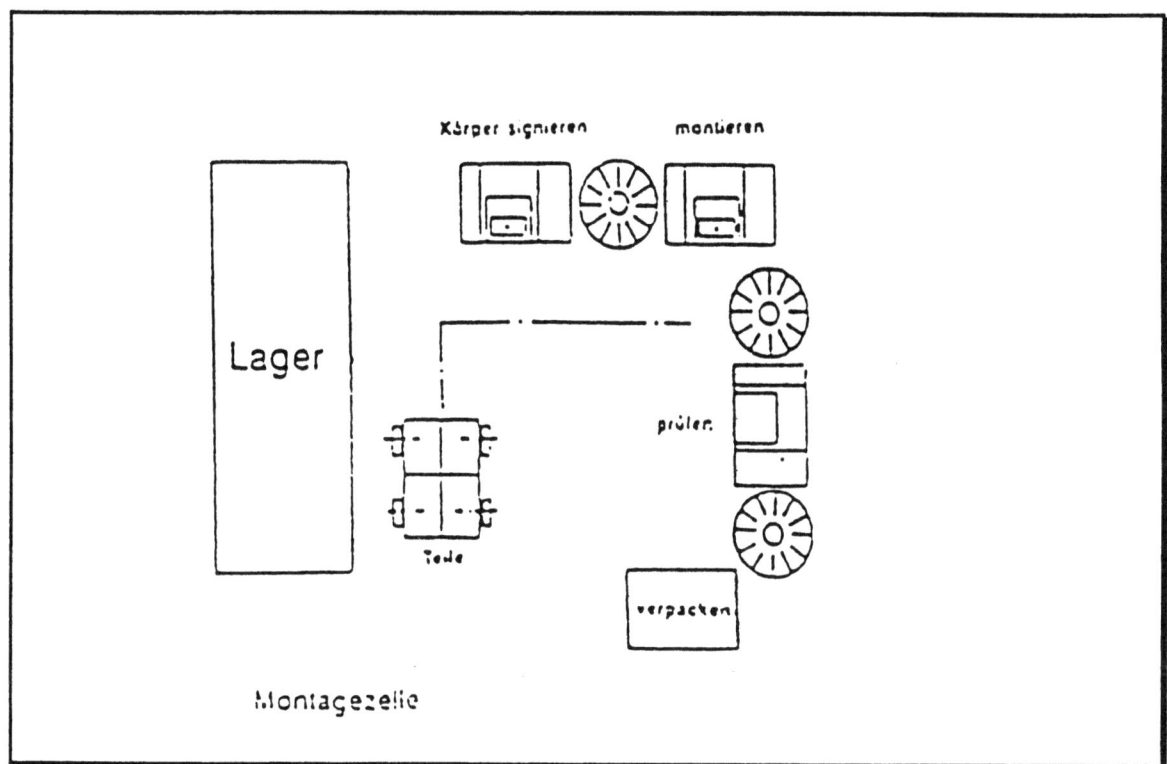

Abb. 8: Montagesystemlayout C für Kompettmontage

Mit Hilfe der aufgezeigten Systemlayouts ist es möglich, sehr flexibel auf die vielfältigen Kundenwünsche zu reagieren. In Abhängigkeit des Auftragsumfangs können die benötigten Armaturen auf dem jeweils optimalen Montagesystem montiert werden. Dadurch werden die Durchlaufzeiten verkürzt und die Montagekosten auf ein Minimum reduziert.

Technik

Zur Minimierung des technisch-wirtschaftlichen Risikos bei der Umsetzung der entwickelten Konzepte wurde eine Pilotanlage aufgebaut. Mit der Beschaffung und der Inbetriebnahme der Pilotanlage waren folgende Aufgaben und Ziele verbunden:

- Erprobung alternativer Montageverfahren
    - Montage auf Werkstückträger
    - Montage in Vollkitting
    - Montage in Teilkitting
    - Montage in Nutzen
    - Montage mit unterschiedlichen Losgrößen
    - Montage mit unterschiedlichen Varianten
    - Montage mit unterschiedlichen Arbeitsinhalten
- Erprobung der Querschnittmodule
    - Produktkennzeichnungssysteme
    - Beschraubungssysteme
    - Prüfsysteme für die Funktionsprüfung
    - Endkontrollplatz/Verpackung
- Erprobung unterschiedlicher Systeme für die Materialbereitstellung
    - Hubstation
    - Rollenbahn
    - Magazine
- Erprobung von Informationssystemen zur Verknüpfung technischer und organisatorischer Aktivitäten an den Montageplätzen und Systemen.
- Erprobung unterschiedlicher Systeme für die Materialbereitstellung
    - Betriebsbildschirm mit EDV-mäßiger Führung von aktuellen Auftrags- und Produktionsdaten
    - MDE-Systeme
- Erprobung der laufenden praxisbezogenen Qualifizierungsmaßnahmen

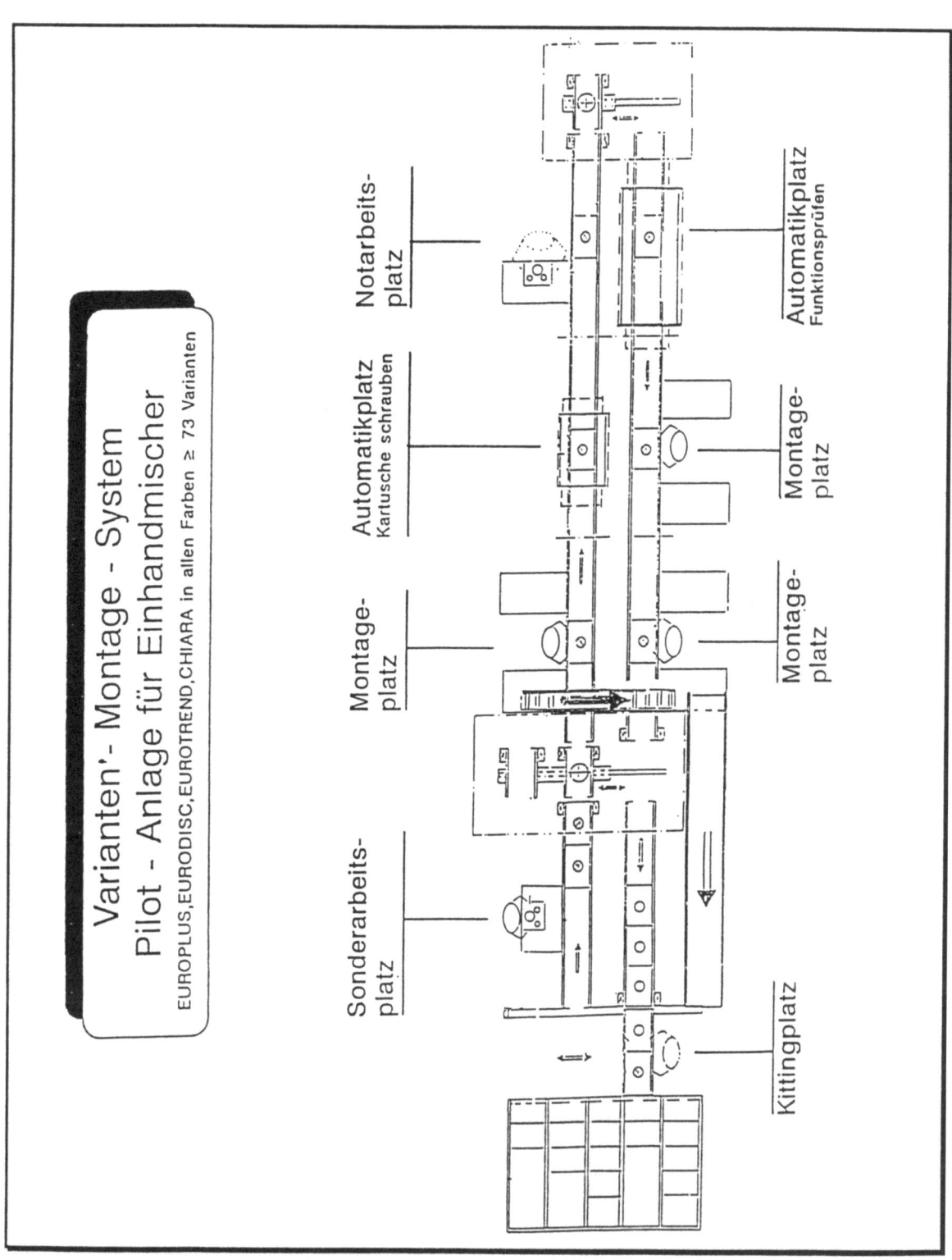

Abb. 9: Layout der Pilotanlage mit den integrierten Querschnittsmodulen

Die Abbildungen 10 und 11 zeigen die Gesamtansicht dieser Anlage. Das Layout der Pilotanlage zeigt Abbildung 11.

Abb. 10: Pilotanlage, Gesamtansicht (1)

Die Teilsysteme der Pilotanlage sind für eine Integration in die komplexe Anlage zur Serienmontage vorgesehen.

Vorgesehen sind 6 Stationen zur Montage der Armaturen. Die Stationen sind an den parallel verlaufenden Transportbändern angeordnet.

An den beiden Enden befinden sich Umlenkstationen, die so ausgelegt sind, daß Armaturen mit nach unten stehenden Rohren in Querrichtung transportiert werden können.

Der Transport der Grundkörper erfolgt auf einem 400 x 600 mm großen Werkstückträger. Auf dem Werkstückträger erfolgt dann produktbezogen wechselnd die Bereitstellung der Bauteile durch Kitting. Der Kittingprozeß soll an Station 1 erfolgen.

Welche Bauteile auf dem Werkstückträger zu den Arbeitsplätzen gebracht werden und wie die Anordnung auf dem Werkstückträger erfolgt, wird in gesonderten Betrachtungen untersucht.

Die Anordnung der Montagestationen erlaubt die visuelle und verbale Kommunikation zwischen den Beschäftigten. Aufgrund der räumlichen Trennung manueller und automatischer Sttionen wird die Arbeitsplatzbelastung für die Montagewerkerinnen minimiert.

Durch die Verringerung der Zahl der Montagestationen wird außerdem die Erweiterung des Arbeitsinhaltes an den manuellen Stationen erreicht.

Abb. 11: Pilotanlage, Gesamtansicht (2)

Arbeitsablauf bei Einhandarmaturenvarianten:

Kittingplatz

- Gehäuse austüten und kontrollieren
- Gehäuse signieren
- Gewindestift in Gehäuse montieren
- Mosseur in Gehäuse schrauben
- Gehäuse in Aufnahme setzen
- O-Ringe auf 2 Rohre ziehen (O-Ringe vorgefettet)

- Rohre in Gehäuse stecken.

Teilebereitstellung

Für die Bereitstellung der zu montierenden Bauteile wurde das Kitting auf dem Werkstückträger erprobt. Es ergeben sich folgende Vorteile:
- variantenorientierte gezielte Bereitstellung der Bauteile an den Montageplätzen
- ergonomisch optimierte Bereitstellung der Bauteile
- variable Gestaltung der Arbeitsinhalte an der Montage
- Reduzierung der Motnagefehler im Zubehörbereich.

Abb. 12: Teilebereitstellung durch Kitting

Armaturen-Endreinigung

Vor dem Verpackungsvorgang werden die Armaturen gereinigt. Dies erfolgt auf dem Werkstückträger (Abb. 13). Dadurch ergeben sich folgende Vorteile:

- Handlingprozeß "Armatur greifen/ablegen" entfällt
- Vermeidung von Oberflächenbeschädigungen durch das Handling
- keine zusätzliche Belastung der Montagearbeiterinnen.

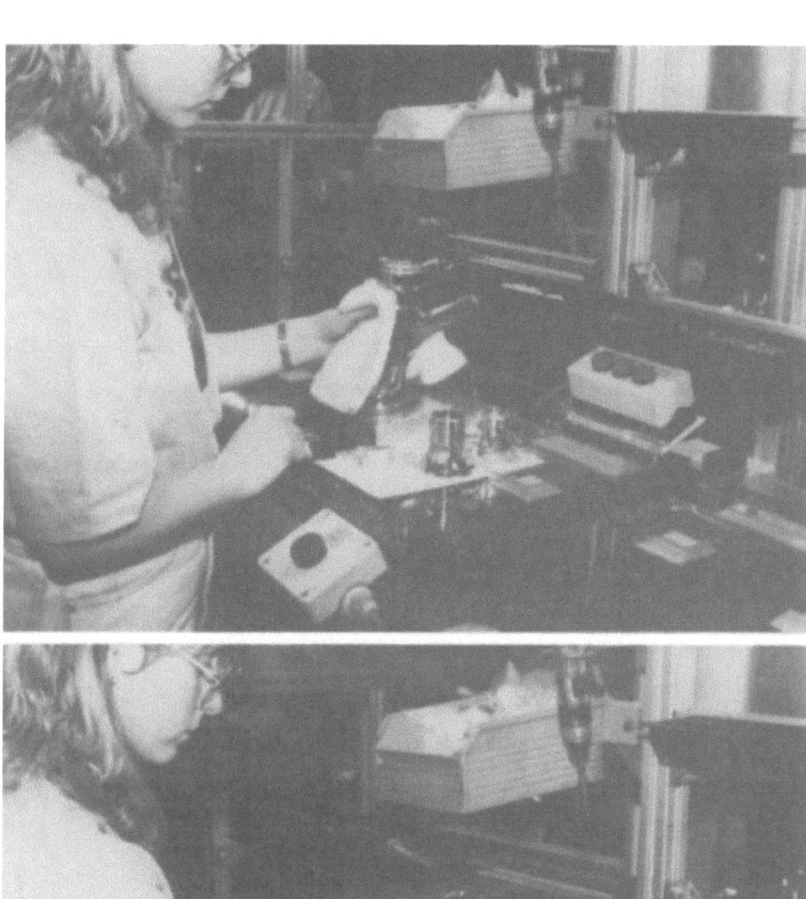
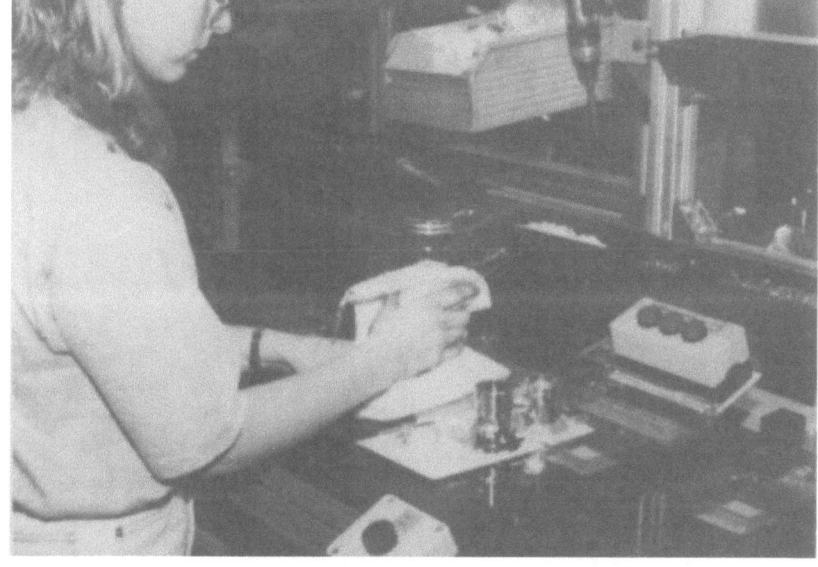

Abb. 13: Putzen der Armaturen auf dem Werkstückträger

Schraubprozesse

Für das vollautomatische Verschrauben der kartusche wurde das konzipierte Schraubmodul als 2-Spindel-Schraubanlage mit elektronischer Drehmoment-/Drehwinkelüberwachung realisiert (Abb. 14). In der Steuerung können mehrere Schraubabläufe gespeichert und variantenabhängig aktiviert werden. Fehler beim Schraubvorgang werden dem Bediener über Klartextanzeige kenntlich gemacht und über das BDE-System an den Leitrechner weitergemeldet.

Abb. 14: Vollautomatisches Verschrauben der Kartuschen

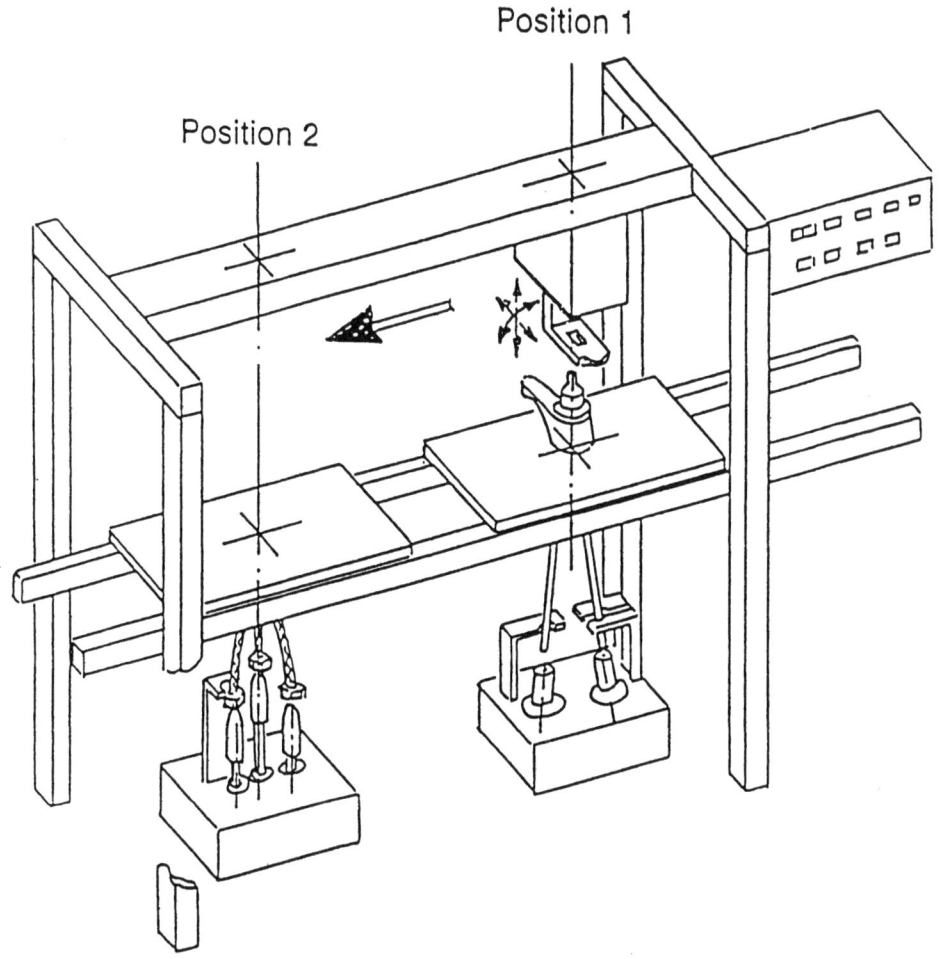

Abb. 15: Prüfmodul

Prüftechnik

Das zur Funktionsprüfung (Dichte- und Durchflußprüfung) konzipierte Prüfmodul wurde so aufgebaut, daß es direkt in die Montagelinie integrierbar ist (Abb. 16). Alle Armaturenvarianten sowohl mit Schlauch- als auch mit Rohranschlüssen werden automatisch an das Prüfsystem angedockt. Die zur Funktionsprüfung notwendigen Verstellbewegungen dem Kartuschenhebels werden von einem ebenfalls automatisch verfahrbaren Verstellschlitten durchgeführt.

Abb. 16: Vollautomatisches Prüfmodul

Endverpackung

Die verpackten Armaturen werden in Gitterboxen eingelegt. Die bisher auftretende starke Rückenbelastung der Montagemitarbeiterinnen konnte durch die Einführung von niveaugesteuerten Hebebühnen (Abb. 17) auf ein Minimum reduziert werden. Die Hebebühnen sind so aufgebaut und angeordnet, daß sowohl für die Verpackerin als auch für den Staplerfahrer eine gute Zugänglichkeit gegeben ist.

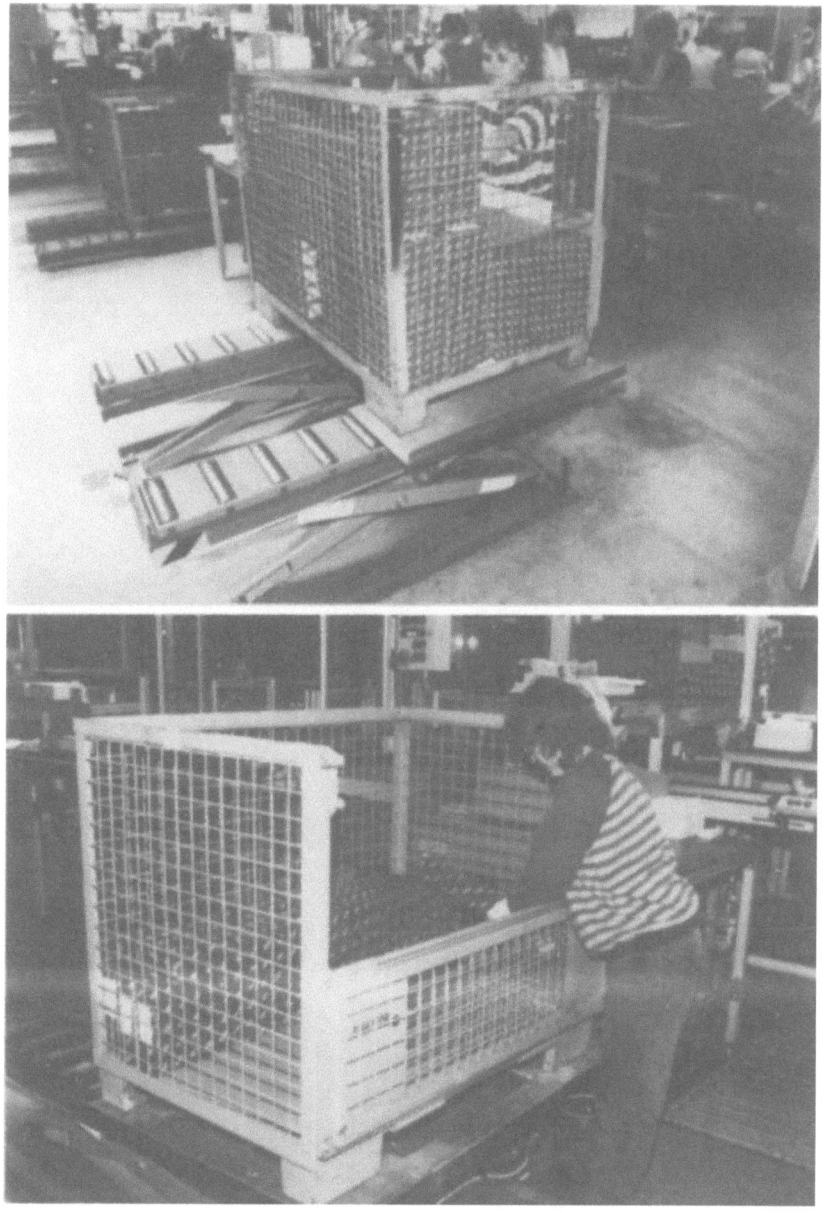

Abb. 17: Niveaugesteuerrte Hebebühnen am Endverpackungsplatz

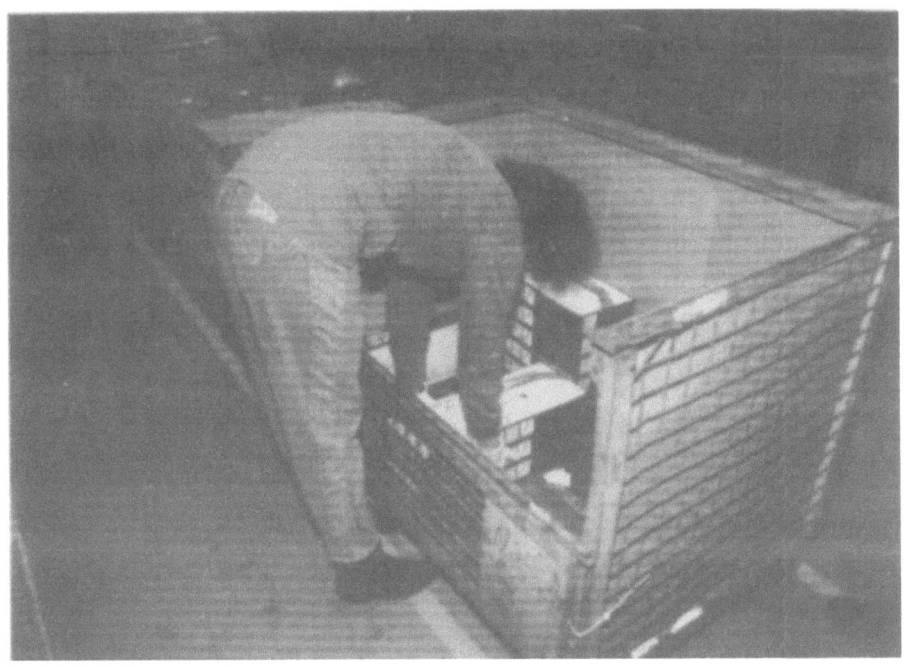

Abb. 18: Ablegen der Kartons - vorher

Abb. 19: Ablegen der Kartons - nachher

Die Steuerung der Pilotanlage und die Auftragseingabe erfolgt über den Montageleitstand (Abb. 20).

Abb. 20: Leitstand der Pilotanlage

Hier werden alle aktuellen Auftrags-, Lager- und Prozeßdaten dem System übermittelt. Es erfolgt gleichzeitig der Ausdruck sämtlicher Ablieferungsbelege.

Wirtschaftlichkeitsbetrachtung für die Pilotanlage

Der Wirtschaftlichkeitsbetrachtung liegen folgende Richtlinien zugrunde:

Bewertung:	Meßbare Einflüsse auf das Betriebsergebnis
Betrachtungszeitraum:	8 Jahre (Abschreibungsdauer)
Nutzung:	2-schichtig ab dem 1. Jahr
Instandhaltung:	Die Instandhaltungsrate steigt von 1,3 % im 1. Jahr auf 10,7 % im 8. Jahr. Dies entspricht einer Ø-Rate von 6 % bezogen auf den Anschaffungswert.
Zinsen:	Verzinsung des negativen Cash Flow
Steuern:	Die Ertragsbetrachtung des Projektes erfolgt nach Steuer.

Das größte Hemmnis für die Wirtschaftlichkeit von Montagesystemen sind die vergleichsweise hohen Investitionen für das reine Transfersystem bei gleichzeitig relativ geringen Kosten- bzw. Zeiteinsparungen.

Andererseits ist ein Transfersystem die Voraussetzung für die Automatisierung der einzelnen Montageprozesse. Je mehr Montagestationen für eine sinnvolle Automatisierung zur Verfügung stehen, desto günstiger kann die Wirtschaftlichkeitsrechnung ausfallen.

Bei Sanitärarmaturen, z.B. Einhandmischern, ist der Montageumfang im Vergleich zu anderen Produkten relativ gering. Deshalb müßte die Investitionssumme für das Transfersystem von vornherein so klein wie möglich gehalten werden.

Die Stufe 1, das reine Transfersystem, zeigt bei einer Investition von (nur) 320.000 DM ein inakzeptables Ergebnis von 5,2 Jahren Amortisationsdauer.

Fügt man die Stufe 2, das Automatisierungsmodul "Laserbeschriftung", hinzu, verbessert sich das Ergebnis auf 4,7 Jahre.

Die Erweiterung in Stufe 3 durch das Automatisierungsmodul "Kartusche verschrauben" und in Stufe 4 durch das automatische Prüfmodul führt zu einer Gesamtinvestition von DM 830.000 DM und einer Amortisationsdauer von 4,1 Jahren.

Abbildung 21 zeigt einen Vergleich zwischen dem konventional eingesetzten Skelettband und der Pilotanlage.

Pilotanlage im Vergleich
(Europlus-Waschtisch Chrom)

	Skelettbandsystem	Vaiantensystem
Leistung (2schichtig)	ø 1.140 Stück	ø 1.150 Stück
Personal	12 AK	8 AK
Investition	ca. 190.000 DM	ca. 830.000 DM
Flächenbedarf	ca. 88 qm	ca. 143 qm
Amortisation		4,1 Jahre
Rationalisierungspotential	gering	Arbeitsplatzgestaltung Montage der Farbvarianten (10 - 20% Einsparung) weitere schrittweise Rationalisierung
weitere Kriterien:		
Qualität	Chrom- und Farbmontage separat. Beschädigungen 4 - 8 Stück/Tag. Funktionsprüfung subjektiv.	Chrom- und Farbmontage gleich. Beschädigungen 0 - 1 Stück/Tag Funktionsprüfung objektiv
Gesundheitsbelastung	einseitige Belastung Arm/Schulter/Nacken	belastungsarm
Bereitstellung	1 Auftrag arbeitsplatzbezogen	mehrere Aufträge Kitting möglich
Reparaturplatz	extern	systemintegriert

Abb. 21: Vergleich Pilotanlage - Skelettband

Logistik

Organisatorische Konzepte und Maßnahmen

- Aufgrund der veränderten Randbedingungen:
- der Verdoppelung der Endproduktvarianten von 3.500 auf 6.500 Varianten,
- dem Wegfall der Mindestlosgröße und
- der Verdreifachung der Montageaufträge pro Tag, von 70 auf 200 Aufträge, sind auch für die Ablauforganisation neue Konzepte erforderlich.

Die zentrale Fertigungssteuerung mit batchorientiertem Programm- und Listenwerk muß schrittweise in dezentrale vernetzte Regelkreise mit dialogorientierter Anwendung umgesetzt werden.

Ziele und Aufgaben des BDE-Leitstandsystems sind:

- Durchlaufzeitverkürzung und auftragseingangsbezogene Montage durch späteste Auftragsfreigabe (2 - 3 Tage).
- Auftragsbezogene Materialbereitstellung nach Abruf durch Montagepersonal je Arbeitsgruppe und Uhrzeit. Dadurch ist die Berücksichtigung von Störungen möglich.
- Platzbedarf minimieren durch kurzfristige Bereitstellung und Teillieferungen.
- Rationelle Auslagerung durch Zusammenfassung von Auslageraufträgen, auftragsunabhängiger Auslagerung und Bereitstellung von Schüttgütern.
- Durchsteuerung von Fehlteilen (keine körperliche Ein- und Auslagerung).
- Ständiger Überblick über aktuelle Montagesituation wie Auftragsstatus und Kapazitätsbelegung.

Das Konzept zur Steuerung über einen Montageleitstand zeigt Abbildung 22. Hier können alle relevanten Daten eingegeben werden.

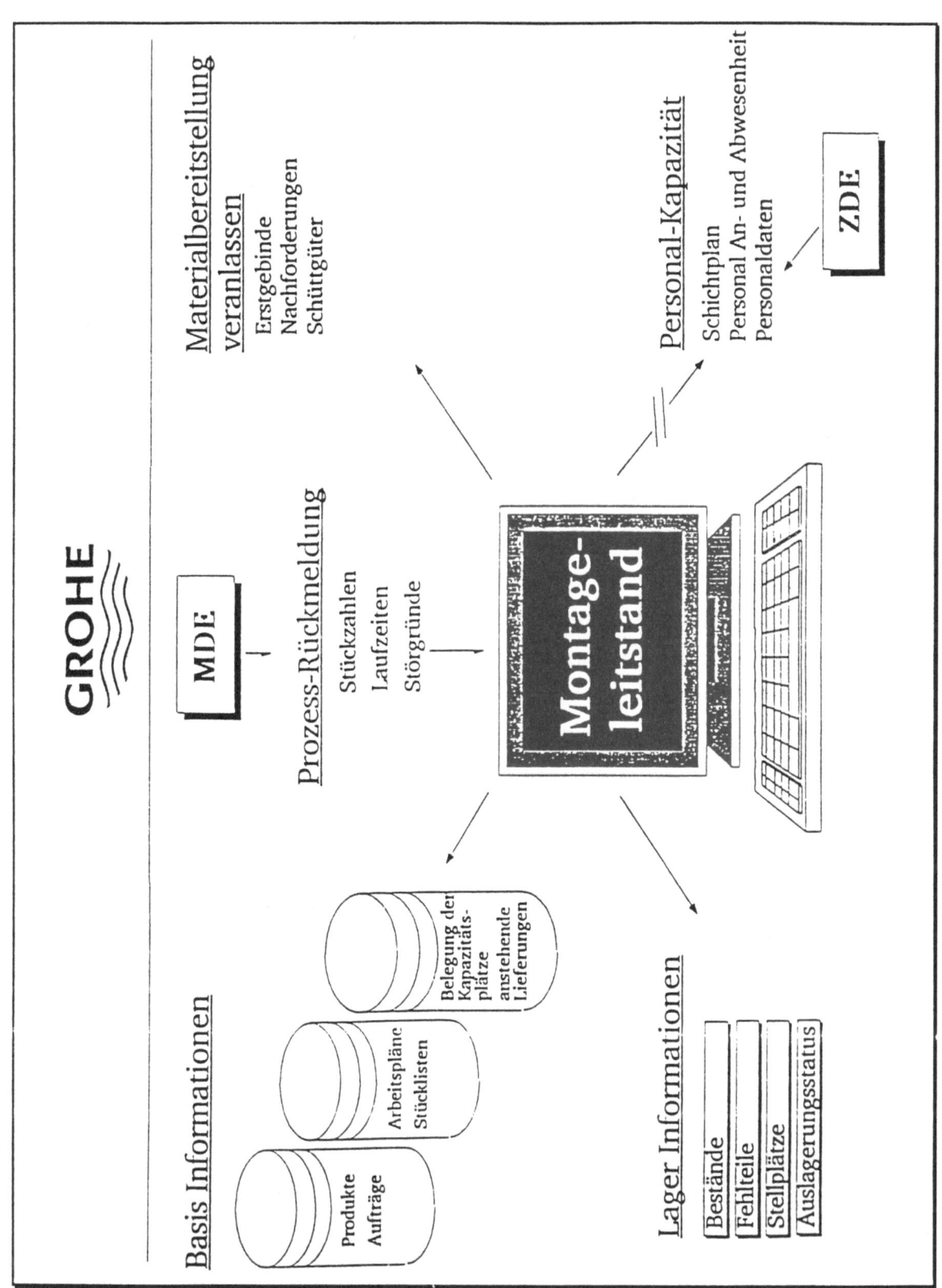

Abb. 22: Konzeption des Montageleitstandes

Beteiligungsorientierte Projektorganisation

Das zweite wesentliche Element des partizipativen Projektansatzes bildete die Projektorganisation. Mit der Bildung von "Projektteams" zu den zentralen Themen bzw. Problemstellungen des Projektes wurde versucht, die in der Firma vorhandenen Ressourcen und Qualifikationen zu bündeln und optimal auszuschöpfen. Ferner sollten durch diese Art der "interdisziplinären" Problembearbeitung die bestehenden Strukturen "hierarchisch-sektoraler" Zuständigkeiten durchbrochen und durch Formen "horizontaler Venetzung" ersetzt werden. Es ging darum, Experten und Träger relevanten Erfahrungswissens aus unterschiedlichen Abteilungen und Hierarchiestufen quasi "themenzentriert" zusammenzuführen und so eine kooperative und integrierte Problembearbeitung zu ermöglichen bzw. zu erproben.

Bei der Arbeit in den Projektteams wurde zweierlei deutlich. Zum einen ist die Zusammenführung unterschiedlicher Zuständigkeiten und Qualifikationen zur temporären Bearbeitung spezifischer Fragestellungen im Rahmen eines Innovationsprozesses keineswegs per se mit einem höheren Zeitaufwand verbunden, als er bei der traditionellen "sequentiellen" Vorgehensweise erforderlich ist. Die anfangs aufwendigere "Annäherungsphase" läßt sich durch die anschließende koordinierte, kooperative und damit effizientere Beschäftigung mit der Fragestellung kompensieren. Zum anderen ist es möglich, Formen der ausbalancierten Kommunikation und Diskussion nicht nur zwischen Experten aus unterschiedlichen Bereichen, sondern auch zwischen "Experten" und "Laien" zu entwickeln, die es erlauben, die Betrachtungsperspektiven, Qualifikationen und Erfahrungen aller Beteiligten für die Problemlösung fruchtbar zu machen. Voraussetzung dafür ist, daß, wie im Abschnitt über die Beteiligungsqualfizierung bereits angesprochen, durch vorbereitende und begleitende Maßnahmen die organisatorischen Bedingungen und insbesondere die individuellen Dispositionen der Beteiligten für beteiligungsorientierte Arbeitsformen geschaffen werden.

Statt einer Zusammenfassung: Bewertung durch die Pilotgruppe

Am Ende des Projektes wurde, im Rahmen der abschließenden Gesamtevaluation die Pilotgruppe zu den Humanisierungsmaßnahmen befragt, die im Projektverlauf entwickelt, erprobt und implementiert worden waren. Hierzu wurde ein Fragebogen eingesetzt, der wesentliche Merkmale der Arbeitssituation in einem "Vorher-Nachher-Vergleich" umfaßte.

Auf einer Skala von 1 = sehr gut, bis 6 = ungenügend sollten diese Merkmale bewertet werden. Die interessantesten Items sind in der folgenden Übersicht zusammengefaßt (vgl. Abb. 23).

	vorher	nachher
körperliche Belastungen insgesamt	4,8	1,6
Handling der Armautren	4,4	1,2
Bereitstellung der Teile	3,6	2,4
Greifräume am Arbeitsplatz	3,8	1,8
Gleichmäßigkeit der Arbeitsauslastung	4,2	2,0
Zusammenarbeit in der Gruppe	3,4	2,0
Kommunikation mit Vorgesetzten	2,8	1,8
Kommunikation mit anderen Bereichen	3,6	3,0

Abb. 23: Bewertung durch die Pilotgruppe

Das positive Gesamturteil sowohl im technisch-ergonomischen als auch im organisatorischen Bereich ist unübersehbar. Wenn man berücksichtigt, daß die befragten Mitarbeiterinnen über nahezu die gesamte Projektlaufzeit eng in das Vorhaben und die Qualifizierungsprogramme einbezogen waren, dann kann unterstellt werden, daß es sich um subjektiv ehrliche Antworten und nicht etwa um "Gefälligkeiten" handelt.

Sicherlich dürfen die Ergebnisse nicht überbewertet werden. Gleichwohl erscheint bemerkenswert, daß die Zielerreichung bei den verschiedenen Innovationen unterschiedlich gut gelungen ist. Während mit den ergonomischen Maßnahmen und bei der "internen" Reorganisation durchweg gute Erfolge erzielt werden konnten, bleibt auf der übergreifenden Ebene der Kooperation und Kommunikation mit anderen Betriebsbereichen noch ein erheblicher Gestaltungsbedarf. Es ist zu vermuten, daß in der vergleichsweise gering positiveren Beurteilung der "Inselcharakter" des Vorhabens zum Ausdruck kommt. Innerhalb der beteiligten Abteilung konnte ein hoher Grad an Zielerreichung realisiert werden, außerhalb dagegen, d.h. in den anderen Abteilungen, noch nicht. Insofern kommt der konsequenten Übertragung der Konzepte große Bedeutung zu, da nur auf diese Weise "durchgängige" Strukturen entstehen können, die längerfristig tragfähig bleiben.

Qualifizierung

Als eine der gewichtigsten Innovationsleistungen im Projekt kann der Gesamtbereich der Qualifizierung betrachtet werden. Zum einen wurde ein umfangreiches Qualifizierungsprogramm mit den Schwerpunkten "tätigkeitsbezogene Qualifizierung", "Grundqualifizierung" und "Beteiligungsqualifizierung" entwickelt und mit der Pilotgruppe erprobt, zum anderen ist ein Großteil dieses Programms bereits firmenintern auf andere Bereiche übertragen worden.

Bei der ursprünglich als "Produktschulung" konzipierten "Grundqualifizierung" handelt es sich um eine systematische Ergänzung der tätigkeits- und prozeßbezogenen Qualifizierung. Im Rahmen allgemeiner betrieblicher Schulungsangebote bzw -aktivitäten ist ein solches Programm nicht die Regel, sondern stellt (noch) eine Ausnahme dar. Um so größere Bedeutung kommt der Entscheidung des Unternehmens zu, die Grundqualifzierung in das interne "Bildungswerk" aufzunehmen und für alle Montagemitarbeiterinnen obligatorisch zu machen.

Mit Blick auf die angestrebten Ziele: Vermittlung von Wissen über Aufbau und Funktion der Produkte, über spezifische Qualitätsanforderungen, Fehler und Fehlerfolgen, Förderung des Qualitätsbewußtseins und - ganz allgemein - der Handlungskompetenz der Mitarbeiterinnen im Arbeitsprozeß, war die Grundqualifizierung schon aufgrund ihres Neuigkeitscharakters ein Erfolg.

Darüber hinaus hat sich aber gezeigt, daß mit dem ergänzenden und verallgemeinernden Charakter die Grundqualifizierung ein wesentliches Element darstellt, das Maßnahmen der Arbeitserweiterung und -bereicherung in einer Weise unterstützt, wie es mit der tätigkeitsbezogenen Schulung allein nicht möglich wäre. Insofern sollte eine derartige, über die unmittelbare Tätigkeit hinausgehende produkt- und prozeßbezogene Schulung konstitutives Element von Qualifizierungsaktivitäten sein, die im Kontext arbeitsorganisatorischer Innovationen bei Angelerntentätigkeiten stattfinden.

Eine über die Zielgruppe angelernte Mitarbeiterinnen hinausweisende Erweiterung der ursprünglichen "Produktschulung" stellt der Baustein "gesundheitsbewußtes Arbeiten" dar. Damit wurde eine Thematik aufgegriffen, die im Zuge der sozial- bzw. gesundheitspolitischen Forcierung des präventiven Arbeits- und Gesundheitsschutzes zunehmend Bedeutung gewinnen wird.

Das zentrale Problem der "Grundqualifizierung" bestand und besteht teilweise noch darin, das im Projekt entwickelte Konzept in ein unter "normalen" betrieblichen Bedingungen praktikables Programm zu transformieren. Erforderlich ist also eine Reduzierung des Umfangs und des zeitlichen Bedarfs durch eine inhaltliche Straffung und durch eine noch stärkere Betonung des exemplarischen Charakters der behandelten Themen.

Ziele der Qualifizierung

→ fachliche Weiterqualifizierung im Hinblick auf neue Arbeitsinhalte

→ Vermittlung ausreichender System-und Anlagenkenntnisse

→ Vermittlung produktspezifischer Kenntnisse

Ziele der Qualifizierung

- wissen, wofür das Produkt eingesetzt wird

- wissen, wie das Produkt funktioniert

- wissen, wie das Produkt aufgebaut ist

- wissen, welche einzelnen Teile dazugehören

- ähnliche Teile unterscheiden können

- wissen, welche Qualitätskriterien und Standards zu berücksichtigen / einzuhalten sind

- Kenntnisse über wichtige Arbeitsvorgänge (z. B. Prüfparameter, Drehmomente einstellen)

- Kenntnisse über richtige Verpackung (z. B. Anordnung der Teile im Karton)

- Kenntnisse über richtige Signierung

- Stückliste lesen können

- Kenntnisse über Fette, Umgang und Kleber

Montagequalifizierung

Grundqualifizierung

Produktkenntnisse
Armaturenelemente

- Einführung
- Zweigriffarmaturen
- Einhandmischer
- Waschtischbatterie
- Bidetbatterie
- Wannenbatterie
- Brausebatterie
- Niederdruckarmaturen
- Thermostate
- Brausen
- Brausen-Zubehör
- Gesundheitsbewußtes Arbeiten

Teilnehmerkreis: Montierer/innen der Vor- und Endmontage
Fachvoraussetzung: keine

Fachqualifizierung I

Verfahrens- und
Gerätekenntnisse

- Oberflächenbeurteilung
- Signiertechnik
- Prüftechnik
- Schraubungstechnik
- Endkontrolle / Verpackung

Teilnehmerkreis: Signierer/innen, Montage-Endkontrolle
Schulungsvoraussetzung: Grundqualifizierung

Fachqualifizierung II

Organisations- und
Logistik-Kenntnisse

- Arbeitsplatzorganisation
- Prozeß- und Prüfmittelüberwachung
- Auftrags- u. Materialflußorganisation
- Montagefreigabe und Auftragsende
- Organisationsablauf bei fehlerhaften Produkten
- Entscheidungs-Spielräume

Teilnehmerkreis: Bandführer/innen, Vorarbeiter/innen
Schulungsvoraussetzung: Grundqualifizierung, Fachqualifizierung

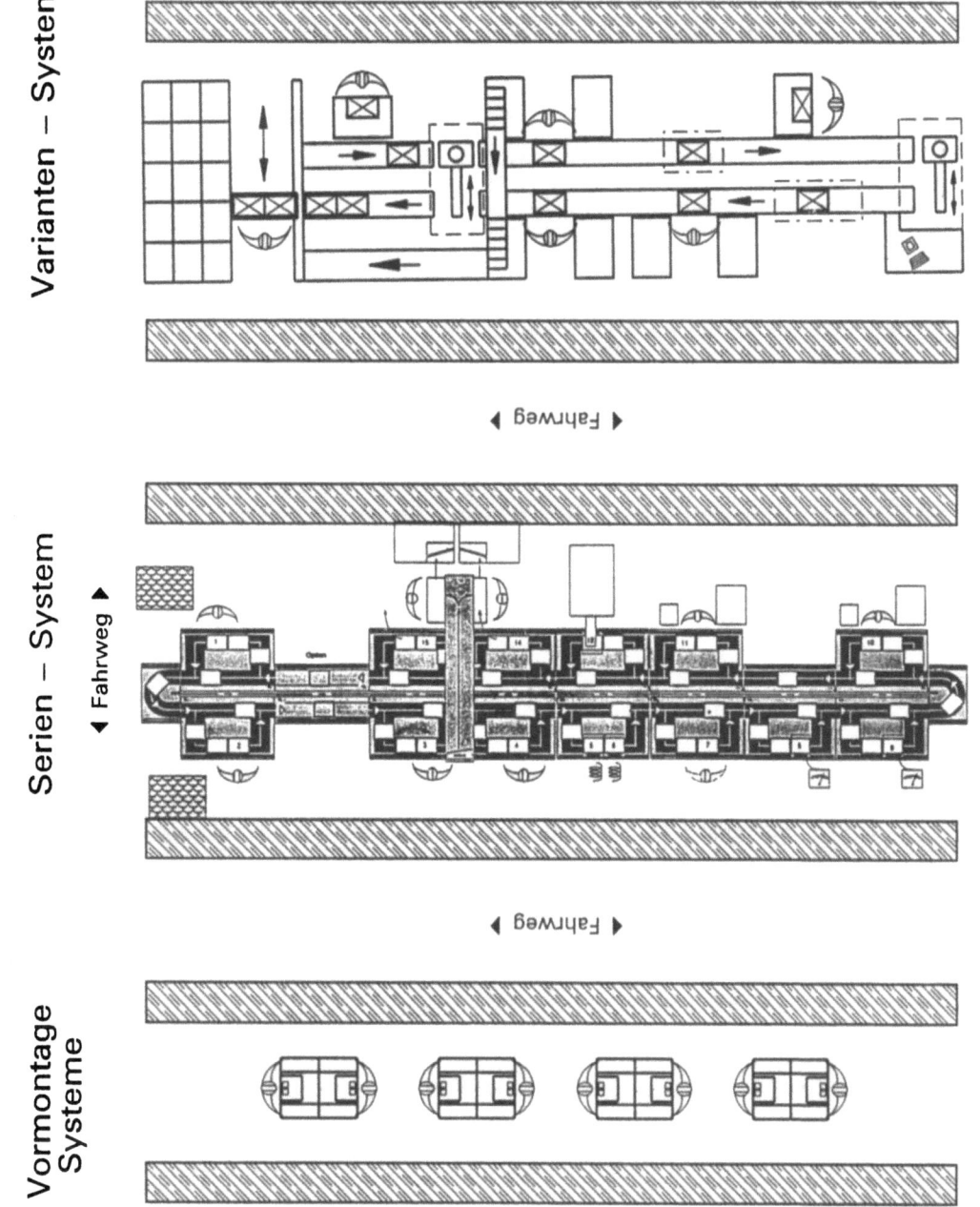

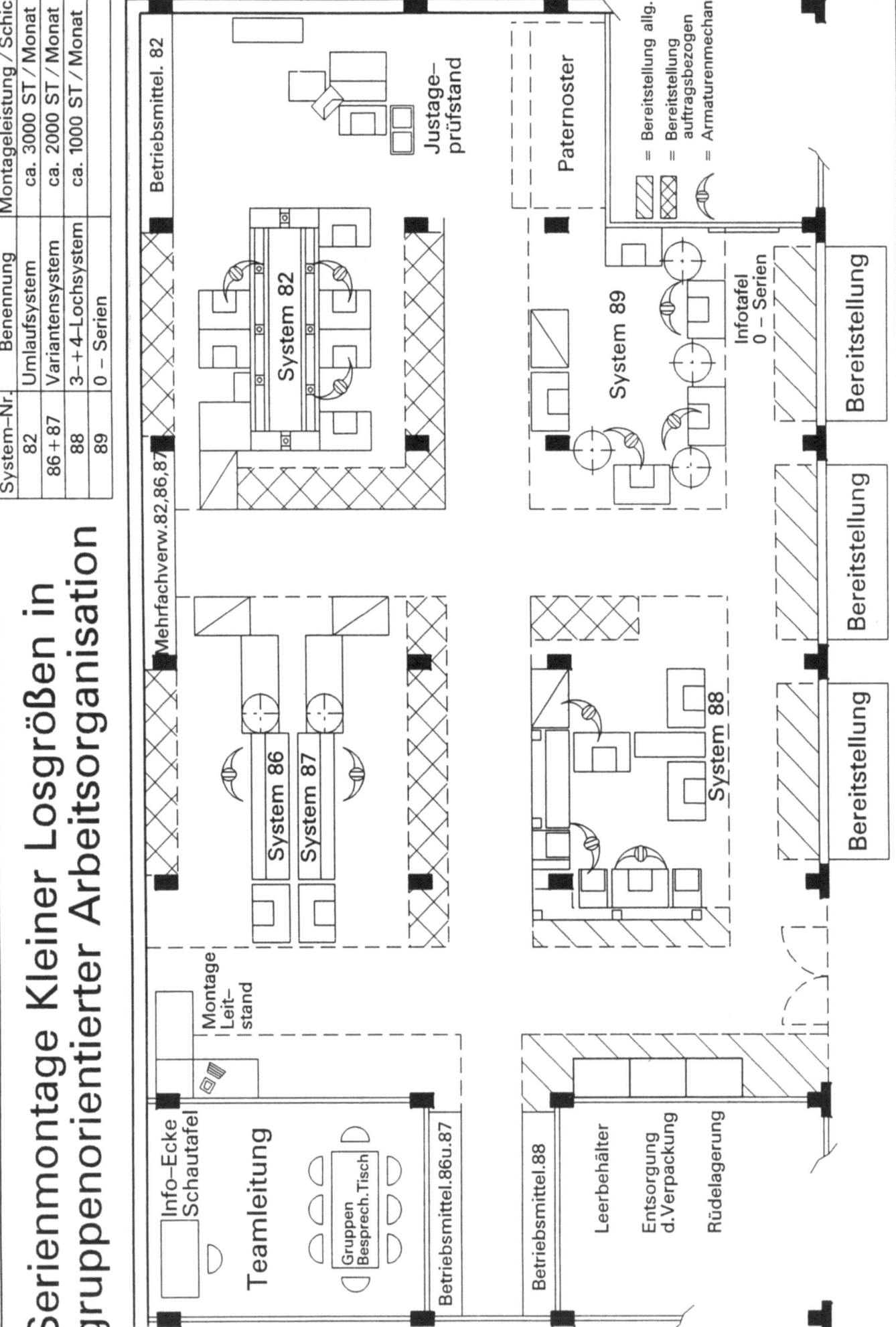

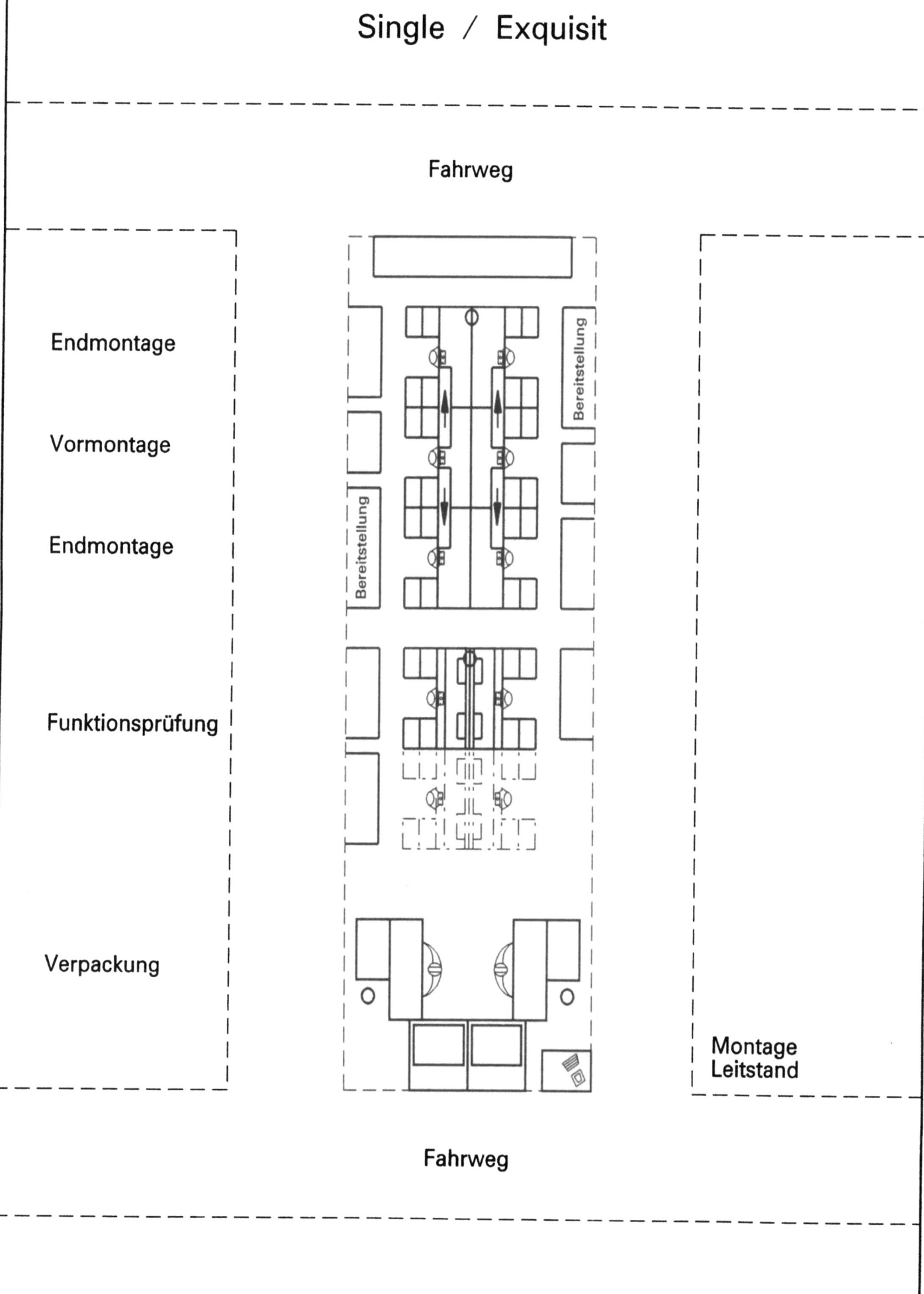

Wirtschaftlichkeit flexibler Systeme
Begleitende und integrierte Betrachtungen

Dipl.-Ing. Siegfried Bauer
Fraunhofer-Institut für Arbeitswirtschaft und Organisation (IAO), Stuttgart

Wirtschaftlichkeit flexibler Systeme

Begleitende und integrierte Betrachtungen

Dipl.-Ing. Siegfried Bauer
Fraunhofer-Institut für Arbeitswirtschaft und Organisation (IAO), Stuttgart

1 Stand und Entwicklung von Verfahren zur erweiterten Wirtschaftlichkeitsbetrachtung

Der Wandel der Rahmenbedingungen und die zunehmend begrenzten Möglichkeiten zur kurzfristigen Ausschöpfung von Ratiopotentialen führt die Unternehmen zwangsläufig zu einer Neuausrichtung ihrer Rationalisierungsbestrebungen. So haben die Marktveränderungen der letzten Jahre zu einer deutlichen Verkürzung der Produktlebensdauer geführt und demzufolge die Produktvielfalt verstärkt und die Lieferzeiten erheblich gedrückt.

Für die Unternehmen bedeutet dies, Produktionsbedingungen zu schaffen, die der hohen Entwicklungsdynamik ihres Produktionsprogrammes gerecht werden und sie gleichzeitig in die Lage versetzen, bedarfsgerecht, d.h. fristgerecht, liefern zu können. Hinzu kommt eine verstärkte Hinwendung des Marktes zu qualitativ anspruchsvolleren Produkten, die ihrerseits entsprechende Maßnahmen in der Technik und in der Organisations- und Qualifikationsstruktur der Betriebe implizieren.

Schlagworte wie Lean Production, Fraktale Fabrik, Segmentierung, Total Quality Management, Time Based Management, Computer-Integration und -vernetzung kennzeichnen die Aktivitäten und Trends, die ein Ausdruck für die Reaktion der Unternehmen auf diesen Wandel sind.

Immer bedeutsamer stellt sich auch der "Produktionsfaktor Mensch" dar, dessen Anforderungen an die Produktionssysteme in bezug auf persönlichkeitsförderliche und sozialverträgliche Systemgestaltung zwar schleppend, aber zunehmend Berücksichtigung in den geplanten Investitionsvorhaben finden. Nur langsam setzt sich die Erkenntnis durch, daß insbesondere bei umfassenden Investitionsvorhaben unter den o.g. Randbedingungen die konventionellen Beurteilungsverfahren nur eingeschränkt tauglich sind. Zu vielfältig sind die Gestaltungsparameter und zu ungenau die Erfassung der sich verändernden Kosten und Einsparungen, um eine tragbare Überdeckung von Systemgestaltung und Beurteilungsverfahren zu erhalten.

Während technisch-organisatorische und personenbezogene Gestaltungsaspekte schon auf äußeren Druck in Systemgestaltungsmaßnahmen einfließen können, folgen die Verfahren zur Beurteilung der Wirtschaftlichkeit solcher Systeme nur ungenügend dieser sich verändernden Anforderungsstruktur.

Die heute vorfindbaren Wirtschaftlichkeitsbetrachtungen basieren stark auf dem Nachweis der Wirtschaftlichkeit von Einzelkomponenten an Einzelarbeitsgängen. Eine über den Arbeitsgang hinausgehende Betrachtung, bezogen auf das Zusammenspiel von Systemkomponenten sowie deren Wechselwirkungen mit dem Umfeld und vice versa, findet im allgemeinen nicht statt. In Forschung und Wissenschaft hat sich dagegen überwiegend die Meinung durchgesetzt, daß ein einzelnes Kriterium zur Bewertung komplexer, tiefgreifender Entscheidungs- und Problemlösungsprozesse nicht ausreicht. Eindimensionale Ansätze zur Beurteilung der Effizienz von flexibel automatisierten Montagesystemen sind in ihrer Aussagekraft eingeschränkt, da das ermittelte Zielkriterium (z.B. Gewinn, Rentabilität u.a.) lediglich einen Ausschnitt aus den gesamten Zielen abzubilden vermag. Begründet ist dies im traditionellen betrieblichen Ablauf, der zunächst die technische Planung eines Arbeitssystems unter der Prämisse vorsieht, möglichst viel an Personalkosten einzusparen. Die technischen Planer weisen die Wirtschaftlichkeit der konzipierten Systeme daher häufig über eine Amortisationsrechnung nach, die neben Personalkosteneinsparungen allenfalls mögliche Ausschußreduzierungen mit berücksichtigt. Dabei kommt der Beurteilung des Investitionsrisikos die höchste Bedeutung zu.

Die gängigen Werte für geforderte Kapital-Rückgewinnungszeiten lagen im Sample des Montageverbunds zwischen 1,5 und 2 Jahren. In wenigen Fällen wurden Amortisationszeiten bis zu 3 Jahren akzeptiert, wenn die Investition einen Einstieg in neue Technologien mit dem Ziel der langfristigen Unternehmenssicherung durch die Schaffung eines Wettbewerbsvorsprungs bedeutete.[1]

Die Realisierung flexibler Montagesysteme kann in mehreren Teilschritten erfolgen Dabei werden sukzessive die technischen, organisatorischen oder qualifikatorischen Grundlagen geschaffen, die zur Ausschöpfung von Nutzeneffekten notwendig sind. Während dieses Prozesses können Teilinvestitionen erforderlich werden, die sich bei isolierter Betrachtung als unwirtschaftlich erweisen. Vor dem Hintergrund eines Gesamtkonzeptes mögen sie sich gleichwohl als wirtschaftlich herausstellen, da sie

---

[1] DIV. AUTOREN: Handbuch der humanen CIM-Gestaltung, BMFT-AuT, Fkz.: 01 HH 269, 279, 289, Berlin, 1991.

z.B. Voraussetzungen für die Ausschöpfung von Integrationspotentialen in späteren Phasen schaffen.

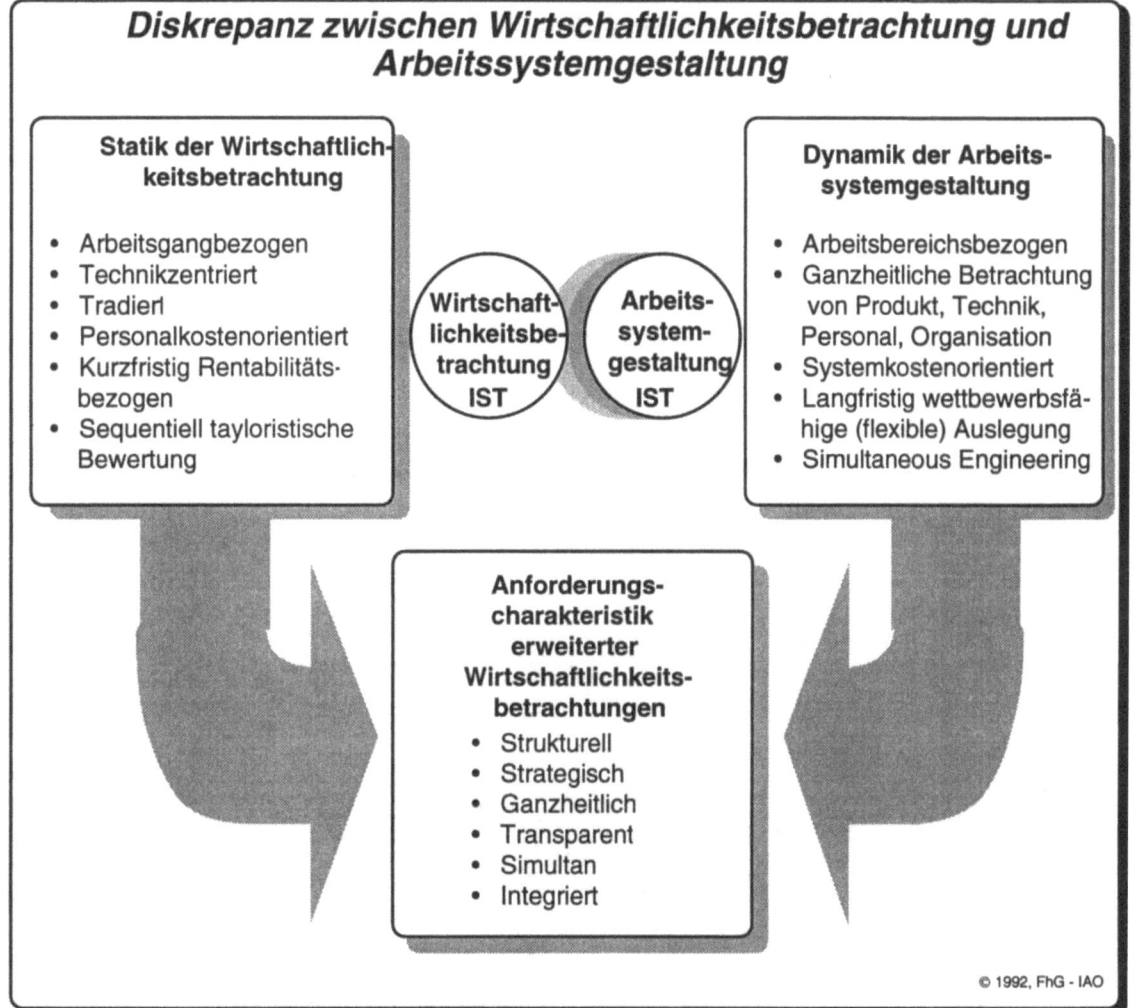

Abb. 1: Drift zwischen Entwicklung der Wirtschaftlichkeitsbetrachtung und Entwicklung der Arbeitssystemgestaltung

Die Nutzenpotentiale integrativer Maßnahmen liegen nicht nur im direkten Anwendungsbereich der Technologien, sondern im gesamten Unternehmen. Die Ermittlung von direkten und indirekten Wirkungen integrierter Produktionstechnologien ist daher erforderlich. Treten technische, ökonomische und soziale Wirkungen nur in den Teilsystemen der Unternehmung auf, in denen die Investition stattfindet, so handelt es sich um direkte Wirkungen. Wirkungen, die in anderen Unternehmensbereichen zum Tragen kommen, werden als indirekt bezeichnet. Erweiterte Wirtschaftlichkeitsbetrachtungen müssen möglichst alle relevanten Faktoren, die die Wirtschaftlichkeit beeinflussen, erfassen.

Die Qualität der Planungsergebnisse wird durch die Einbringung des Erfahrungswissens von Mitarbeitern verschiedener Funktionsbereiche und Ebenen und deren

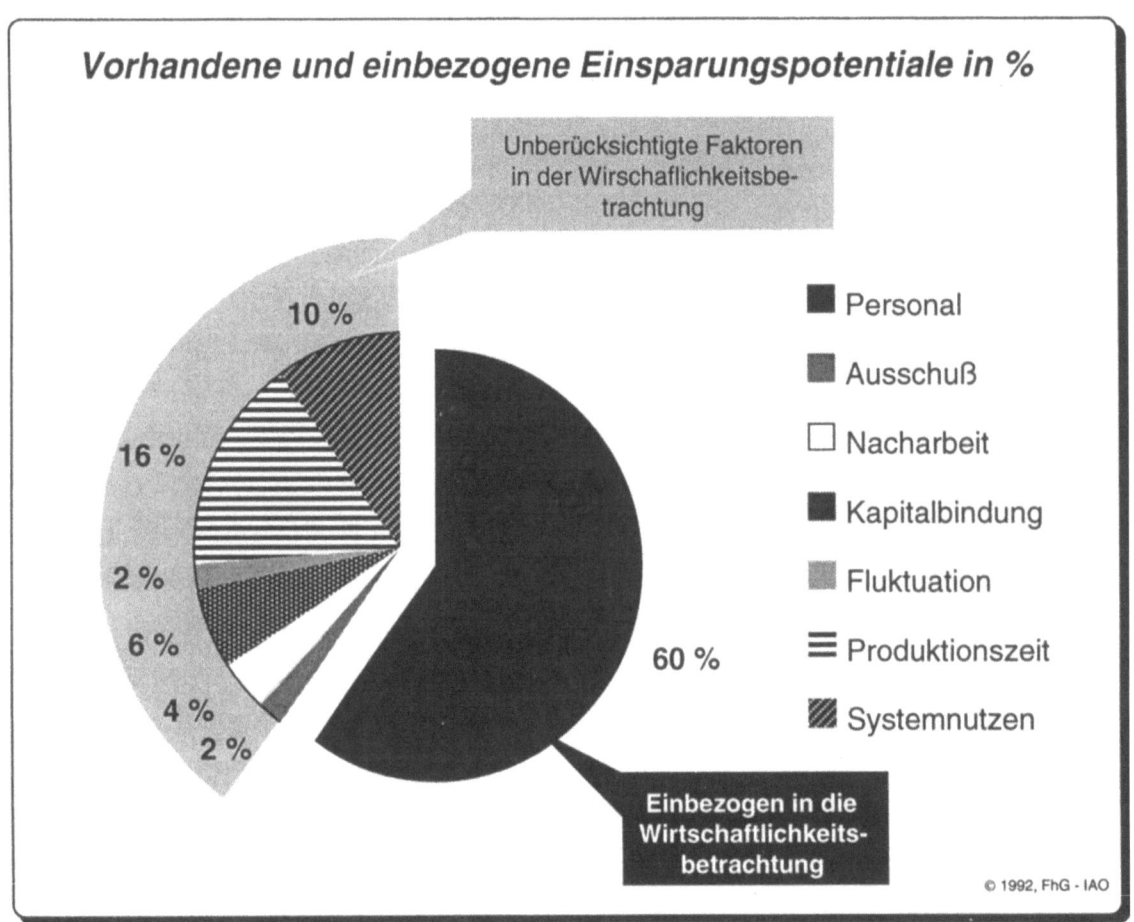

Abb 2: Vorhandene und einbezogene Einsparpotentiale (hier ein Fallbeispiel)

Präsenz im Planungsprojekt bestimmt. Die Erreichung der Ziele hängt nicht nur von der Qualifikation der Mitarbeiter ab, sondern auch von deren Bereitschaft an der Realisierung solcher Konzepte aktiv mitzuarbeiten. Es geht weniger darum, Verweigerungshaltungen vorzubeugen, als vielmehr die Chancen zu nutzen, die Identifikation mit den Umgestaltungsmaßnahmen zu erhöhen. Die Bedeutung einer Beteiligung betroffener Arbeitnehmer ist dabei unabhängig von den einzelnen Phasen eines Planungsprojektes. Die Beteiligung betroffener Arbeitnehmer sollte somit ein integraler Bestandteil von prospektiven Wirtschaftlichkeitsberechnungen sein. Der Einsatz erweiterter Verfahren erfordert mithin auch eine neue Planungsorganisation: Eine Betrachtung, die nur die nachträgliche Bewertung einer Investition ermöglicht, wäre nicht praxisgerecht. Vielmehr wird eine erweiterte Wirtschaftlichkeitsbetrachtung benötigt, die in der Lage ist, schon während der Planung des Arbeitssystems ("simultan") grobe Vorabergebnisse zu liefern.

Einfache Anwendbarkeit und Übersichtlichkeit ("Transparenz") sind für eine erweiterte Betrachtung zwingend. Kann dies nicht erreicht werden, wird die Akzeptanz in der betrieblichen Praxis fraglich. Angesichts der skizzierten Schwierigkeiten einer ökonomischen Bewertung übergreifender Gestaltungsmaßnahmen erlangt die Forderung nach Praktikabilität und Verfahrenswirtschaftlichkeit eine besondere Bedeutung. Verfahren, die sich bereits bei der Bewertung von Einzelmaßnahmen als wenig praktikabel erwiesen haben, dürften für den Einsatz in komplexen Planungsprojekten kaum geeignet sein. Allgemein sollte jede Entscheidungshilfe die relevanten Faktoren erfassen und entsprechende Daten in einer Form aggregieren, auf deren Basis eine ausreichend fundierte Entscheidung gefällt werden kann. Eine Voraussetzung hierfür ist, daß einerseits der Hergang der Entscheidungsfindung nachvollziehbar ist und daß andererseits die Verfahren zur Datengewinnung nicht zu komplex sind. Der Informationsgehalt und die Bedeutung der gewonnenen Daten muß direkt erkennbar sein.

Die erweiterte Wirtschaftlichkeitbetrachtung sollte sowohl die Verfahren der klassischen Rechnung als auch die zur Beschreibung der "nicht- oder schwerquantifizierbaren Effekte" angewandten Methoden berücksichtigen. Eine Zusammenführung ("Integration") auf einer einheitlichen, wenn auch geschätzten, monetären Basis wäre für die Bewertung der Arbeitssysteme der Zukunft dazu wünschenswert.

Zusammenfassend, lassen sich zur prospektiven Beurteilung der Wirtschaftlichkeit von Investitionsvorhaben folgende Anforderungen formulieren:

- Mehrdimensionales Zielsystem mit Berücksichtigung von nicht- bzw. schwer quantifizierbare Zielgrößen finden.

- Bewertung/Abschätzung von Effekten der Kostenverlagerung

- Die Einbeziehung der relevanten Kostenfaktoren sollte gegenüber einer vertiefenden Ermittlung einzelner Faktoren im Vordergrund stehen.

- Beteiligung betroffener Mitarbeiter in der Verfahrensanwendung.

- Die Bewertung sollte begleitend zum Planungsprozeß als ergänzendes Instrument eingesetzt werden.

- Die Forderung nach Einzelwirtschaftlichkeit muß zugunsten einer Gesamtwirtschaftlichkeit zurückgestellt werden.

- Berücksichtigung von Unsicherheit zur Abschätzung der Streubreite von Prognosen sind in die Wirtschaftlichkeitsbetrachtungen aufzunehmen.

- Schaffung einer einheitlichen Bewertungsgrundlage.

- Gewährleistung der Praktikabilität der Verfahrensanwendung.

Den Weg von der konventionellen Wirtschaftlichkeitsrechnung über die erweiterte Betrachtung hin zu einer ganzheitlichen Systembewertung dokumentiert Abbildung 3. Momentan werden hauptsächlich die bekannten Verfahren der statischen Wirtschaftlichkeitsbetrachtung auch bei Investitionsentscheidungen über hochkomplexe Montagesysteme eingesetzt. Erweiterte Betrachtungsweisen kommen - außer in einigen geförderten Modellprojekten - selten zur Anwendung. Die Simulation technischer Einflüsse als Ergänzung der Wirtschaftlichkeitsbetrachtung wird in einigen Betrieben durchgeführt, während die Simulation von organisatorischen Gestaltungsmaßnahmen und die Einbeziehung der Ergebnisse in die Wirtschaftlichkeitsbetrachtung nach unserem Erkenntnisstand bis heute noch nicht durchgeführt wird.

Unter diesen Voraussetzungen ist es sinnvoll, zunächst die Entwicklung der erweiterten Verfahren der Wirtschaftlichkeitsbetrachtung soweit voranzutreiben, daß sie ohne (Akzeptanz-) Probleme im Unternehmen eingesetzt werden können. Darauf aufbauend machen Simulationen schließlich die ganzheitliche Systembewertung möglich.

Die Risiken der Systembewertung liegen in der Tendenz, Einflußfaktoren immer akribischer ermittlen zu wollen und damit darüber hinwegzutäuschen, daß andere einflußreiche, aber eben nicht erfaßbare oder nicht erfaßte Faktoren nicht in die Bewertung einbezogen wurden. Um eine solche "Pseudogenauigkeit" zu vermeiden, ist die Vollständigkeit der erfaßten Faktoren wichtiger als die Exaktheit der Teilbewertung.

Die Defizite traditioneller Verfahren der Wirtschaftlichkeitsrechnung wurden schon frühzeitig erkannt. Dies gab Anlaß neue Modelle der erweiterten Wirtschaftlichkeitsrechnung zu entwickeln. Unter anderen zählen insbesondere die in Abbildung 4 dargestellten, im Rahmen der Humanisierungsforschung erarbeiteten Verfahren, zu den heute bekanntesten. Die vom Fraunhofer-Institut für Systemtechnik- und Innovationsforschung in Karlsruhe dargestellte Einschätzung der Eignung des Einsatzes dieser Verfahren bei der Bewertung von CIM-Einführungen gilt nach Meinung des Montage-Verbunds uneingeschränkt auch für die flexibel automatisierten Montagesysteme. Dies vor allem auch deshalb, weil die Verfahren z.T. auf Projekten aus dem Produktionsbereich aufsatteln.

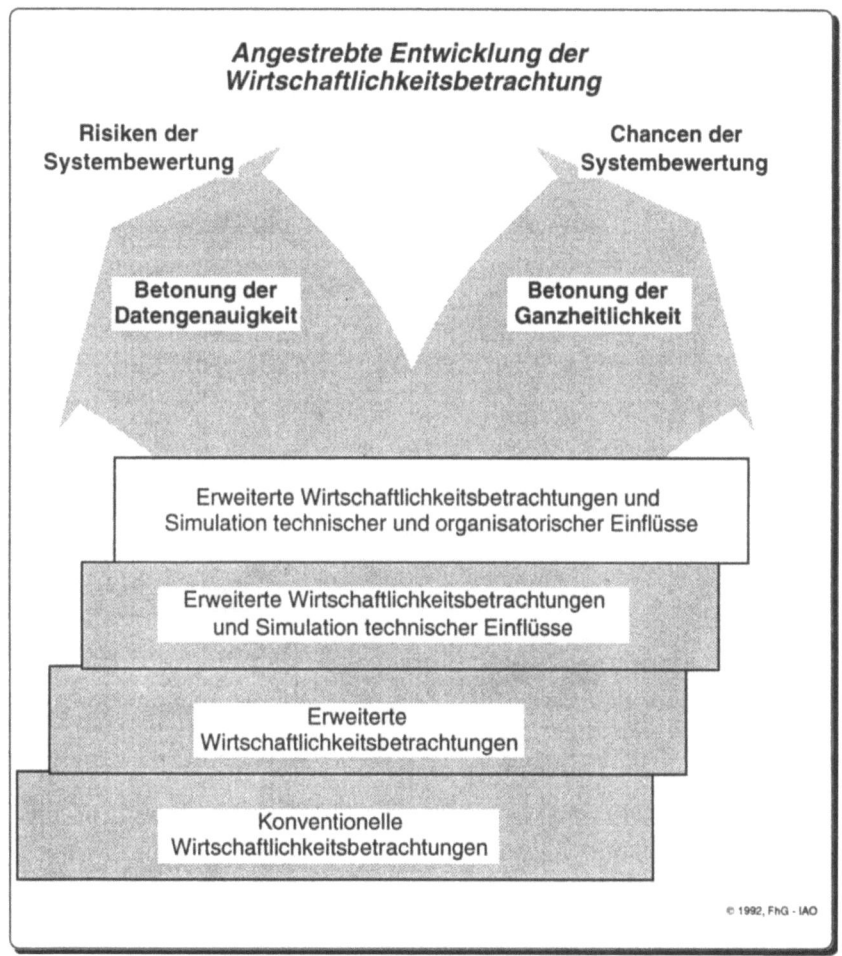

Abb. 3: Angestrebte Entwicklung der Wirtschaftlichkeitsbetrachtung

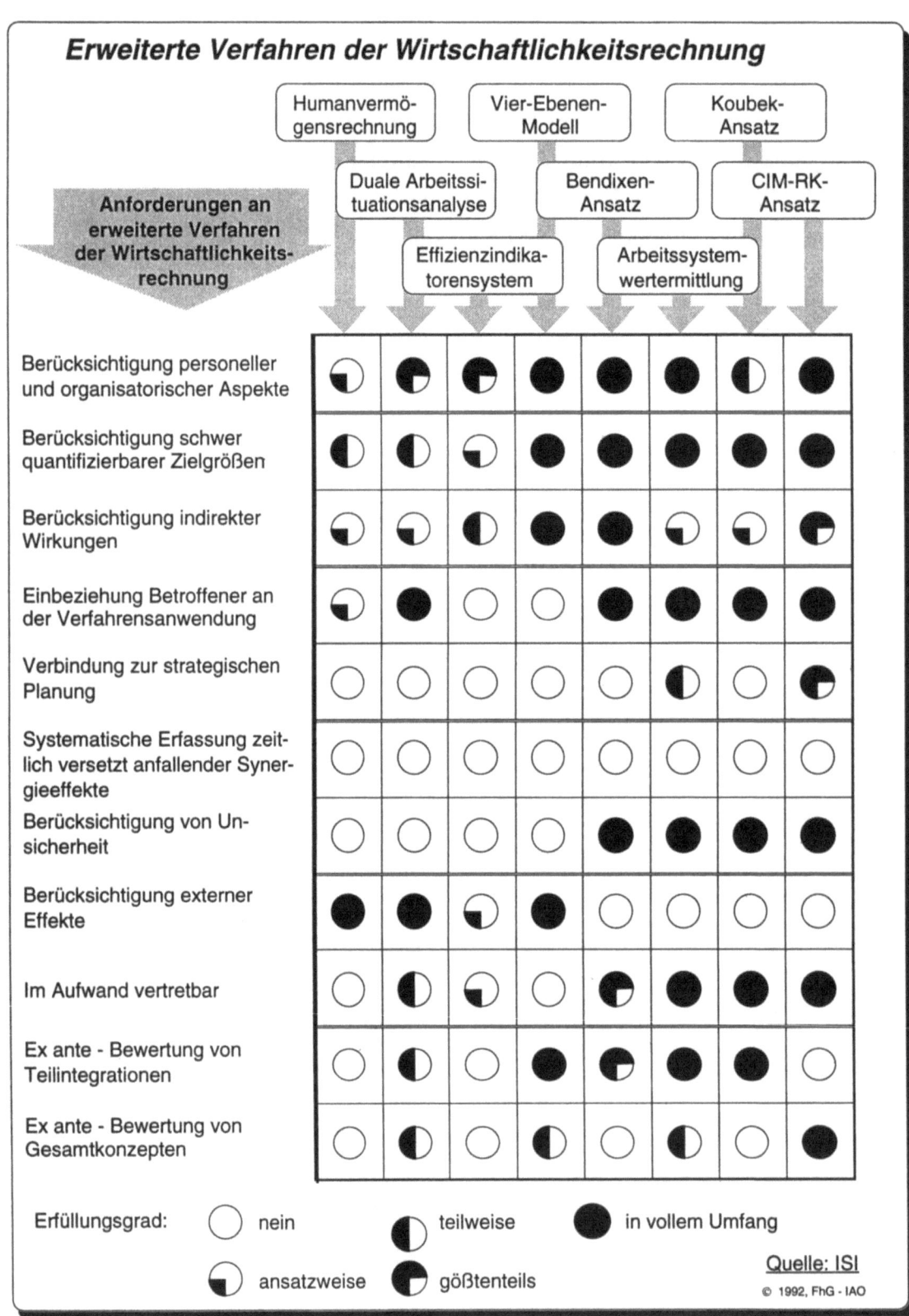

Abb. 4: Erweiterte Verfahren der Wirtschaftlichkeitsrechnung

2 Integrative Wirtschaftlichkeitsbetrachtung am Fallbeispiel

Das vom Bundesministerium für Forschung und Technologie geförderte Vorhaben der Firma Alcatel kabelmetal electro GmbH in Nürnberg (KE) mit dem Titel "Gestaltung einer flexiblen Montage für biegeschlaffe Teile unter Berücksichtigung spezifischer Fähigkeiten und Bedürfnisse unterschiedlicher Personengruppen" wurde im Rahmen des Verbundprojekts Montage von der Projektträgerschaft Arbeit und Technik im Forschungsschwerpunkt Fabrikinnovation betreut.

Die Arbeiten wurden von den wissenschaftlichen Forschungseinrichtungen Fraunhofer-Institut für Arbeitswirtschaft und Organisation (IAO), Stuttgart und Gesamthochschule Kassel (GhK), Fachbereich Übertragungstechnik im Unterauftrag begleitet.

2.1 Ausgangssituation und Problembeschreibung

Die Firma fungiert als Zulieferant eines Lenkradherstellers und stellt eine Komponente des Sicherheitssystems Airbag her. Die sogenannte Wickelbandkassette gewährleistet die ständige, unabhängig von der Lenkradstellung, galvanisch geschlossene Signalübertragung vom Signalgeber zur Treibladung. Sie befindet sich in der Lenksäule des Autos.

Im Ausgangszustand des Vorhabens wird die Produktkomponente in klassisch verrichtungsorientierter Fertigung und Montage in einem Laborbereich von angelernten Frauen an Einzelarbeitsplätzen höchst arbeitsteilig in Kleinserien hergestellt.

Die produktbezogenen Anforderungen einer Sicherheitsbaugruppe, die abzusehende Entwicklung des Marktes mit enormen Stückzahlsteigerungen bei gleichzeitiger Typenvielfalt und die ablauforganisatorische Situation als Zulieferer des Zulieferers, die zu kostengünstiger Herstellung und zuverlässiger Lieferung zwingt, waren Anlaß für eine grundlegende Neustrukturierung der Montage unter Berücksichtigung mitarbeiterorientierter Zielsetzungen.

2.2 Besonderheiten des Vorhabens

Grob zusammengefaßt lassen sich die Besonderheiten des Vorhabens den vier Bereichen Produkt, Organisation, Personal und Planung zuordnen.

Produktbezogene Besonderheiten

Die Wickelbandcassette als Komponente des Airbagsystems erfordert in ihrer Eigenschaft als Sicherheitsbauteil einige besondere Aspekte, die sich in der Art der Projektbearbeitung niederschlagen. So wird insbesondere dem Qualitätsaspekt in bezug auf Funktionsgewährleistung einerseits aber auch in bezug auf die Rückverfolgbarkeit von Fehlern andererseits ein hoher Stellenwert eingeräumt. Schon zu Beginn des Vorhabens weist dieser Punkt auf die Erhöhung der Fertigungssicherheit in Form von automatisierten (nachvollziehbaren) Fertigungs- und Montageschritten aber auch auf die erforderlichen Qualifizierungsmaßnahmen zur Erhöhung des Qualitätsbewußtseins hin.

Ein weiterer Punkt zielt auf die Beherrschung der Fertigungstechnik, die aufgrund der produktseitigen Voraussetzungen mit Problemen der Bearbeitung und Handhabung von biegeschlaffen Elementen außergewöhnliche technische Lösungen erforderlich macht.

Schließlich erfordert die Marktsituation, die sich durch einen enormen Druck auf die Preise und zunehmende Typen- und Variantenvielfalt bei gleichzeitiger Verkürzung der Produktlebenszyklen auszeichnet, eine marktpreisorientierte und flexible Herstellung der Produkte.

Organisatorische Besonderheiten

Als letztes Glied in der Zulieferkette wird der Komponentenhersteller in stärkerem Maße von dynamischen Rahmenbedingungen, wie z.B. Abrufmenge oder Liefertermin, getroffen, als der Zulieferer selbst. Dieser Fakt zwingt zu kürzester Durchlaufzeit und flexibler Anpassung an Mengenleistung und Typenwunsch.

Hinzu kommen Abhängigkeiten vom Kunden insofern, daß für die eigene Herstellung Einzelteile benötigt werden, die der Kunde in Eigenfertigung produziert und bereitstellt. Fehlmengen, Qualitätsmängel und Falschlieferungen erfordern eine ausgeklügelte Logistik mit Notfallstrategien.

Die Einführung eines unternehmensweiten PPS-Systems zwingt den Produktbereich einerseits zu Kompromissen, die sich aufgrund einer zentralen Abwicklung der verschiedenen Anforderungen aus den anderen Produktbereichen ergeben, und andererseits zu Anpassungen an die ablauforganisatorischen Restriktionen, die sich aufgrund der Systemeigenschaften ergeben.

Personelle Besonderheiten

Da die Montagearbeit überwiegend von weiblichen Mitarbeiterinnen durchgeführt wird, sollte der Gestaltung des Montagebereichs nach frauenspezifischen Anforderungen besonderes Augenmerk gegeben werden.

Im Hinblick auf die generelle Zunahme von leistungsgewandelten Mitarbeiten inner- und außerhalb des Unternehmens soll ein Aspekt der Projektbearbeitung auf die Bedürfnisberücksichtigung dieser spezifischen Mitarbeitergruppe gerichtet werden.

Planungsbezogene Besonderheiten

Die o.g. Besonderheiten stellen die betrieblichen Planer vor eine umfassende, nicht alltägliche Planungsaufgabe, die allein (betriebsbezogen) kaum bewältigbar ist. Der bislang übliche Usus Planungsarbeiten neben dem Tagesgeschäft und von i.d.R. Betriebsmittelplanern durchführen zu lassen, kann hier nicht zum Erfolg führen. Eine teamorientierte, ganzheitliche, konzeptionsbetonte und interdisziplinäre Planungsvorgehensweise stellt für die Beteiligten ein Novum dar.

Die Beteiligung betriebsexterner Planer und Moderatoren sowie die Einbeziehung der Betroffenen in den Planungsprozeß können ebenfalls als Ausnahme von der Regel bezeichnet werden. Der Bereitschaft zur Kooperation und Kommunikation wird somit hohen Stellenwert beigemessen.

3 Projektorganisation

Da es sich um ein größeres Planungsprojekt handelte, wurde eine hierarchisch dreistufige Projektaufbauorganisation gewählt. Unterhalb der Projektleitung, die sich aus dem formalen Projektleiter, der in diesem Falle der Leiter der Produktgruppe "Spezialleitungssysteme" des Nürnberger Werkes ist, dem fachlichen Projektleiter (Leiter der Entwicklungsabteilung) und den Projektleitern der wissenschaftlichen Begleitforschungsinstitutionen zusammensetzte, wurde ein sogenannter Lenkungsausschuß und darunter einzelne Bearbeitungsteams für spezifische Schwerpunktthemen installiert (Abb. 6). Die Aufgabe des Lenkungsausschusses bestand im wesentlichen in der Koordination der Gesamtaktivitäten, dem gegenseitigen Wissenstransfer und gemeinschaftlichen Arbeiten zur Diskussion und Bewertung der Planungsergebnisse.

Die Aufbauorganisation im Vorhaben war das Ergebnis einer systematischen Vorgehensweise: Auf der Basis des gemeinschaftlich entwickelten Zielsystems kristallisierten sich die sechs Schwerpunktthemen als Folge einer Verdichtung und Vorsortierung der zu behandelnden Probleme aus dem Ist-Zustand und den zukünftig anzustrebenden Zielen im Projekt heraus. Dieser Prozeß der Teambildung mit inhaltlichen Schwerpunkten wurde gemeinsam in einer Formierungssitzung unter Beteiligung aller relevanten Funktionsbereiche durchgeführt.

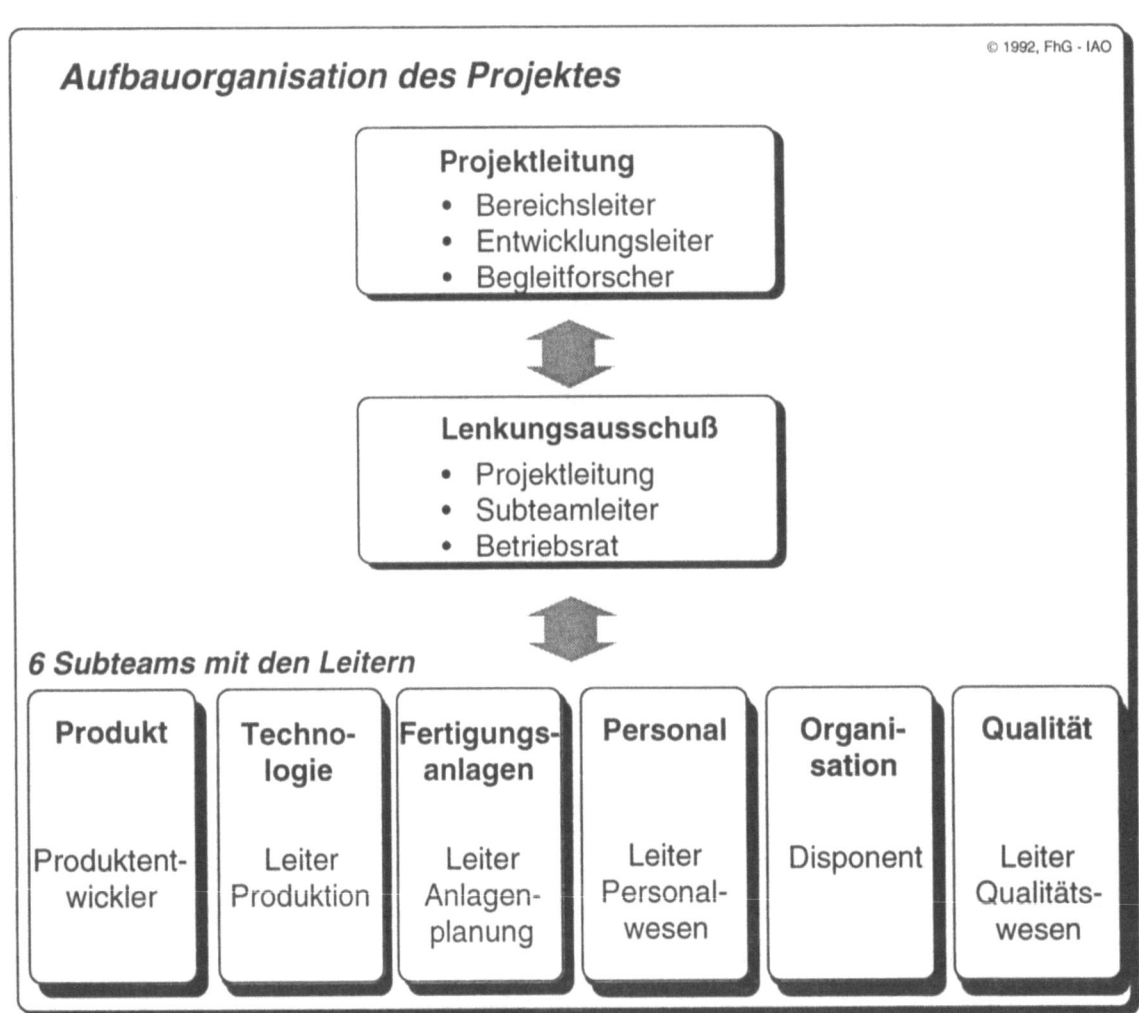

Abb. 5: Aufbauorganisation des Projekts

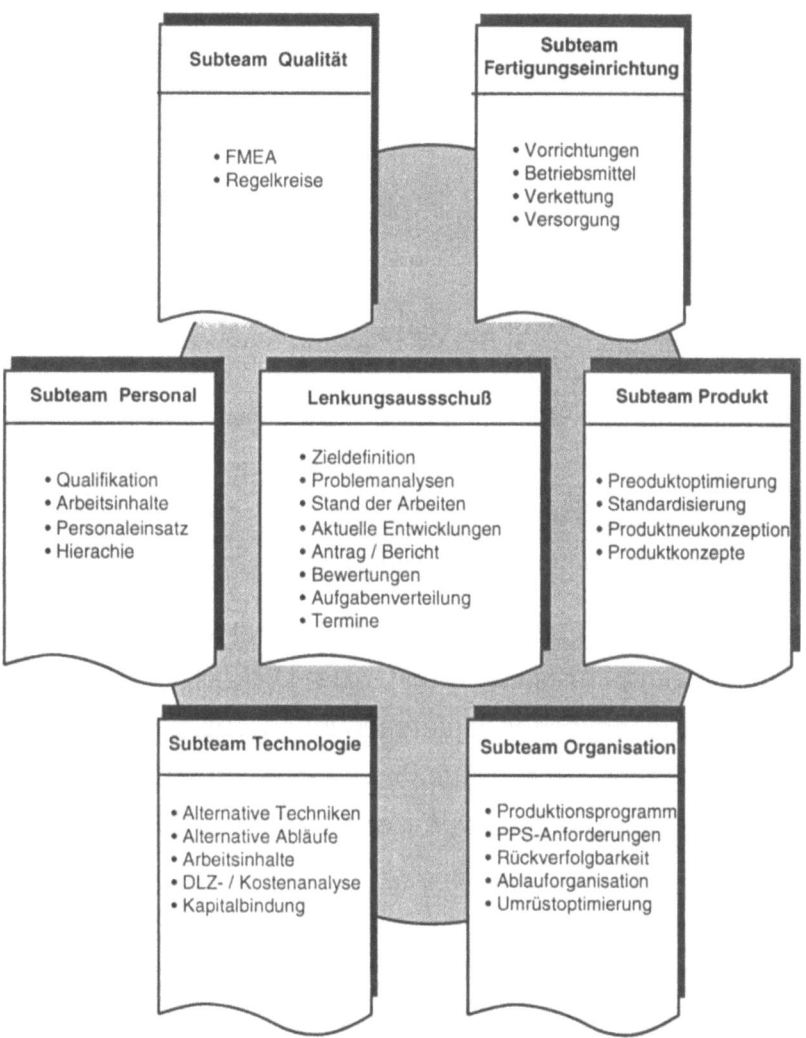

Abb. 6: Inhaltliche Schwerpunkte der Sub-Teams (Analyse-Phase)

Die weitere Vorgehensweise war so angelegt, daß die jeweiligen Sub-Teamleiter, die durch den Projektleiter eingesetzt wurden, eine Gruppe bestehend aus Vertretern der tangierten Funktionsbereiche führten. Die zu bearbeitenden Themen wurden aus dem sogenannten Kernteam (Lenkungsausschuß und Sub-Teamleiter) vorgegeben. Zur Bearbeitung konnten die Sub-Teamleiter auch die Hilfe des Lenkungsausschusses oder Spezialisten aus anderen Unternehmensbereichen bzw. Externe heranziehen. In jedem Falle wurden alle Ergebnisse und aktuelle Zwischenstände auf der Lenkungsausschußsitzung von den jeweiligen Sub-Teamleitern vorgetragen. Damit sollte gewährleistet werden, daß alle Beteiligten den aktuellen Bearbeitungsstand kannten, die Ergebnisse aus anderen Sub-Teams in den eigenen Aufgaben Berücksichtigung finden konnten, Anregungen aus den verschiedenen Fachdisziplinen gegeben und Entscheidungen gemeinschaftlich diskutiert und konsensual getroffen werden konnten. Der damit vorprogrammierte Zeitaufwand für die Lenkungsausschußsitzung von jeweils etwa einem Tag, wurde nach Meinung der Teammitglieder durch die friktionsfreie und klare Vorgehensweise wett gemacht.

2.4 Beteiligung

Der ganzheitliche Ansatz des Vorhabens implizierte eine interdisziplinäre Zusammensetzung des Planungsteams zum einen und eine durch die Hierarchiestufen hindurch reichende Beteiligung der verschiedenen Funktionen und Betroffenen zum anderen. Dies drückt sich durch die Zusammensetzung der Sub-Teams aus, aber auch an der Art der Durchführung von Analysen und Befragungen und in der Bereitschaft des Unternehmens sich an überbetrieblichen Arbeitskreisen zu beteiligen.

Besonders hervorzuheben neben den "üblichen" Beteiligungsaspekten, ist die rege Mitarbeit des Werksarztes im Sub-Team Personal, der sich z.B. sehr dafür einsetzte, daß die Resultate der ergonomischen Untersuchungen aus dem Ist-Zustand zur Verbesserung der momentanen Arbeitssituation direkt umgesetzt und andererseits auch als prospektive Gestaltungshinweise für das zukünftige Montagesystem verwendet werden.

In diesem Zusammenhang is auch die durchgängige Beteiligung des Betriebsrats an den Analyse- und Planungsarbeiten zu erwähnen. Hier konnten erstmalig insbesondere im Bereich der Entwicklung von Qualifizierungsbausteinen bereits im Vorfeld der Planung die Bedürfnisse und Voraussetzungen der betroffenen Mitarbeiter auch durch deren Interessensvertreter in die Konzepte und später in die Umsetzung einfließen. Grundsätzlich war der Betriebsrat auch Mitglied des Lenkungsausschusses.

Die Betroffenen selbst wurden im wesentlichen während der Analysephase stark herangezogen, um das Vorort-Wissen und Anregungen zur Verbesserung aufnehmen und in die Neukonzepte einfließen lassen zu können. In späteren Phasen des Vorhabens drückte sich die mitarbeiterorientierte Vorgehensweise durch das breit angelegte Qualifizierungsprogramm, das über die Belange des direkten Arbeitsplatzes hinaus weit in die allgemeine Produktfunktion, über die betriebsorganisatorischen Abläufe bis hin zu qualitätsrelevanten Aspekten des Arbeitsablaufs im gesamten Montagefeld reichten.

3 Konzeptionsphase

Im Laufe der Projektarbeiten wurde erkannt, daß die bislang übliche Vorgehensweise der Fertigungsplanung, basierend auf einem bestehenden und im Detail bekannten Produkt ein geeignetes Montagesystem zu planen und auszuwählen, nicht mehr möglich war. Die Gründe hierfür sind die zunehmenden Änderungen während der Produktentwicklungsphase und der damit verbleibende geringe zeitliche Spielraum für die Montagesystemplanung, wenn man gleichzeitig berücksichtigt, daß die Beschaffungs- und Einführungsphase in einer Größenordnung von ca. einem Jahr liegt.

Die entscheidende Erkenntnis und damit die wesentlichste Forderung an die Systemplanung war somit eine Montagesystemtechnik zu planen, die weitgehend unabhängig von spezifischen Eigenschaften des zu fertigenden Produkts sein sollte, damit bereits parallel zum Produktentwicklungsprozeß Systemplanung einsetzen konnte und demzufolge Angebots- und Beschaffungsaktivitäten deutlich früher als bisher eingeleitet werden können. Daraus ergaben sich eine Reihe von Detailanforderungen an das technische System, die sich natürlich an groben Vorgaben für zukünftige Produkteigenschaften festmachten. Diese Produkteigenschaften wurden insofern "festgelegt", als für zwei fiktive, vom Montageprozeß sehr unterschiedliche Produkt-Typen eine Grobplanung des Arbeitssystems vorgenommen wurde. Damit sollte der Rahmen, in dem sich die realen Produkte der nahen Zukunft bewegen, aufgespannt werden.

Als wesentlich für die Arbeit der Systemplaner stellte sich somit dar, daß alle Produkte mit diesen Eigenschaften grob zwischen diesen zwei Extremtypen zu verorten sind und daß sich daraus die Flexibilitätsspanne bzgl. Typenvielfalt für das zukünftige Montagesystem ergab.

Ein grober Ablaufplan für weitere Themen soll die Vorgehensweise beleuchten:

- Festlegung der Arbeitsschritte und -folge für die Fiktiv-Produkte
- Ermittlung; Schätzung und Festlegung von Basisdaten (Stückzahl, Vorgabezeiten, ...)
- Ermittlung des Kapazitätsbedarfs (manuelle/automatische Stationen)
- Darstellung von Grob-Layout-Alternativen
- Favorisierung einer Alternativen nach Nutzwerterwägungen
- Überprüfung der Wirtschaftlichkeit

- Anwendung der Simulation (Dynamische Optimierung)
- Konkrete Systemauswahl.

Aus dieser Vorgehensweise wird ersichtlich, daß zwischen der Erarbeitung der Dimensionierungsgrundlagen und der zugehörigen Verknüpfung mit der Wirtschaftlichkeitsbetrachtung die Grob-Layout-Erstellung und -Auswahl stattfindet. Da es sich zu diesem Zeitpunkt um Strukturalternativen handelte, die jeweils die gleiche Stationsanzahl besaßen, war diese Vorgehensweise sinnvoll. Der eigentliche Wirtschaftlichkeitsnachweis wird dann über eine Kostenvergleichsrechnung zwischen manuellem und teilautomatisiertem Arbeitssystem, die in einer erweiterten Amortisationsrechnung mündet erbracht.

3.1 Alternative Groblayouts

Eine erfahrungsgeleitete Beschreibung von abstrahierten Montagesystemtypen wurde vorgenommen, um zu überprüfen, inwieweit sich arbeitswissenschaftliche Forderungen in solchen Systemen umsetzen lassen.

Die vorgelagerten Analyseschritte und die zu erwartenden Anforderungen in der Zukunft spiegeln sich in den Anforderungsprofilen aus mitarbeiterorientierter und technisch-organisatorischer Sicht wider. Auf der Grundlage dieser beiden Anforderungsprofile und den erforderlichen Arbeitsschritten wurden prinzipielle Montagesystemkonfigurationen entwickelt, die den Anforderungen in unterschiedlicher Weise gerecht werden. Auf der Basis der Groblayouts wurde eine Bewertung nach einem im Zielsystem festgelegten Anforderungskatalog durchgeführt und das daraus favorisierte Montageablaufprinzip weiterverfolgt.

Personenbezogenes Montagesystem-Anforderungsprofil

Aus den Ergebnissen des Analyse-Subteams "Personal" (Abb. 7) wurde ein Anforderungskatalog zusammengestellt, der sowohl die Mißstände der Ist-Situation als auch die Erkenntnisse und Erfahrungen der Arbeitswissenschaftler hinsichtlich Arbeitssystemgestaltung zum Ausdruck brachte. Basis waren die Auswertungen der Mitarbeiterbefragung der im Montagesystem des Ausgangszustands tätigen Mitarbeiter und die objektiven Analyseergebnisse, die auf der Grundlage standardisierter Instrumente wie AET (Arbeitswissenschaftlisches Erhebungsinstrument zur Tätigkeitsanalyse) und TBS (Tätigkeitsbewertungssystem) erarbeitet wurden.

Projektziele Subteam Personal		1	2	3	4	5	6	7	8	9	10	Σ	Rang
1.	Menschengerechte Gestaltung von Arbeitsmitteln, Arbeitsabläufen und Arbeitsumgebung	■	2	1	2	1	1	2	2	1	1	13	1
2.	Behindertenintegration	0	■	1	0	0	1	0	1	0	1	4	10
3.	Qualifizierung der Mitarbeiter und Erhaltung erworbener Qualifikationen	1	2	■	2	1	1	1	1	1	0	10	2
4.	Verbesserung der Personalführung und des Betriebsklimas	1	2	1	■	0	1	0	1	0	1	7	4
5.	Erweiterung der Tätigkeitsfelder und des Handlungsspielraumes für Mitarbeiter	1	1	1	2	■	1	1	1	1	0	9	3
6.	Lohndifferenzierung nach Anforderung und Leistung	0	0	1	1	1	■	1	0	1	1	5	7
7.	Differenzierte Arbeitszeitmodelle	0	1	0	1	0	1	■	0	1	0	4	8
8.	Qualifizierte Personalauswahl	0	1	0	1	0	1	0	■	1	0	4	9
9.	Behandlung frauenspezifischer Probleme	1	0	1	0	2	2	1	0	■	0	7	5
10.	Höhere Zufriedenheit und Effizienz der Mitarbeiter	0	0	0	1	1	1	1	1	1	■	6	6

Abb. 7: Gewichtung der personalorientierten Projektziele

Bewertung von Struktur-Layout-Alternativen

Wie personenbezogene Anforderungen bereits in der Phase der Erstellung von Strukturalternativen berücksichtigt werden können, verdeutlicht Abbildung 8 am Beispiel eines auf der Basis von Werkstückträgern verketteten Montagesystems mit zentralem Umlaufpuffer sowie manuellen und automatischen Arbeitsstationen, die im Nebenschluß angeordnet sind. Wesentliche arbeitswissenschaftliche Aspekte, die durch die Systemtechnik erfüllt werden, wurden herausgestellt. Das Ergebnis dieser Betrachtungen wies aus, daß mit Montage-Systemen dieser Art prinzipiell sowohl die technischen als auch die personenbezogenen Anforderungen erfüllt werden können. Insgesamt wurden acht Strukturalternativen erstellt. Sie unterscheiden sich durch das Verkettungsprinzip, den Entkopplungsgrad, den Mitarbeitereinsatz u.a.

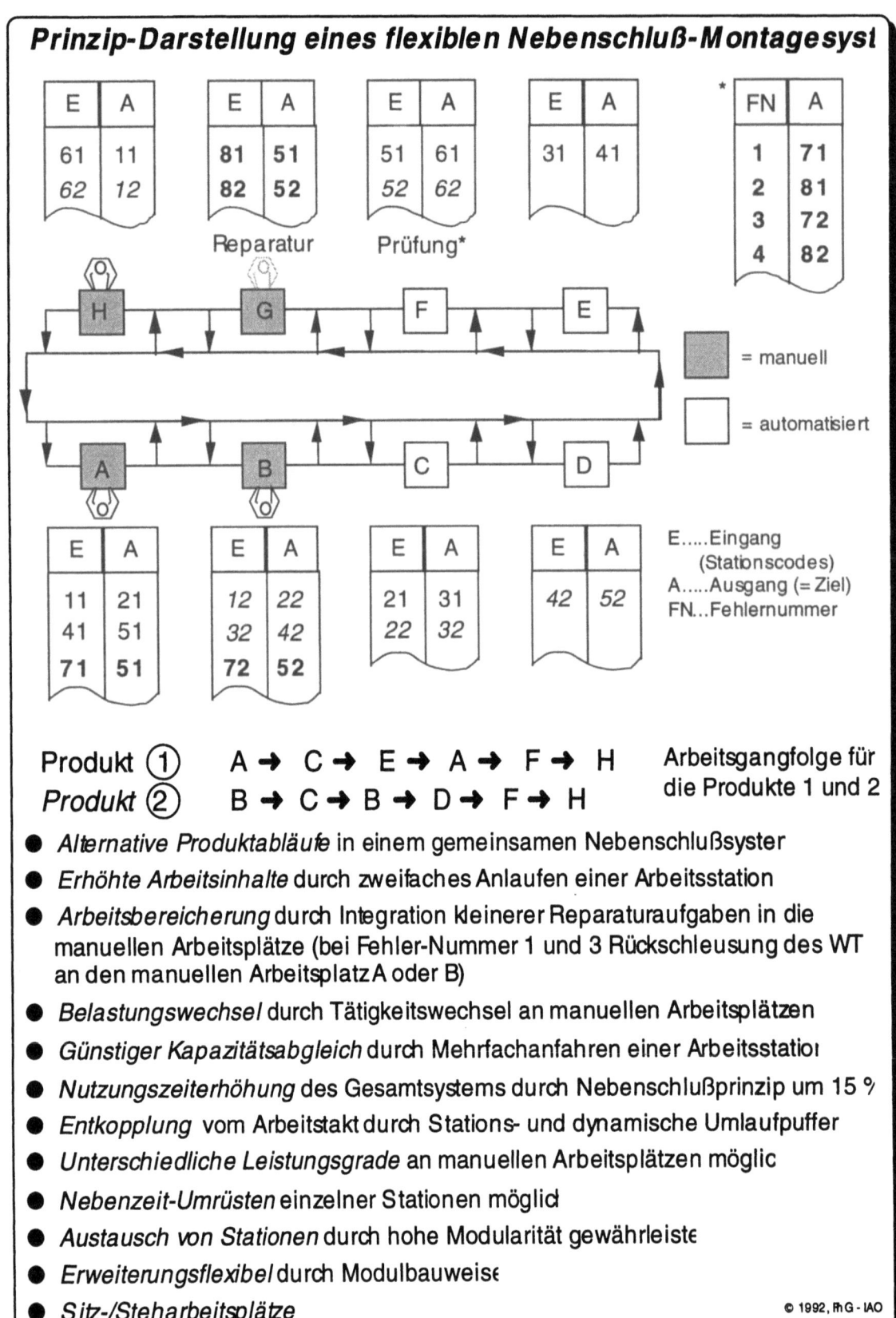

Abb. 8: Prinzip-Darstellung eines flexiblen Nebenschluß-Montagesystems

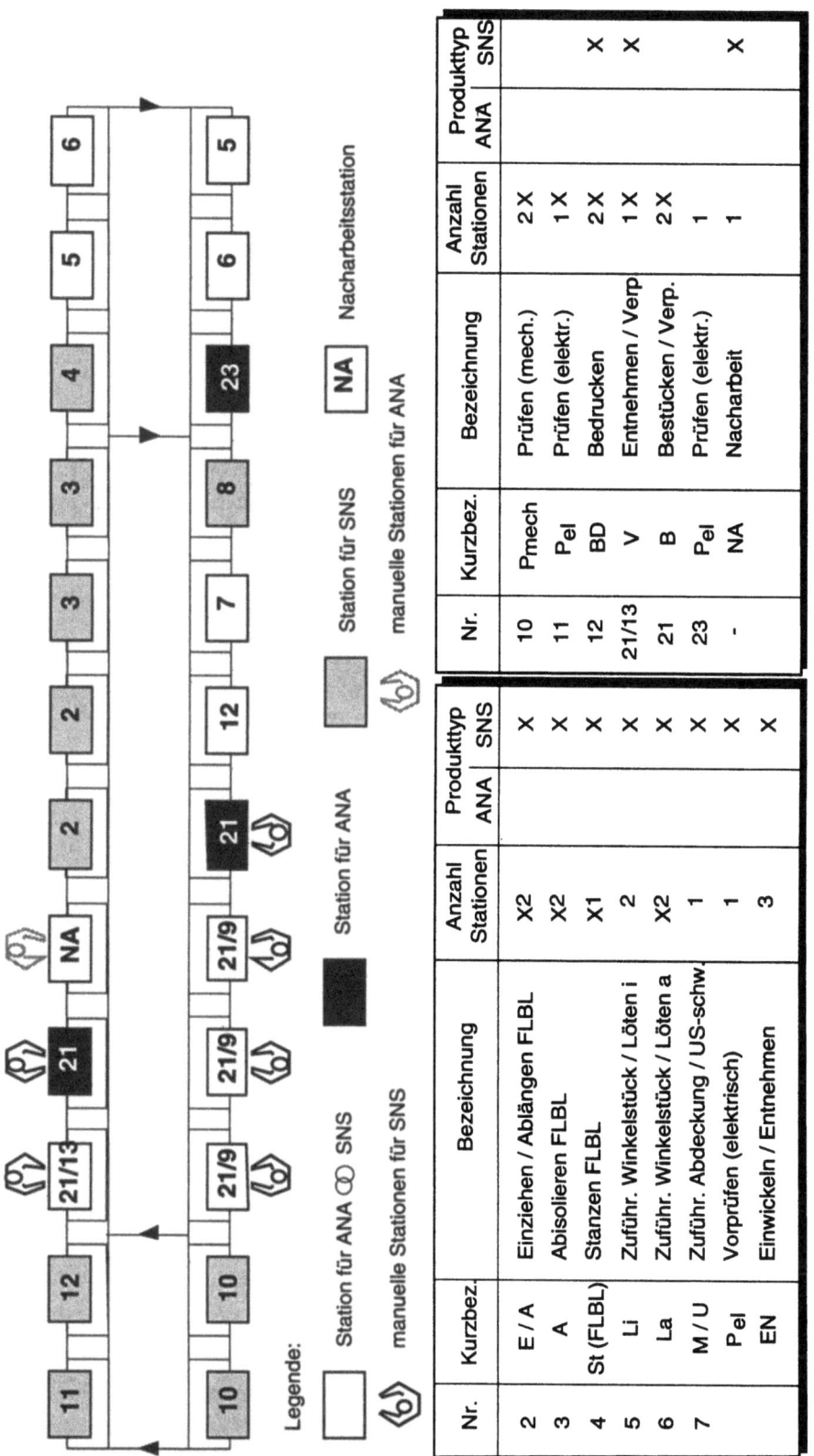

Abb. 9: Groblayout der optimalen Strukturalternative

Abb. 10: Realisiertes Layout (Seite 190)

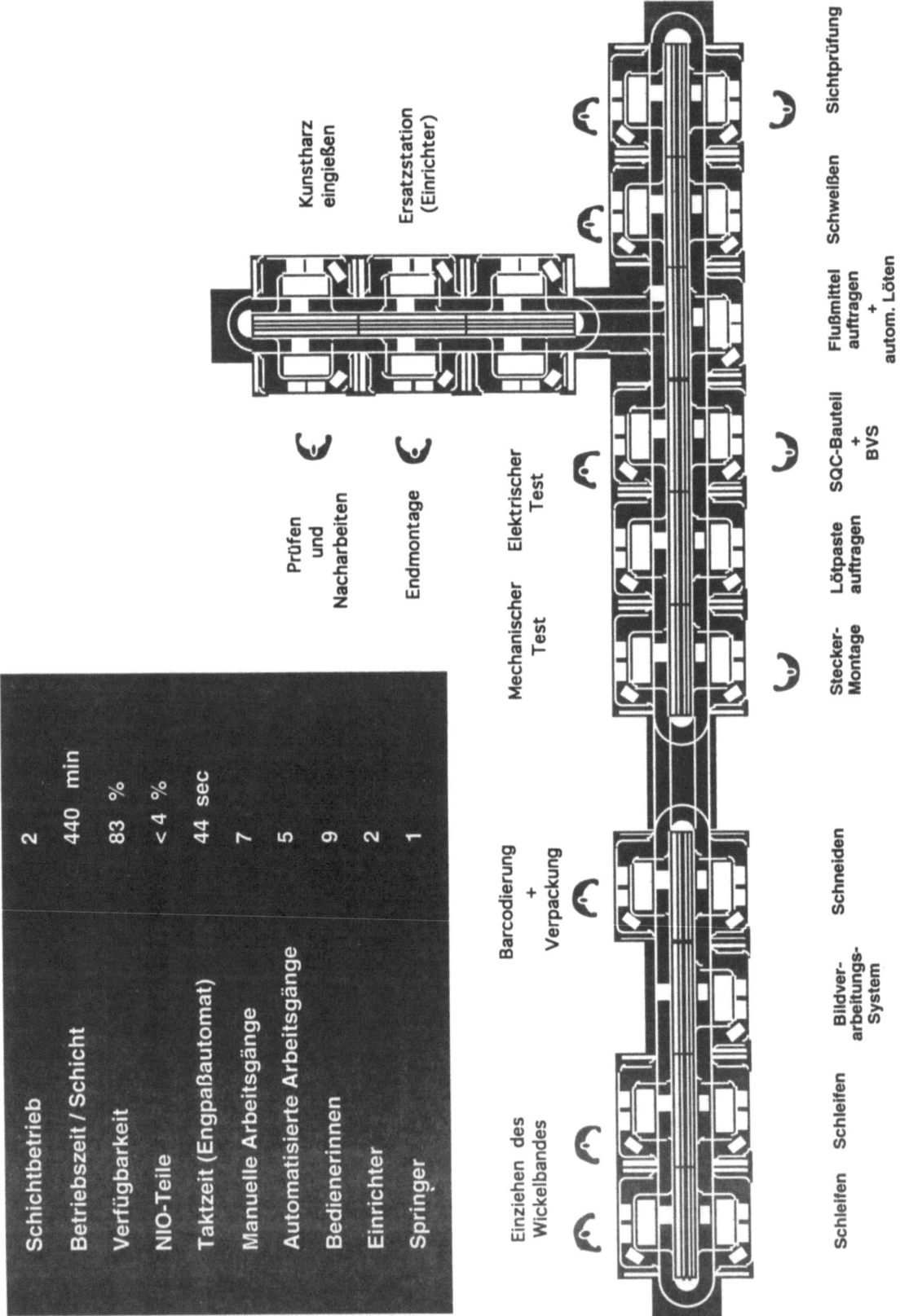

Mit Hilfe einer Nutzwertbetrachtung wurde aus den Strukturalternativen die nach arbeitswissenschaftlichen und technisch-ökonomischen Aspekten optimale Alternative abgeleitet. Für die fiktiven Produkte wurde eine Grobdimensionierung durchgeführt und ein Layout erarbeitet, wie in Abbildung 5 dargestellt.

3.2 Wirtschaftlichkeitsbetrachtungen

Da zum Zeitpunkt der Systemkonzeption noch nicht eindeutig festlag, welche(s) Produkt(e) darauf montiert werden sollte(n), war es erforderlich, ein flexibel an die sich im Laufe der Konkretisierungsphase ergebenden Parameter anpaßbares Bewertungsinstrument zu schaffen. Damit war klar, daß sowohl die Dimensionierungs- als auch die Investitionsfrage in diesem Instrument Berücksichtigung finden mußten. Diese grundsätzliche Überlegung führte dazu, daß auf der Basis des Tabellenkalkulationsprogramms EXCEL von MICROSOFT ein Tabellenwerk geschaffen wurde, das im wesentlichen die in Abb. 11 dargestellte Struktur aufweist.

Als (erste) Eingangsdaten wurden Angaben über die erwartete Leistung des Systems ("Basisdaten") und systemspezifische Daten für zwei Alternativsysteme ("manuell" und "automatisch") verwendet. Bei der Aufstellung dieser Basisdaten wurden Aspekte berücksichtigt, die bei der "klassischen" Betrachtung nicht in Erwägung gezogen werden. Daher war die Aufstellung mit ca. 50 erfaßten Einzeldaten umfangreicher als gewöhnlich.

Die folgenden Faktoren wurden in die Berechnung der Wirtschaftlichkeit einbezogen:

- Personalkosten (direkt und indirekt)
- Personalmehraufwände (Krankheit und Urlaub)
- Qualitätskosten (Ausschuß und Nacharbeit)
- Kapitalbindungskosten (Durchlaufzeitverkürzung)
- Fluktuationskosten (Leistungsminderung in der Einarbeitungsphase)
- Flexibilitätseffekte
- Nutzwerteffekte.

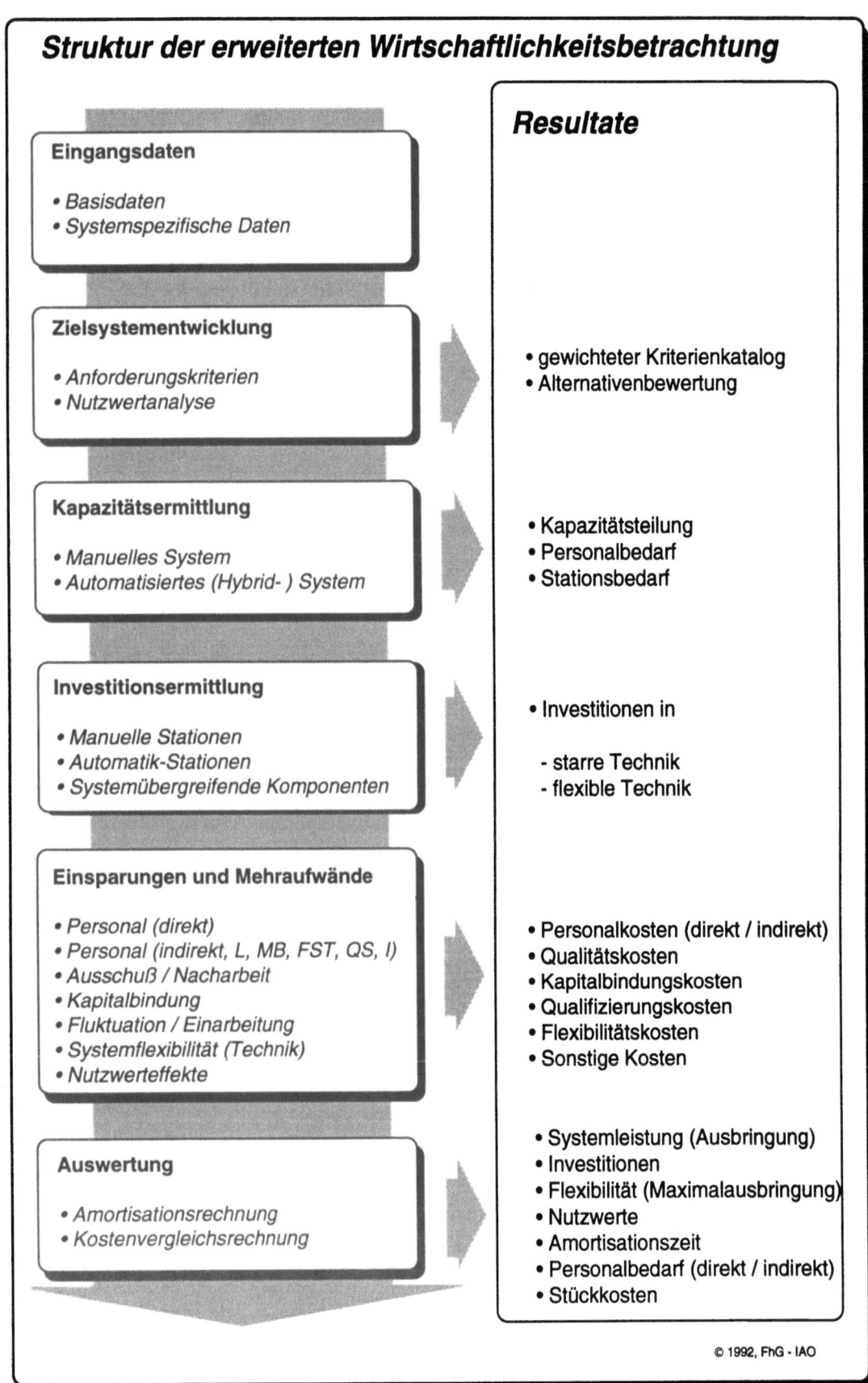

Abb. 11: Struktur der erweiterten Wirtschaftlichkeitsbetrachtung

Die Personalkosten ergeben sich aus der Dimensionierung des Arbeitssystems unter Berücksichtigung zusätzlicher Zeiten für Umrüsttätigkeiten. Während im manuellen System mehr direkt tätige Mitarbeiter beschäftigt sind und damit auch entsprechend mehr Personal für Vertretung vorgehalten werden muß, muß im teilautomatisierten System ein gewisser Mehraufwand an indirektem Personal für Störungsbeseitigung und Instandhaltungsaufwand eingeplant werden.

Die Personalmehraufwände berücksichtigen Zusatzkosten, die bisher nicht direkt einzelnen Systemen zugeordnet, sondern über Gemeinkostenzuschläge verrechnet werden. Urlaubsgelder und Urlaubsvertretungen, die nach arbeitswissenschaftlichen Aspekten ausgelegten Stationen verringern gesundheitliche Beeinträchtigungen, und reduzieren damit die Kosten für Krankheitstage und medizinische Fürsorge.

Die Qualitätskosten hängen eng mit Ausschuß und Nacharbeit zusammen. Diese gehen aufgrund der erhöhten Wiederholgenauigkeit bei automatisierter Montage zunächst in den automatisierten Teilbereichen zurück. An Arbeitsplätzen, die menschengerecht gestaltet wurden ist zudem die Arbeitsbelastung bei gleicher Leistung geringer, was zu verbesserter Aufmerksamkeit und damit zu geringeren Fehlerquoten führt. Die Qualitätskosten nehmen daher beim Einsatz eines flexiblen Montagesystems ab.

Ein verkettetes automatisiertes System verringert die Liegezeiten für Halbfertigteile und damit die Durchlaufzeiten im Vergleich zum Manuellsystem. Die Verringerung der Durchlaufzeiten kann über den Produktwert in eine Verringerung der Kapitalbindung im Umlaufbestand umgerechnet werden. Somit werden bei automatisierten Systemen Kapitalbindungskosten eingespart.

Als Basis für die Berechnung wurde angenommen, daß die Liegezeit pro Arbeitsgang im manuellen System im Durchschnitt ein Arbeitstag beträgt. Im Fallbeispiel waren die erzielbaren Einsparungen jedoch vergleichsweise niedrig, weil der Produktendwert insgesamt gering war.

Die Personalfluktuation im System verursacht Einlern-, Nacharbeits- und Ausschußkosten. Ihre absolute Größe hängt von der Anzahl der Personen im Arbeitssystem und der Arbeitszufriedenheit ab. Richtig angepaßte automatisierte Montagesysteme verringern zum einen die Gesamtpersonenzahl im System und erhöhen zum anderen die Arbeitszufriedenheit, was sich in einer insgesamt niedrigeren Fluktuationsrate niederschlägt. Damit sinken auch die Fluktuationskosten.

Die Kostenermittlung basiert auf den Kennzahlen der Vergangenheit, einer Einschätzung der Verbesserung durch das Planungsteam und der absoluten Verbesserung durch die veränderte Personalbesetzung.

Nutzeneffekte drücken den nichtquantifizierbaren Nutzen des flexibel automatisierten Montagesystems aus. Der Know-How-Gewinn beim Einsatz eines flexiblen Systems ist z.B. nicht quantifizierbar. Ebensowenig Arbeitsschutzmaßnahmen, die zu weniger oder keinen Personalausfällen führen oder auch ein aufgrund geringerer Arbeitsbelastung verringerter Krankenstand. Derartige Zusatznutzen können lediglich abgeschätzt werden.

Zur Ermittlung des nichtquantifizierbaren Nutzens werden die aus der Nutzenanalyse gewonnenen Erfüllungsgrade mit den in der Zielsystementwicklung ermittelten Gewichtungsfaktoren multipliziert. Als Ergebnis erhält man gewichtete Erfüllungsfaktoren einer Alternative bezüglich der Einzelkriterien, die als "Teilnutzen" bezeichnet werden. Addiert man die Teilnutzen, so ergibt sich der Arbeitssystemwert der einzelnen Alternative. Der Arbeitssystemwert drückt die Qualität einer Alternative bezüglich der Erfüllung nichtmonetärer Zielkriterien aus. Somit läßt sich die Optimalalternative am höchsten Arbeitssystemwert erkennen. Das Verhältnis von erreichtem Arbeitssystemwert zum maximal möglichen bringt die Zielerreichung bezüglich des aufgestellten Zielsystems zum Ausdruck.

Die eigentliche Schwierigkeit besteht darin, die erzielten Effekte in ein Verhältnis zu den berechenbaren Einsparungen zu setzen. Tatsächlich werden sich durch die verbesserten Bedingungen Einsparungen ergeben, deren Anteil an den Gesamteinsparungen jedoch nur abschätzbar bleiben kann. Während die klassische Bewertung von alternativen Arbeitssystemen eine Gegenüberstellung von quantifizierbaren und nichtquantifizierbaren Effekten vorsieht, und damit eine gewisse Gleichberechtigung beider Argumente assoziiert, wurde im Planungsteam bewußt auf der Diskussion dieses Verhältnisses bestanden. Das Planungsteam kam überein, daß der Beitrag der Nutzeneffekte zur Gesamteinsparung in einer Größenordnung von 10 % bis 20 % liegen wird, allerdings nur bei maximaler Erfüllung der Zielvorgabe. Die tatsächlich realisierbare Einsparung kann als Produkt aus Zielerreichungsgrad einer Alternative und aus dem geschätzen Anteil der Nutzeneffekte bei 100 %ige Erreichung der Zielvorgabe errechnet werden.

3.3 Dynamische Dimensionierung (Simulation)

Hier war der Punkt erreicht, an dem mit Hilfe der Simulationstechnik überprüft werden konnte, ob das zu realisierende System für die beiden fiktiven Produkte in der Lage ist, die geforderte Systemleistung zu erbringen. Zu diesem Zweck wurde ein Simulationsprogramm zur Anwendung gebracht, das über die Variation der rein technischen Parameter hinaus verschiedene arbeitsorganisatorische Konstellationen abbilden und simulieren kann. Das Ziel dieser Untersuchung war neben dem Nachweis der Funktionsfähigkeit des konzipierten Montagesystems die Überprüfung und Optimierung des statisch ermittelten Kapazitätsbedarfs an Personal und automatischen Arbeitsstationen unter dynamischen Bedingungen.

Nachdem zunächst die technischen Engpässe (simulationstechnisch durch Variation der Parameter Stationsanzahl, Stationsanordnung und Werkstückträgeranzahl) beseitigt wurden, erfolgte eine Systemoptimierung nach arbeitsorganisatorischen, in diesem Falle personaleinsatzorientierten Gesichtspunkten. Zugrundegelegt wurden unterschiedliche Aufgabenzuschnitte für die im Arbeitssystem eingeplanten Mitarbeiter. So wurde z.B. variiert bezüglich der Beherrschung mehrerer Tätigkeiten, bestimmter Zuständigkeiten für Störungsbeseitigung an Automatikstationen, versetzten Pausen etc. (Abbildungen 12 - 14).

Zielsetzung der Simulation

- Überprüfung der statischen Rechnung zur Systemdimensionierung anhand der geforderten Ausbringungsrate

- Nachweis der Funktionsfähigkeit des Arbeitssystems

- Ermittlung und Beseitigung möglicher Schwachstellen und Engpässe im geplanten Arbeitssystem

- Festlegung der
    - benötigten Personalkapazität
    - Arbeitszeit- und Pausenregelungen
    - Betriebsmittelanordnung

- Darstellung der Anforderungen und Belastungen der Mitarbeiter

© 1992, FhG - IAO

Abb. 12: Zielsetzung der Simulation

Simulationsdurchläufe A - H

Bezeichnung	Anzahl Bestücker	Anzahl Entnehmer	Anzahl Werkstückträger	Bemerkungen	Ausbringung	Abweichung von der geplanten Ausbringung (2500)
A	2	1	120	Prüfung der statischen Berechnung	1976	-20,9 %
B	2	2	120	Beseitigung von personellen Engpässe	2288	-8,4 %
C	3	1	120	Alle Mitarbeiter sind gleichzeitig Systembetreuer*	2102	-15,7 %
D	3	1	120	Nur Bestücker sind Systembetreuer	2338	-6,4 %
E	3	1	120	wie D +1 Springer **	2404	-3,3 %
F	3	1	100	wie E, aber reduzierte WT-Anzahl	2298	-8,1 %
G	3	1	140	wie E, aber erhöhte WT-Anzahl	2370	-5,2 %
H	3	1	120	wie E, aber versetzte Pausen	2466	-0,5 %

* Systembetreuer beherrscht Automatenüberwachung und Störungsbeseitigung
** Springer beherrscht alle manuellen Tätigkeiten

© 1992, FhG - IAO

Abb. 13: Simulationsdurchläufe

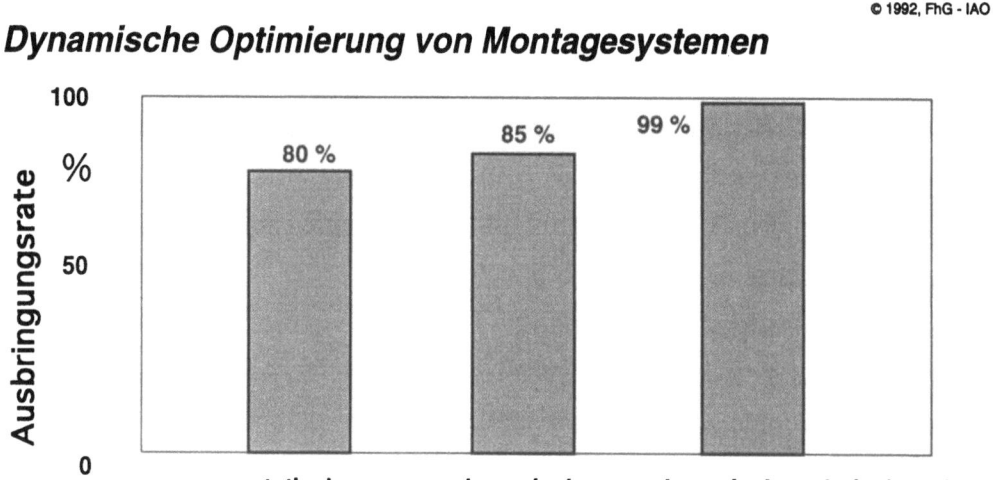

Abb. 14: Dynamische Optimierung des Montagesystems und Simulationsergebnisse

Insgesamt waren acht Simulationsläufe erforderlich, um die geforderten Ausbringungsraten zu erzielen. Gleich im ersten Lauf zeigte sich, daß die statische Auslegung des Montagesystems eine um 20 % niedrigere Ausbringung als geplant erbringt. Auslastungsdiagramme für die einzelnen manuellen und automatisierten Arbeitsstationen wiesen zunächst den Entnahmearbeitsplatz als Engpaßstation aus. Nach Erweiterung des Arbeitssystems um einen zusätzlichen manuellen Arbeitsplatz wurde versucht, durch Veränderung der Zuständigkeiten des im System befindlichen Personals für Störungsbeseitigungsaufgaben eine weitere Ausbringungssteigerung zu erreichen. Dabei wurde vorgesehen, daß bestimmte Personen für bestimmte Automatikstationen als sogenannte Systembetreuer zuständig waren.

3.4 Konkrete Montagesystemauswahl

Zunächst wurden die wesentlichen technischen und personenbezogenen Anforderungen, die von der einzusetzenden Systemtechnik erfüllt werden sollten, in Form eines groben Pflichtenhefts zusammengestellt. Diese Anforderungen orientieren sich in bezug auf die technischen Merkmale wiederum an den Forderungen des Projekts aus analysebegründeten und strategischen Überlegungen.

Die grundsätzlichen Anforderungen aus den verschiedenen Subteams lassen sich stichpunktartig wie folgt zusammenfassen:

- Kurze Regelkreise (Nacharbeit, Maschinenparameter) -> Verkettung
- Traceability -> Produktindividuelle Kennzeichnung/Verkettung
- Personalorientierte Aspekte -> Entkoppelte Stationen
- Nutzungsaspekte (Stationsstörungen) -> Entkoppelte Stationen, Bypass
- Individuelle Leistungsabgabe -> Entkoppelte manuelle Stationen
- Produktänderungsdynamik -> Flexibler Stationsaufbau
- Produktvielfalt und -menge -> Modularer Systemaufbau
- Einarbeitung im Systembetrieb -> Überdimensionierung (Manuell-Stationen)
- Minimale Umrüstzeiten -> schneller (modularer) Stationseinbau
- Beliebige Arbeitsgangfolge -> codierbare (intelligente) Werkstückträger
- Individuelle Arbeitsumfänge -> codierbare (intelligente) Werkstückträger.

Diese Anforderungen aus technischer Sicht lassen sich zu einem groben Filter verdichten, der für die Vorsondierung der System-Hersteller, die für eine Realisierung in die nähere Wahl gezogen wurden, eingesetzt wurde. In Abbildung 10 ist dieser Filter, der die besonderen technischen Voraussetzungen beschrieben, die von dem Montagesystem erfüllt werden sollen, in einer Übersicht zusammengestellt.

Aus der Einholung von Herstellerangeboten, die nachweisen konnten, daß sie die beschriebenen Grundforderungen einlösen können, kristallisierten sich drei von der Technik differente Anbieter heraus.

Zur Bewertung wurde das Schema der Nutzwertanalyse herangezogen (Abb. 17). Hierzu wurde im Planungsteam eine Einstufung der Montagesysteme hinsichtlich der Erfüllung der einzelnen Anforderungskriterien vorgenommen und mit dem zugehörigen Gewichtungsfaktor multipliziert, so daß im Ergebnis der jeweilige Teilnutzen erkennbar ist. Die Einstufung wurde anhand bestimmter Leistungsmerkmale vorgenommen und hinsichtlich ihrer Wertigkeit diskutiert und schriftlich festgehalten, damit sie für die Entscheidungsträger nachvollziehbar ist.

Besondere Anforderungen an das Montagesystem

- Arbeitsstationen im Nebenschluß mit Pufferplätzen
- Schnelle Umrüstbarkeit/Austausch von Arbeitsplätzen
- Unabhängigkeit des Produktionsbetriebs vom Einrichtbetrieb
- Betrieb im Typenmix
- Erweiterbarkeit des Systems
- Erfassung/Mitführung von Produktions- und Qualitätsdaten (Rückverfolgbarkeit)
- Alternative Arbeitsgangfolgen

© 1992, FhG - IAO

Abb. 15: Anforderungen an das Montagesystem

Zielsystemermittlung für die Auswahl der Technikangebote

Paarweiser Vergleich der Zielkriterien

Nr.	Kriterien	Nr.	1	2	3	4	5	6	7	8	9	10	G	NG
1	Modularer Systemaufbau		xx	2	2	1	1	0	1	1	1	0	9	10
2	Spezifischer Änderungsaufwand		0	xx	1	1	0	0	0	0	0	0	2	2
3	WT-Richtungswechsel		0	1	xx	0	0	0	0	0	0	0	1	1
4	WT-Zugänglichkeit (von unten)		1	1	2	xx	0	0	0	0	0	0	4	4
5	Umrüstaufwand		1	2	2	2	xx	1	2	1	1	0	12	14
6	Stillstandszeiten		2	2	2	2	1	xx	2	2	2	0	15	17
7	Erweiterungsaufwand		1	2	2	2	0	0	xx	2	1	0	10	11
8	Instandsetzungsfreundlichkeit		1	2	2	2	1	0	0	xx	1	0	9	10
9	Benutzerfreundlichkeit		1	2	2	2	1	0	1	1	xx	0	10	11
10	Referenzen		2	2	2	2	2	2	2	2	2	xx	18	20
	Summe												90	100

G..... Gewicht

NG.... Normiertes Gewicht

Punktvergabe
0....Kriterium a ist wichtiger als Kriterium b
1....Kriterium a ist ebenso wichtig wie Kriterium b
2....Kriterium a ist unwichtiger als Kriterium b

© 1992, FhG - IAO

Abb. 16: Zielsystemermittlung

Systemanbieter		A I		A II		A III	
Anforderungskriterien	G	E	GxE	E	GxE	E	GxE
Aufbau in Modulen	9	4	36	4	36	10	90
Spezielle Änderungen	2	6	12	6	12	0	0
WT-Richtungswechsel	1	0	0	10	10	10	10
WT-Zugänglichkeit unten	4	4	16	4	16	10	40
Umrüstaufwand	12	6	72	6	72	6	72
Stillstandzeiten	15	6	90	10	150	6	90
Erweiterungsaufwand	10	4	40	4	40	10	100
Instandsetzungsfreundl.	9	4	36	6	54	8	72
Benutzerfreundlichkeit	10	4	40	4	40	1	100
Referenzen	18	2	36	2	36	10	180
Systemwert in Punkten			378		466		754
Zielerreichung in %			42		52		84

© 1992, FhG-IAO

Abb. 17: Nutzwertanalyse

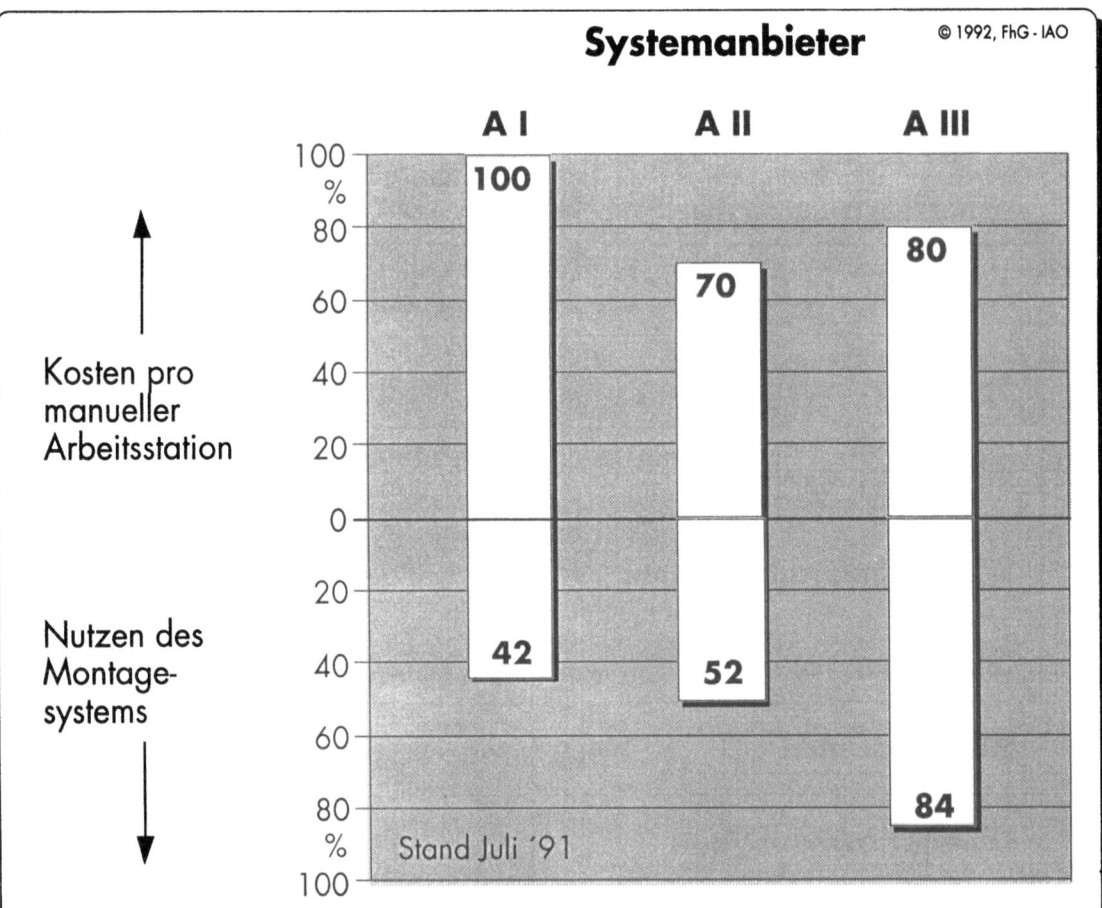

Interpretation des Schaubildes:

- Nach einer Vorauswahl wurden die drei relevanten Systemhersteller miteinander hinsichtlich "Kosten pro manueller Arbeitsstation" und "Systemnutzwert" verglichen

- Die Kostenangaben basieren auf konkreten Angeboten der Systemanbieter

- Der Systemnutzwert wurde anhand des Anforderungsprofils des Planungsteams ermittelt; die Prozentwerte drücken den Anteil an der maximal möglichen (theoretischen) Zielerreichung aus

⇨ **Die um 10 % höheren Kosten des A III-Systems gegenüber dem A II-System ermöglichen eine Nutzwertsteigerung von 23 %, sodaß A III aus dieser Analyse heraus favorisiert wird**

Abb. 18: Arbeitssystemwert und Kostenvergleich

4 Personalentwicklungsmaßnahmen

4.1 Grundsätze der Qualifizierung

Der durch die Neugestaltung des Montagesystems notwendig gewordene und im Hinblick auf das Projekt intendierte Verbesserung des flexiblen Personaleinsatzes bedingte die Notwendigkeit umfangreicher Qualifizierungsmaßnahmen vor allem in den Bereichen:

- Produktkenntnisse
- Handling an den Arbeitsplätzen
- Qualitätssicherung
- Wartung von Arbeitsmitteln
- Einrichten von Arbeitsmitteln
- Maschinenkenntnisse
- Arbeitsorganisation
- Rechnerbedienung
- Arbeitssicherheit
- Organisationsabläufe.

Die Qualifizierungsmaßnahmen durften sich deshalb nicht nur auf die Bediensteten der Fertigung und Montage beschränken, sondern sie mußten auch das indirekte Personal aus dem Umfeldbereich des Airbag einbeziehen und in die neue Arbeitsstruktur des Airbag einführen.

Die Qualifizierungsmaßnahmen mußten den Bedingungen einer auch vom Personalbestand expandierenden Montage bei gleichzeitiger Erweiterung der Arbeitsumfänge und einer weitergehenden Erhöhung und Sicherung der benötigten Qualifikationen entsprechen und die Mitarbeiter in die Gestaltung und Durchführung der Qualifizierungsmaßnahmen einbeziehen.

Durch die prospektive Einschätzung der realen Veränderung bezüglich der Arbeitsorganisation und der dabei entstehenden Qualifizierungserfordernisse, wie sie aus der Istanalyse abgeleitet wurden, lieferten die Basis für das realisierte Qualifizierungskonzept und deren zielgruppengerechte Methodik. Um zum Konzept zu kommen, mußten die vorhandenen Erfahrungswerte sowie Lern- und Leistungsvoraussetzungen der Mitarbeiter ermittelt werden.

Das Konzept sollte auch den Selbstlernaspekt von Arbeitsprozessen betonen und das Arbeiten im Team fördern (Montageinseln).

Die Methodik der Vermittlung beruhte vor allem auf der Entwicklung und Erprobung exemplarischer Lernaufgaben, die aus den künftigen Arbeitsaufgaben der Mitarbeiter abgeleitet wurden. Die exemplarischen, künftigen Lern- und Arbeitsaufgaben wurden aus den konkreten Arbeitsprozessen, d.h. den erfahrungsbasierten Arbeitsaufgaben prospektiv bestimmt.

Die Durchführung der Qualifizierung wurde verantwortlich in die Hand von fachlich orientierten Weiterbildungsreferenten gelegt. Dazu wurden verantwortliche Mitarbeiter aus dem jeweiligen Fachbereich benannt und im Rahmen mehrerer pädagogischer Fachschulungen auf ihre Referententätigkeit vorbereitet, d. h. die nach einem "Train-the-Trainer-Konzept" nach entsprechender Vorbereitung durch die Personalabteilung und der externer Begleitforschung die die pädagogische Aufbereitung ihrer fachlichen Anlern- und Weiterbildungsaufgaben selbst vornahmen. Bei der Dokumentation der Trainingsunterlagen wurden sie im Rahmen mehrerer Vorbereitungstreffen durch die Personalabteilung und von der externen Begleitforschung unterstützt. Die einzelnen Qualifizierungsbausteine wurden inhaltlich, zeitlich, methodisch und didaktisch in einzelne Schulungsblöcke gegliedert, vorbereitet, organisiert und dann durchgeführt. Die Fachreferenten führten dann eigenständig die aus der Qualifikationsbedarfsanalyse bestimmten Inhalte im Rahmen mehreren Schulungseinheiten durch. Das sollte auch den Transfer für künftig anstehende Qualifizierungsmaßnahmen sicherstellen.

4.2 Qualifizierungsbausteine

Im folgenden vereinbarte das Kernteam die Realisierung folgender Qualifizierungsbausteine:

1. Regelmäßige Information der Mitarbeiter der Produktgruppe AIRBAG.
2. Darstellung der betrieblichen Funktionsbereiche und deren Zusammenhänge.
3. Produktschulung AIRBAG.
4. Einarbeitung und Anlernung an den Einzelarbeitsplätzen.
5. Qualifizierung der Mitarbeiter mit Führungsaufgaben.
6. Betriebshandbuch für AIRBAG.

Der Baustein 1 beinhaltete eine regelmäßige Informationsveranstaltung der Mitarbeiter der Produktgruppe Airbag zu:

- Aktuelle Entwicklungen im Werk Nürnberg
- Situation im Bereich der Produktgruppe
- Entwicklungen im Bereich Airbag
- Stellungnahme des Betriebsrates
- Aktuelles zur Markt- und Produktentwicklung Airbag
- Aktuelles zum HdA Projekt und anstehende Maßnahmen
- Bevorstehende Informationen zu den Schulungsmaßnahmen.

Die Inhalte der einzelnen Bausteine 2 und 3, die Zeit der Durchführung und die Organisation können den folgenden exemplarischen Programmbeschreibungen entnommen werden.

Der Baustein 4 bereitete die Mitarbeiter auf einen flexibleren Personaleinsatz durch Anlernung an den Einzelarbeitsplätzen vor. Durch systematische, pädagogisch orientierte Einarbeitungs- und Anlernmethoden wurden die Mitarbeiterinnen vor allem in fachlicher Hinsicht sehr breit qualifiziert und erhielten einen Überblick über die Gesamtabläufe innerhalb der Pilotanlage, die Arbeitsanweisungen, die Prüfpläne sowie über die Wartungs- und Pflegeanweisungen. Damit wurden die Grundlagen für die künftige, systematische Personaleinsatzplanung gelegt.

Zielgruppe: Alle MitarbeiterInnen Air Bag, Einrichter, Vorarbeiter, Schichtführer und Meister
Ort: Schulungsraum Ausbildung 2.Stock
Referenten: Henning, Schauer, Höfler
Zeit: 8.04.92 und 9.04.92 (2 Gruppen à 15 MitarbeiterInnen) 9:00 - 12:30 Uhr (3,5 Std.)

Zeit	Rahmeninhalt	Feininhalte	Lernziele	Methode	Medien	Ref.
10 min.	Einführung in das Projekt Air Bag	Einbettung der Produktschulung in Air Bag	- Orientierung über die Gesamtqualifizierung	Einführung Vortrag	Flipchart	IAO
90 min.	Air Bag Wickelband "5 Leiterband"	Gesamtfunktion Bestandteile/ Anforderungen/Test Aufbau/ Begriffe	- Überblick über alle Bestandteile vermitteln - Kennenlernen der Einzelteile - Gesamtaufbau Air Bag	Gespräch Fragetechnik	Zeichnung Videofilm "Crash-Test" Einzelteile	Hr. Schauer Hr. Henning
50 min.	Neuentwicklung "Volvoband"	Neuentwicklung Musterfertigung Prototypen	- Gesamtaufbau Wickelband kennenlernen - Teile Wickelband - Herstellung Wickelband	Gespräch Einbau erklären und nachsprechen (sprachgestütztes Training)	Folien Einzelteile in Video Training	Hr. Höfler
20 min.	Zusammenfassung	Wiederholung Fehlermöglichkeiten und Beseitigung	- Teilnehmer sollen Cassette zerlegen und montieren können	Lückentext Echttraining	Begleitbrief	
30 min.	Aktuelle Fragen	Alltagsprobleme besprechen	- Aktuelle Arbeitsprobleme sollen einer Problemlösung näher gebracht werden	Moderation	Flipchart Metaplan	IAO

Abb. 19: Qualifizierungsbaustein 1

Zielgruppe:	Alle Mitarbeiter des Produktbereichs Systeme
	alle Mitarbeiter Air-bag, Einrichter, Vorarbeiter und Meister (Lohnempfänger, Zeitlöhner)
	alle Angestellte (Vertrieb, Entwicklung, Konstruktion, Fertigungsplanung, Fertigungssteuerung, Einkauf)
Ort:	Schulungsraum Ausbildung 2.Stock
Referenten:	Hr. Schauer, Hr. Höfler, Hr. Dister, Hr. Henning, Hr. Frank, IAO
Zeit:	4 Gruppen (à 15 MA) im Juni 92/September 92 - Teil I: 8-12.30 h - Teil II: 6-12.00 h

Blatt 1

Teil I Zeit	Rahmeninhalte	Feininhalte	Lernziele	Methode	Medien	Referenten
10	Einführung	Einbettung in das Qualifizierungs-vorhaben	- Gesamtüberblick über alle Qualifizierungs-bausteine	Vortrag	Folie	Henning IAO
45	Gesamtorganisation Bereich Systeme (SY)	Abteilungen und deren Funktionen - Vertrieb/Einkauf - Entwicklung - Arbeitsvorbereitung - Fertigung/Montage	- Überblick über alle Bereiche und deren Aufgaben kennenlernen	Vertreter einzelner Fachbereiche stellen sich und ihre Arbeit vor - Vorstellungsrunde	Vorstellung	Vertreter der Abteilungen
30	Allgemeine Situation	Kunden von SY Markttransparenz A-Produkte Neuentwicklungen Anforderungen Produkte Umsätze	- Überblick über Kunden gewinnen - Einblick in gewinn trächtige Produkte	Abfrage Erklärung Lehrgespräch	Bilder Echtprodukte Folien Flipchart	Hr. Sauer

Abb. 20: Qualifizierungsbaustein 2/1

5 Bewertungsleitlinien

Aus den Studien zur Ökonomie flexibel automatisierter Systeme für die industrielle Serienmontage unter dem Blickwinkel einer mitarbeiterorientierten Systemgestaltung ergeben sich eine Reihe von Empfehlungen. Trotz des eingeschränkten Studiensamples und damit auch einer gewissen Einschränkung hinsichtlich der Allgemeingültigkeit dieser Empfehlungen wurde versucht auf der Basis eher qualitativer Repräsentanz die wesentlichen Aussagen zu Leitlinien zu verdichten.

6 Zusammenfassung und Ausblick

Die Hypothesen des Montage-Verbunds zum Thema "Ökonomie in flexibel automatisierten Montagesystemen der industriellen Serienmontage" haben sich weitgehend durch die Analyse im geförderten und ungeförderten Feld bestätigt. Nach wie vor mangelt es aber an übertragbaren Beispielen der Anwendung von Verfahren zu erweiterten Wirtschaftlichkeitsbetrachtung. Einerseits stoßen die erweiterten Verfahren aufgrund iherer Eigenschaften bezüglich eingeschränkter Quantifizierbarkeit von kostenwirksamen Effekten und zum Teil auch aufgrund schwieriger Nachvollziehbarkeit der Verfahren auf erhebliche Akzeptanzprobleme bei den Entscheidungsträgern. Aus Sicht des Montage-Verbundes besteht ein Handlungsbedarf hinsichtlich Qualifizierung des Managements für Entscheidungsaufgaben. Auch zeigt sich ein Beharrungsvermögen der konventionellen Verfahren, welches sich auf die tradierten und vermeintlich bewährten Methoden ebensolcher betrieblicher Funktionsbereiche zurückführen läßt. Hier spielt der Mangel an Erfahrungen mit erweiterten Verfahren, wie auch die zur Durchführung erforderliche Kooperationsbereitschaft eine wichtige Rolle. Erweiterte Wirtschaftlichkeitsverfahren machen eine konsensuale Kooperation zwischen Planung und Controlling einerseits und der betrieblichen Interessensvertretungen anderseits erforderlich. Daher folgen derartige Verfahren keiner starren "Zahlenökonomie" sondern sind das Ergebnis eines Aushandlungsprozesses. Qualifizierte Entscheidungsgrundlagen können nur entstehen, wenn die Qualifizierung der Anwender für erweiterte Wirtschaftlichkeitsbetrachtungen möglich wird. Dies bedeutet, daß der Bewertungsmethodik ein adäquater Stellenwert im Qualifikationsprofil von Managern und Entscheidungsvorbereitern eingeräumt werden muß, und daß mit dem Wandel der Kontextbedingungen flexibler Montageautomatisierung auch eine Anpassung der Qualifizierungsinhalte für die Bewertung erforderlich wird.

Leitlinien für die Gestaltung und Bewertung flexibel automatisierter Montagesysteme nach ökonomischen *und* personenbezogenen Aspekten I

 **Investitionsvorhaben interdisziplinär bewerten** - Die vielfältigen Auswirkungen flexibel automatisierter Montagesysteme können in ihrer Gesamtheit nur durch ein interdisziplinär besetztes Planungs- und Entscheidungsgremium beurteilt werden

 **Investitionsentscheide nicht hinausschieben** - Zwischenlösungen kosten Geld, verspätete Umsatzbeiträge verlängern die Amortisationszeit und erhöhen das Investitionsrisiko

 **Strategische Methoden zur Bewertung von Investitionsvorhaben dort einsetzen, wo konventionelle Wirtschaftlichkeitsbetrachtungen nicht greifen** - Überprüfung des Stellenwerts der vorhandenen Wirtschaftlichkeitsbetrachtung im Kontext zu gesamtbetrieblichen Zielsetzungen

 **Schwer- oder nichtquantifizierbare Effekte in die Wirtschaftlichkeitsbetrachtung einbeziehen** - Erstellung eines Zielsystems und Durchführung von Nutzwertanalysen

 **Gesamtwirtschaftlichkeit vor Einzelwirtschaftlichkeit** - Der Zwang zum Nachweis der Wirtschaftlichkeit von Einzelmaßnahmen darf keine gesamtwirtschaftlich sinnvolle Investitionsentscheidung verhindern

 **Kostenverlagerungen lokalisieren und erfassen bzw. schätzen**
- Kosten für Energie, Qualitätssicherung, Kapitaldienst, Wartung, Instandhaltung, Planung, Qualifizierung nehmen zu
- Raumkosten indifferent (abhängig von der spezifischen Lösung)
- Kosten für direktes Personal, für Umlaufkapitalbindung, für Ausschuß, für Fluktuation nehmen ab

 **Längere Nutzungszeiten bei der Bewertung von flexibler Technik berücksichtigen** - Einbeziehung von mehreren Produktgenerationen (Umsatzträger) in das Wirtschaftlichkeitskalkül

© 1992, FhG - IAO

Abb. 21: Leitlinien Ökonomie I

Leitlinien für die Gestaltung und Bewertung flexibel automatisierter Montagesysteme nach ökonomischen *und* personenbezogenen Aspekten II

Überprüfung der Systemdimensionierung und des organisatorischen Ablaufs mit Hilfe der Simulation - Ermittlung des dynamischen Verhaltens eines geplanten Arbeitssystems (Richtwert: 10-20% Ausbringungsunterschied zwischen statischer und dynamischer Systemauslegung)

Produktgestaltung soviel wie möglich - Systemflexibilität soviel wie nötig

- Standardisierung von Produkteinzelteilen und -komponenten
- Produkte in Modulbauweise konzipieren und Herauslösen von Baugruppenmontagen in (parallele) Vormontagebereiche
- Kundenneutraler Produktaufbau in der Vormontage - Kundenspezifische Ausstattung in der Endmontage
- Demontagemöglichkeit vorsehen
- Kostenintensive Arbeitsgänge in die Endmontage verlagern

Nutzung der ökonomisch ausschöpfbaren Voraussetzungen flexibler Technik

- Überdimensionierung (Parallel-Stationen, Ersatzstationen)
- Manuelle Bypässe an kritischen Automatikstationen
- Nebenschlüsse (Entkopplung von manuellen /automatischen Stationen vom Gesamt-Takt und vom Zwangsablauf)
- Arbeitsstationspuffer (Individuelle Leistungsentfaltung)
- Nebenzeitrüsten (keine Reduzierung der produktiven Zeit)
- Freie Festlegung der Montagereihenfolge
- Trennung von manuellen und automatischen Systemabschnitten

Produkt- und Produktions-knowhow erwerben - die eigenständige Entwicklung der komplexen Anteile an Produkt und Produktionsanlagen stellen die langfristige Sicherung des Marktanteils dar

Höhere Automatisierungsgrade implizieren höheren Qualifikationsbestand - Der Einsatz flexibel automatisierter Montagesysteme erfordert die Erhöhung des Qualifikationsniveaus, was langfristig einen Beitrag zur Sicherung der Wettbewerbsfähigkeit des Betriebs leistet..

© 1992, FhG - IAO

Abb. 22: Leitlinien Ökonomie II

Produktivere Montagesysteme
Entgelt- und Arbeitszeitgestaltung in neuer Arbeitsorganisation

Dipl.-Ing. Dipl.-Wirtsch.-Ing. Nobert Baszenski
Gesamtverband der metallindustriellen Arbeitgeberverbände e.V., Köln

Produktivere Montagesysteme

Entgelt- und Arbeitszeitgestaltung in neuer Arbeitsorganisation

Dipl.-Ing. Dipl.-Wirtsch.-Ing. Nobert Baszenski
Gesamtverband der metallindustriellen Arbeitgeberverbände e.V., Köln

1 Entgelt und Arbeitszeit als Wettbewerbsfaktor

Der beginnende konjunkturelle Aufschwung ist ohne Frage zu begrüßen. Es besteht jedoch die Gefahr, daß die auch weiterhin bestehenden Standortschwächen nicht mehr die nötige Beachtung finden. Diese Schwächen hat z.B. die Zukunftskommission Wirtschaft 2000 im Auftrag der Landesregierung von Baden-Württemberg untersucht. Sie kommt zu dem Ergebnis, daß aus der Vielzahl der Determinanten, die die Wettbewerbsfähigkeit des Industriestandortes bestimmen, u.a. folgende Faktoren derzeit als vorrangig und kritisch angesehen werden müssen (Abb. 1):

- Unternehmensorganisation
- Arbeitskosten
- Betriebsnutzungszeit.

Der erste Faktor stand im Mittelpunkt der bisherigen Beiträge dieses Forums. Im folgenden soll das Augenmerk auf die beiden übrigen Wettbewerbsfaktoren gerichtet werden.

In dem bereits zitierten Bericht der Zukunftskommission Wirtschaft 2000 sind einige betriebliche Angaben über die unterschiedliche Höhe der Arbeitskosten an verschiedenen Standorten gemacht worden. Danach sind die Arbeitskosten je geleisteter Stunde in DM in Baden-Württemberg - und dieses dürfte für die gesamte Bundesrepublik gelten - zum Teil mit deutlichem Abstand am höchsten (Abb. 2). Unter diesen Voraussetzungen stellt sich zwangsläufig die Frage, ob eine Produktion, oder dem heutigen Thema entsprechend, insbesondere eine Montage in Deutschland unter diesen Verhältnissen überhaupt noch eine wirtschaftliche Chance hat.

Wie Beispiele einiger Unternehmen deutlich machen, wird diese Frage in der betrieblichen Praxis durchaus mit ja beantwortet. Zum Beispiel verlegte der finnische

Elektronikkonzern Nokia die Produktion von Fernsehgeräten aus Singapur zurück nach Bochum. Wie paßt dieses mit den zuvor geschilderten hohen Arbeitskosten in Deutschland zusammen? Voraussetzungen für den Erfolg dieses Schrittes waren u.a. eine Überarbeitung der Produktgestaltung, so daß die Zahl der erforderlichen Bauteile auf fast die Hälfte des ursprünglichen Wertes gesenkt werden konnte. Außerdem wird nun ein einziges TV-Chassis für insgesamt 18 Varianten verwendet. Hinzu kommt ein überdurchschnittlich hoher Automatisationsgrad, der bei rund 90 % liegt. Dadurch liegt der Lohnkostenanteil bei nur noch rund 5 %. Hinzu kam die Einführung des Zwei-Schicht-Betriebes, wobei eine zusätzliche Nachtschicht bei Bedarf eingeführt werden kann.

Dieses Beispiel macht deutlich, daß für die Sicherung des Standortes Deutschland mehrere Bereiche gleichzeitig und wettbewerbsorientiert reformiert werden müssen. Dazu zählen u.a. auch Arbeitszeit- und Entgeltgestaltung. Mit ihnen allein kann jedoch die vorhandene Wettbewerbsschwäche nicht ausgeglichen werden. Sie können jedoch einen entscheidenden Beitrag dazu liefern. Im folgenden soll dargelegt werden, welche Möglichkeiten der Gestaltung auf diesen beiden Feldern bestehen.

2 Möglichkeiten der Entgeltgestaltung

2.1 Stellenwert und Bedeutung des Entgelts

Die Wahl des Begriffs "Entgelt" macht deutlich, daß künftig die Unterteilung in Lohn und Gehalt wegfallen wird. Die Tarifvertragsparteien in der Metall- und Elektroindustrie stimmen grundsätzlich überein, daß die Lohnsysteme für Arbeiter und die Gehaltssysteme für Angestellte zu einheitlichen Entgeltsystemen zusammengeführt werden sollen. Daraus folgt, daß auch die Merkmale zu überprüfen sind, mit denen die Grundanforderungen der Arbeit bewertet und die Einzel- und Gruppenleistungen beurteilt werden.

In den Unternehmen hat das Entgelt zwei Aspekte: einerseits wirkt es als Motivationsfaktor, andererseits ist es ein Kostenfaktor, der insbesondere im internationalen Vergleich, wie zuvor gezeigt, eine große Belastung darstellt.

Die Frage, was Mitarbeiter zu und bei ihrer Arbeit motiviert, ist aus unternehmerischer Sicht schon immer interessant gewesen. Um eine Antwort auf diese Frage geben zu können, werden üblicherweise Befragungen vorgenommen, die sich jedoch zum Teil erheblich unterscheiden (Befragungskreis, -zeitpunkt, Antwortmöglichkeiten, Umfeld). Zu den dabei ermittelten Befragungsergebnissen einige Beispiele:

1. Wird nach der Bedeutung verschiedener Werte gefragt, so landet das Einkommen auf einem der ersten Plätze (Abb. 3).

2. Bestätigt wird diese Einschätzung durch eine Umfrage von EMNID im Auftrag der Wirtschafts-Junioren Deutschlands (Nachwuchsorganisation der IHKs) (Abb. 4). Die Befragung fand im Mai 1992 in allen alten Bundesländern sowie in Sachsen und Brandenburg statt.

3. Vergleichbare Ergebnisse lieferten auch repräsentative Befragungen des BAT-Freizeitforschungsinstituts aus dem Jahre 1992 (Abb. 5 und 6).

Welche Schlüsse lassen sich aus diesen und anderen Befragungen und Untersuchungen ziehen?

1. Das Entgelt hat für die Arbeitsmotivation eine hohe, im allgemeinen jedoch nicht die höchste Priorität. Andere Faktoren wie "interessante Tätigkeit" und augenblicklich "sicherer Arbeitsplatz" haben an Bedeutung gewonnen (Stichwort: Maslow'sche Bedürfnispyramide).

2. Die Motivationswirkung des Entgelts hängt von der Bedürfnisstruktur der Mitarbeiter ab. Zum Beispiel sind junge Beschäftigte zunehmend weniger allein durch höhere Bezahlung zu motivieren. Bei älteren Beschäftigten läßt die Motivationswirkung des Entgelts (auf Grund bereits relativ hoher Verdienste) nach.

3. Für die Motivation spielt nicht nur die Höhe des Verdienstes, sondern auch dessen Verlauf eine Rolle. Zum Beispiel läßt die Anreizwirkung auch eines hohen Einkommens, das z. B. über 10 Jahre unverändert bliebt, nach.

4. Das Entgelt motiviert nur, wenn es vom Mitarbeiter in bezug auf seine Tätigkeit und im Vergleich zu anderen Tätigkeiten als "gerecht empfunden" wird (was nicht immer identisch ist mit "gerecht ist").

Was für die Mitarbeiter im allgemeinen zumindest kurzfristig hocherfreulich ist, nämlich hohe Entgelte, ist für das Unternehmen genau das Gegenteil. Daß die Arbeitskosten je Stunde in Deutschland im letzten Jahr die höchsten der führenden Industrieländer waren, wurde bereits belegt. Zu Recht wird aber darauf hingewiesen, daß nicht allein die Arbeitskosten je Stunde, sondern die Lohnstückkosten entscheidend sind. Aber auch hier fällt der internationale Vergleich zu Ungunsten der deutschen Industrie aus. Relativierend muß jedoch auch darauf hingewiesen werden, daß bei einem durchschnittlichen Anteil der Löhne und Gehälter am Umsatz im Investitionsgüter produzierenden Gewerbe von rund 25 % eine Veränderung der Arbeitskosten von 4 % (nach oben oder unten) die Selbstkosten nur um rund 1 % verändert (bei sonst gleichen Verhältnissen).

Aus der bisherigen Darstellung läßt sich erkennen, daß an Entgeltsysteme vielfältige Anforderungen gestellt werden. Diese lassen sich im wesentlichen auf folgende Punkte zusammenfassen (Abb. 7):

1. Das Entgeltsystem soll im eingangs beschriebenen Sinne einen motivierenden Charakter haben. Außerdem soll es Anreize bieten, die Unternehmensziele bestmöglich zu erfüllen. Motivierend wirkt das Entgeltsystem, wenn es von dem Mitarbeiter subjektiv als gerecht empfunden wird. Allerdings lassen sich dafür objektive Kriterien kaum festlegen. Desweiteren soll das Entgeltsystem so aufgebaut sein, daß sich eine Mehrleistung des Mitarbeiters, unabhängig davon, ob und wie diese bestimmt werden kann, für ihn lohnt. Das System soll so offen und verständlich aufgebaut sein, daß der Mitarbeiter die Höhe seines Entgelts in etwa vorhersehen kann. Schließlich soll das Entgeltsystem so aufgebaut sein, daß es individuelle Entwicklungs- oder Steigerungsmöglichkeiten zuläßt.

2. Das Entgeltsystem muß leistungsgerecht sein. Die Leistung als Ergebnis der Arbeit des Mitarbeiters kann zum Teil an objektiven Kriterien gemessen werden, z.B. Menge, Einhaltung von Qualitätsvorgaben, Anlagennutzung o.ä., zum Teil kann sie jedoch nur indirekt festgestellt werden. Dazu wird das Arbeitsergebnis einer Bewertung meist in größeren zeitlichen Abständen unterzogen.

3. Das Entgeltsystem muß den Anforderungen, die die Arbeitsaufgabe an den Mitarbeiter stellt, gerecht werden. Ein bisher oft verwendetes Schema zur Systematisierung dieser Anforderungen ist in Abb. 8 dargestellt.

4. In den Fällen, in denen die übertragenen Arbeitsaufgaben durch eine Gruppe von Mitarbeitern erfüllt werden (z.B. Fertigungs- oder Montageinseln), soll die Zusammenarbeit in der Gruppe und die Gruppenleistung durch das Entgelt gefördert werden.

5. Das Entgeltsystem soll so anpassungsfähig sein, daß es z.B. betriebliche Veränderungen in der Arbeitsorganisation berücksichtigen kann und zum anderen betriebsspezifischen Forderungen gerecht wird.

6. Das System muß letztlich in den Betrieben gehandhabt werden können. Dazu muß insbesondere der Aufwand für die Erhebung der benötigten Daten einfach geregelt sein und der damit verbundene Aufwand in einem vertretbaren Verhältnis zum Ergebnis stehen. Insbesondere bei den derzeit geltenden tariflichen Bestimmungen für die Akkordentlohnung werden in diesem Punkt Zweifel laut.

7. Im Zusammenhang mit der Forderung nach qualifizierten Mitarbeitern wird seitens der IG Metall in letzter Zeit die Forderung erhoben, daß das Entgeltsystem Bezug auf die "erforderliche oder vereinbarte Qualifikation" der Mitarbeiter nimmt (siehe Tarifreform 2000).

2.3 Tarifliche Entlohnung

Die Tarifverträge in der Metall- und Elektroindustrie sehen bei den Lohnformen den Zeit-, den Akkord- und den Prämienlohn vor. Die Realisierung anderer Regelungen bedarf der Zustimmung der Tarifvertragsparteien. Sowohl bei den verschiedenen Lohnformen als auch beim Gehalt gilt der sogenannte Anforderungs- und Leistungsbezug (Abb. 9).

Die Einordnung der einzelnen Arbeitsaufgabe in die betreffende Lohn- bzw. Arbeitswertgruppe richtet sich nach dem Niveau der Arbeitsanforderung. Damit ist der sog. Grundlohn festgelegt. Für die Gruppe der Arbeiter gibt es hierfür die folgenden drei Alternativen (Abb. 10):

a) Zeitlohn:

Der Leistungsbezug beim Zeitlohn-Verfahren wird durch die Leistungsbeurteilung sichergestellt. Dabei wird der Grad der Erfüllung der vereinbarten Leistungskriterien bewertet. Dieser wird in prozentuale Zuschläge zum Grundlohn umgerechnet.

b) Akkordlohn:

Hierbei findet der Leistungsbezug seinen direkten Niederschlag im Akkordverdienst. Einziges Bezugsmerkmal ist dabei die Menge bzw. die benötigte Zeit.

c) Prämienlohn:

Dieser ist in allen Tarifgebieten der Metall- und Elektroindustrie zulässig. Er ermöglicht bekanntlich betriebsindividuelle Lösungen. Der Leistungsbezug wird über die vereinbarten Bezugsmerkmale für eine Prämie hergestellt (Abb. 11).

Dabei sind die Prämienausgangsleistung, der Prämienausgangslohn sowie der Verlauf der Prämie in Abhängigkeit vom Bezugsmerkmal (es können auch mehrere sein) festzulegen (Abb. 12).

Versucht man, anhand der zuvor beschriebenen Anforderungen an Entgeltsysteme die tarifvertraglich zulässigen zu beurteilen, so ergibt sich vereinfacht das in Abb. 13 dargestellte Bild.

3 Möglichkeiten der Arbeitszeitgestaltung

3.1 Grundsätze der Arbeitszeitgestaltung

Bei der Gestaltung der Arbeitszeit geht es im Kern darum, die Arbeitszeiten so zu gestalten, daß die betrieblichen Notwendigkeiten, die von den Anforderungen der Kunden bestimmt werden, berücksichtigt werden. Dabei ist zu unterscheiden zwischen der Betriebszeit, d.h. der Zeit, in der Umsatz und Ertrag im Unternehmen erwirtschaftet werden, in dem die Betriebsmittel genutzt werden und der individuellen Arbeitszeit, d.h. der Zeit, in der die Beschäftigten im Betrieb arbeiten und dort ihr Einkommen verdienen.

Die betrieblichen Anforderungen lassen sich wie folgt charakterisieren:

- teure Maschinen, Anlagen und Geräte, die für eine möglichst lange Zeit genutzt werden müssen
- hohe Kapitalbindung durch Rohstoffe und Vorprodukte, die schnellstmöglich zu bearbeiten sind
- von den Kunden geforderte kurze Lieferzeiten
- Ansprechbarkeit für Kunden und Lieferanten zu bedarfsgerechten Zeiten
- Anpaßbarkeit der Betriebs- und Arbeitszeiten entsprechend den Schwankungen des Arbeitsanfalls.

Die Bedürfnisse und Interessen der Mitarbeiter sind durch folgende Anforderungen geprägt:

- möglichst freie Bestimmung über die Lage der Arbeitszeit, damit Berufstätigkeit und persönliche bzw. familiäre Interessen in Übereinstimmung gebracht werden können

- Veränderbarkeit des Volumens und der Dauer der Arbeitszeit, um z. B. Kinderbetreuung, Pflege von Angehörigen, Langzeiturlaub o.ä. zu ermöglichen.

Vom Arbeitgeberverband Gesamtmetall wurden seit 1987 mehrere Informationsschriften zur Flexibilisierung der Betriebs- und Arbeitszeiten herausgegeben. Die Broschüren zeigen die Möglichkeiten auf, wie den betrieblichen Erfordernissen gerecht werdende Lösungen auch die Mitarbeiterinteressen berücksichtigen. Andere Institutionen haben zu diesem Thema auch Einführungshilfen veröffentlicht (z. B. Leitfaden des Bayerischen Staatsministeriums für Arbeit, Familie und Sozialordnung "Flexible Arbeitszeiten- und Betriebszeiten - wettbewerbs- und mitarbeiterorientiert!").

3.2 Instrumente der Arbeitszeitgestaltung

Die Anzahl der verschiedenen Arbeitszeitmuster ist nahezu unbegrenzt. Welche Elemente überhaupt gestaltet werden können und in welcher Form sie ausgeprägt sein können, zeigt Abb. 14. Die verschiedenen Arbeitszeitmuster lassen sich auf die Gestaltung von vier Instrumenten zurückführen. Diese sind:

- Volumen der Arbeitszeit
- Dauer der Arbeitszeit
- Lage der Arbeitszeit
- Verteilung der Arbeitszeit.

Für die folgenden Aussagen werden die derzeit gültigen gesetzlichen Bestimmungen und die tarifvertraglichen Bestimmungen der Metall- und Elektroindustrie zugrundegelegt.

3.2.1 Gestaltung des Volumens der Arbeitszeit

Mit dem Volumen der Arbeitszeit ist der Umfang der vereinbarten Arbeitszeit gemeint. Das Volumen der Arbeitszeit kann pro Tag, pro Woche, pro Monat oder pro Halbjahr bzw. Jahr bemessen sein. Üblich ist die Angabe pro Woche, wobei auch die Vereinbarung von Jahresarbeitszeiten diskutiert wird.

Seit dem 01.07.1994 legt das Arbeitszeitgesetz als Obergrenze 8 Stunden pro Tag an 6 Werktagen pro Woche fest. Damit sind maximal 48 Stunden pro Woche zulässig. Unter gewissen Voraussetzungen sind auch 10 Stunden pro Tag vorübergehend zulässig, woraus sich pro Woche 60 Stunden ergeben (Abb. 15).

Die tarifliche regelmäßige wöchentliche Arbeitszeit beträgt derzeit 36 Stunden in den alten Bundesländern bzw. 39 Stunden in den neuen Bundesländern. Ab 01.10.1995 ist eine Reduzierung in den alten Bundesländern auf 35 Stunden vorgesehen. Eine besondere Klausel sieht vor, daß Gespräche über die Durchführbarkeit dieser Reduzierung verlangt werden können. In den neuen Bundesländern ist für den 01.10.1996 eine Reduzierung auf 38 Stunden beabsichtigt.

Abweichend hiervon kann auch ein anderes Arbeitsvolumen vereinbart werden. Die Tarifverträge sehen die Möglichkeit der einzelvertraglichen Verlängerung der individuellen regelmäßigen wöchentlichen Arbeitszeit auf bis zu 40 Stunden pro Woche mit 13 bzw. 18 % der Beschäftigten eines Betriebes vor. Im Wege des sog. "Günstigkeitsprinzips" werden nach der herrschenden Meinung in der Rechtsliteratur darüber hinaus weitere einzelvertragliche Arbeitszeitverlängerungen als zulässig erachtet. Im Rahmen der sogenannten Tarifverträge zur Beschäftigungssicherung, die für die Zeit vom 01.04.1994 bis zum 31.12.1995 gelten, ist auch eine Absenkung der Arbeitszeit durch freiwillige Betriebsvereinbarungen von unter 36 Stunden auf bis zu 30 Stunden pro Woche möglich.

Einzelvertraglich ist im Rahmen von Teilzeitarbeit auch jedes geringere Arbeitszeitvolumen vereinbar. Dabei sehen die Tarifverträge für die Metall- und Elektroindustrie vor, daß im Normalfall die Grenzen der Sozialversicherungspflicht (d.h. derzeit 15 Stunden pro Woche) nicht unterschritten werden sollen. Dies gilt nicht, soweit aus arbeitsorganisatorischen oder persönlichen Gründen eine Unterschreitung notwendig bzw. gewünscht ist.

Der Vollständigkeit halber sei darauf hingewiesen, daß auch nach den Tarifverträgen der Metall- und Elektroindustrie eine Unterschreitung des vereinbarten Arbeitszeitvolumens im Rahmen von Kurzarbeit möglich ist.

3.2.2 Gestaltung der Dauer der Arbeitszeit

Unter Dauer der Arbeitszeit soll die Länge einer Zeitstrecke, z.B. pro Tag oder Woche verstanden werden (Abb. 16). Zum Beispiel kann die Dauer der Arbeitszeit pro Tag 6, 8 oder 10 Stunden betragen. Hinsichtlich der Dauer der Arbeitszeit pro Woche sind z.B. 4, 5 oder 6 Tage möglich. Die Arbeitszeit darf 8 Stunden pro Tag nicht überschreiten, wobei eine Verlängerung auf bis zu 10 Stunden pro Tag zulässig ist, wenn innerhalb von 6 Kalendermonaten oder innerhalb von 24 Wochen im Durchschnitt 8 Stunden erreicht werden.

Die Tarifverträge für die Metall- und Elektroindustrie sehen keine Regelungen, inbesondere keine Höchstgrenzen für die Dauer der Arbeitszeit pro Tag bzw. Woche vor. Insoweit gelten nur die gesetzlichen Vorschriften.

Es ist zu berücksichtigen, daß nach dem Arbeitszeitgesetz bei einer Arbeitszeit von mehr als 6 bis zu 9 Stunden Dauer 30 Minuten als Ruhepause zu gewähren sind. Die Ruhepause beträgt bei mehr als 9 Stunden 45 Minuten. Eine Aufteilung in Zeitabschnitte von mindestens 15 Minuten Dauer ist zulässig. Spätestens nach 6 Stunden Arbeitszeit ist eine Ruhepause zu gewähren.

3.2.3 Gestaltung der Lage der Arbeitszeit

Neben der Festlegung des Volumens und der Dauer der Arbeitszeit ist ein anderes Werkzeug der betrieblichen Arbeitszeitgestaltung die Festlegung der Lage der Arbeitszeit, d.h. das Plazieren bzw. Legen der Zeitstrecke mit Anfangs- und Endpunkten (Abb. 17). Diese kann einförmig als immer gleicher Zeitpunkt des Anfangs und des Endes der Arbeitszeit pro Tag oder immer die gleichen Arbeitstage pro Woche oder immer die gleichen Arbeitswochen pro Monat oder Arbeitsmonate pro Jahr sein. Sie kann aber auch beweglich gestaltet sein als unterschiedliche oder variable Zeitpunkte des Anfangs und des Endes der Arbeitszeit oder unterschiedliche oder wechselnde Arbeitstage pro Woche.

3.2.4 Gestaltung der Verteilung der Arbeitszeit

Die Festlegung der Arbeitszeitlage hängt eng mit der Dauer der Arbeitszeit zusammen. Demgegenüber gibt es einen engen Zusammenhang zwischen dem Volumen und der Verteilung der Arbeitszeit. Hier geht es darum, die vertraglich vereinbarten Stundenvolumina entweder gleichmäßig oder ungleichmäßig auf Tage, Wochen, Monate oder Jahre zu verteilen. Nach den Tarifverträgen der Metall- und Elektroindustrie stehen für die Verteilung alle Werktage zur Verfügung (Abb. 17).

Eine gleichmäßige Verteilung bedeutet, daß immer gleich viele Stunden pro Tag oder immer gleich viele Stunden pro Woche, Monat oder Jahr geleistet werden. Eine bewegliche oder ungleichmäßige Verteilung bedeutet hingegen unterschiedlich große Stundenmengen, also ungleichmäßige Verteilung der Arbeitszeit auf die einzelnen Tage der Woche oder auch pro Woche unterschiedliche Stundenzahlen. Damit können auch die pro Monat geleisteten Arbeitsstunden unterschiedlich sein. Als Ausgleichszeitraum für die Erreichung der durchschnittlich vereinbarten Wochenarbeitsstunden sehen die Tarifverträge der Metall- und Elektroindustrie einen Zeitraum von 12 Monaten vor.

Abb. 1

Bericht der Zukunftskommission Wirtschaft 2000
(Auszug)

Aufbruch aus der Krise

Kritische Faktoren (u. a.):

- Unternehmensorganisation
- Arbeitskosten
- Betriebsnutzungszeiten

Abb. 2

Arbeitskostenvergleich

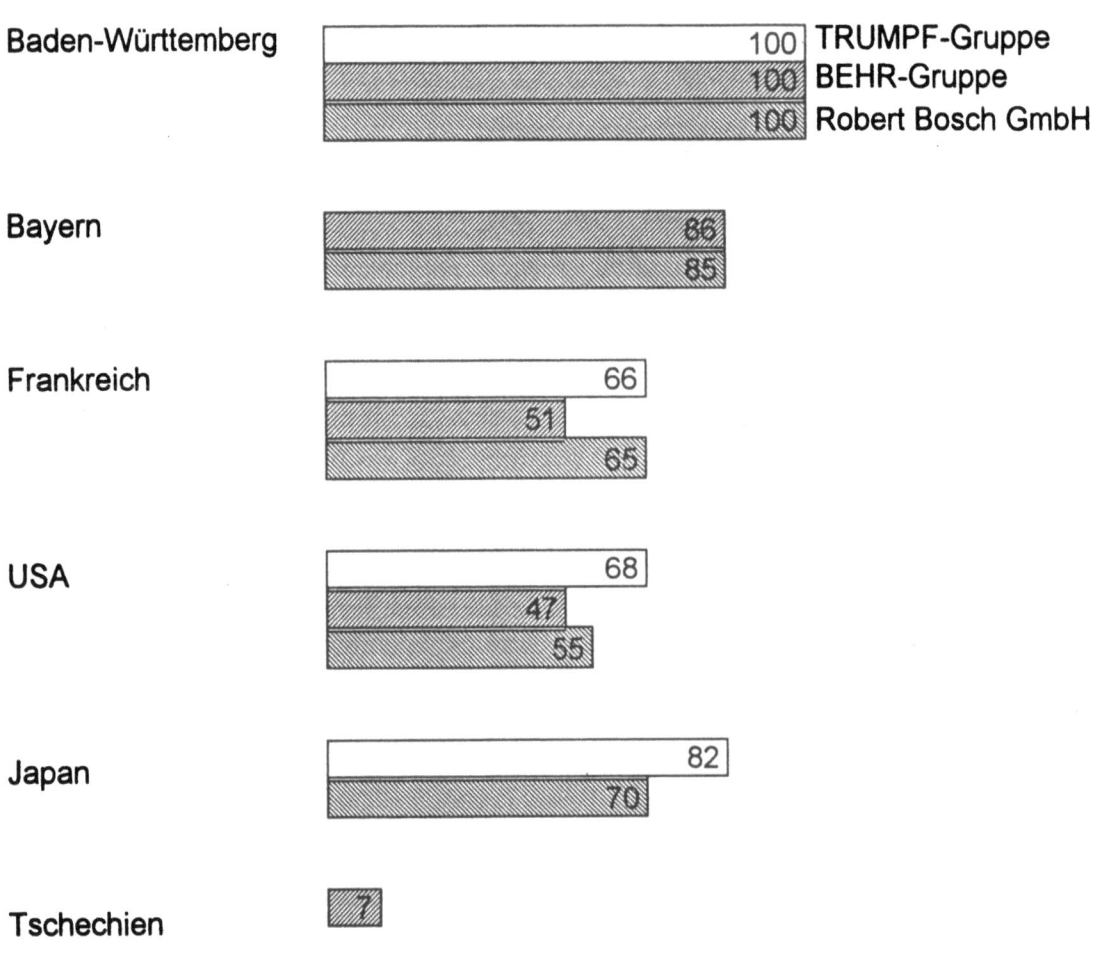

(Basis: Arbeitskosten je geleistete Stunde in DM)

Quelle: Bericht der Zukunftskommission Wirtschaft 2000

Abb. 3

Wertvorstellungen

Wertvorstellungen der Mitarbeiter unter 35 Jahre

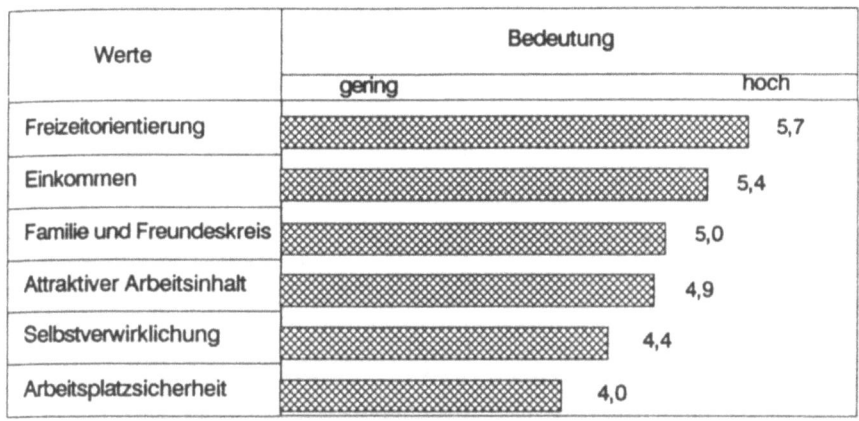

Werte	Bedeutung (gering — hoch)
Freizeitorientierung	5,7
Einkommen	5,4
Familie und Freundeskreis	5,0
Attraktiver Arbeitsinhalt	4,9
Selbstverwirklichung	4,4
Arbeitsplatzsicherheit	4,0

Wertvorstellungen der Mitarbeiter über 35 Jahre

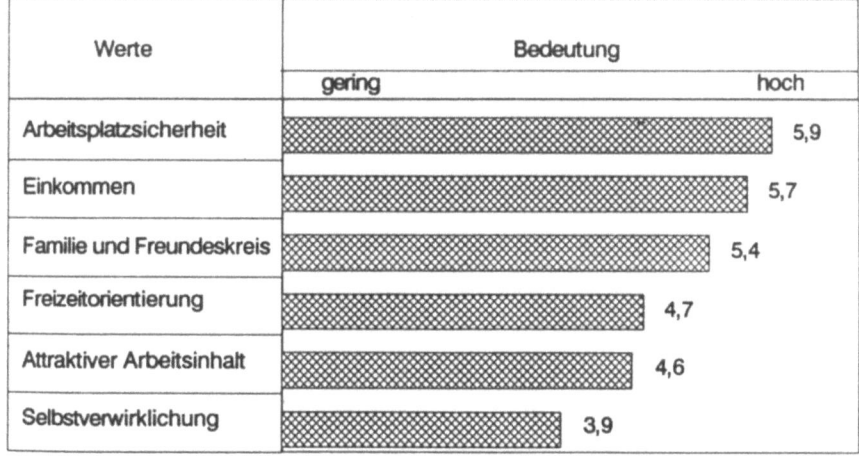

Werte	Bedeutung (gering — hoch)
Arbeitsplatzsicherheit	5,9
Einkommen	5,7
Familie und Freundeskreis	5,4
Freizeitorientierung	4,7
Attraktiver Arbeitsinhalt	4,6
Selbstverwirklichung	3,9

Gesamtverband der metallindustriellen Arbeitgeberverbände e.V.
Volksgartenstr. 54 a, 50677 Köln · Postfach 25 01 25, 50517 Köln · Telefon (02 21) 33 99-0 · Telefax (02 21) 33 99 -2 33

Abb. 4

Wichtigste Merkmale des Arbeitsplatzes

(in Prozent der Befragten, Mehrfachnennungen möglich)

Merkmal	Prozent
Gehalt, Verdienst	32
Sicherheit des Arbeitsplatzes	30
Interessante Tätigkeit	24
Möglichkeit zu selbst. Arbeit	17
Verhältnis zu den Kollegen	16
Vereinbarkeit mit Familie	16

Quelle: EMNID-Institut (1992) im Auftrag
der Wirtschaftsjunioren Deutschland

Gesamtverband der metallindustriellen Arbeitgeberverbände e.V.
Volksgartenstr. 54 a, 50677 Köln · Postfach 25 01 25, 50517 Köln · Telefon (02 21) 33 99-0 · Telefax (02 21) 33 99 -2 33

Abb. 5

Bedeutung von Karriere

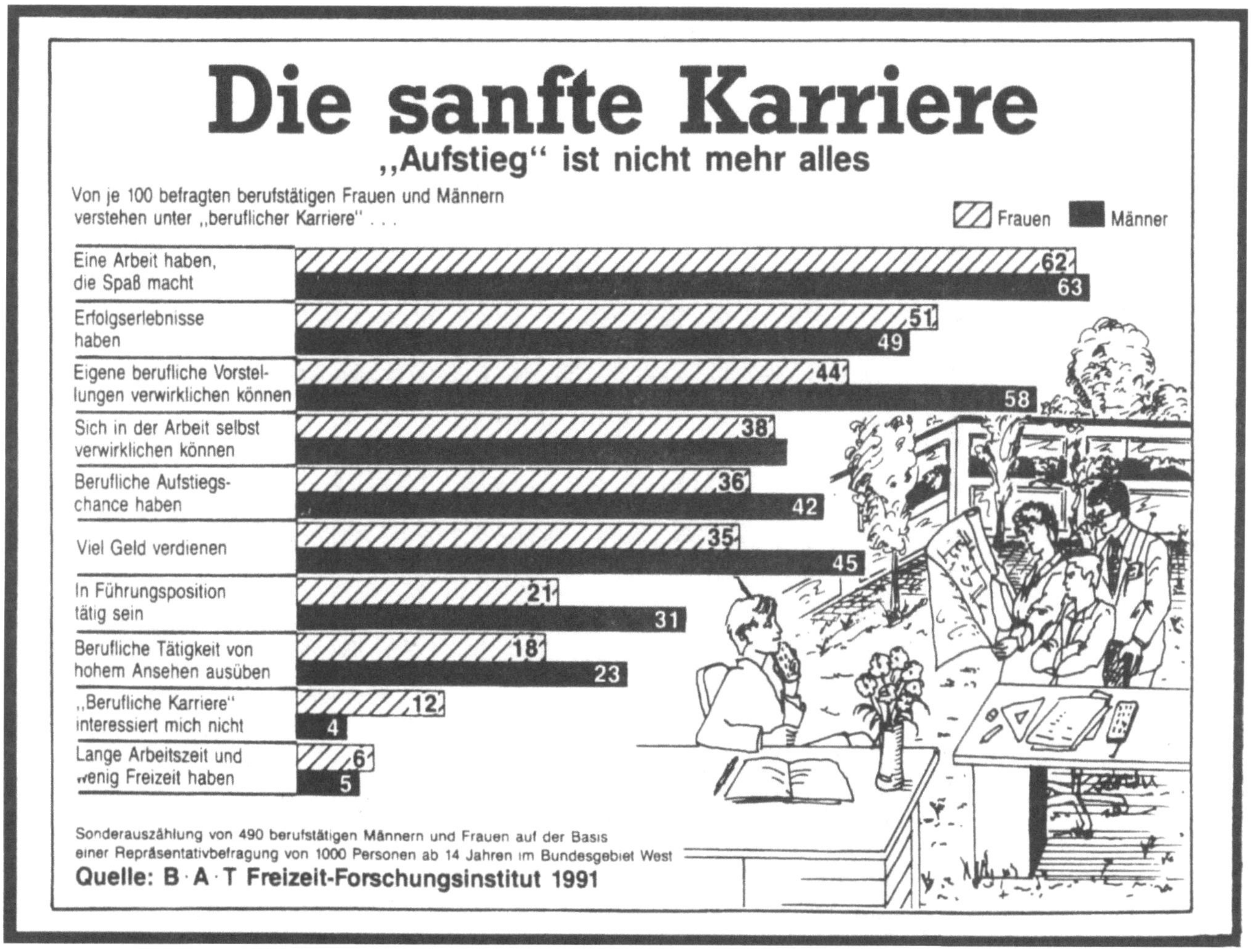

Die sanfte Karriere
"Aufstieg" ist nicht mehr alles

Von je 100 befragten berufstätigen Frauen und Männern verstehen unter „beruflicher Karriere"...

Frauen / Männer

Aussage	Frauen	Männer
Eine Arbeit haben, die Spaß macht	62	63
Erfolgserlebnisse haben	51	49
Eigene berufliche Vorstellungen verwirklichen können	44	58
Sich in der Arbeit selbst verwirklichen können	38	—
Berufliche Aufstiegschance haben	36	42
Viel Geld verdienen	35	45
In Führungsposition tätig sein	21	31
Berufliche Tätigkeit von hohem Ansehen ausüben	18	23
„Berufliche Karriere" interessiert mich nicht	12	4
Lange Arbeitszeit und wenig Freizeit haben	6	5

Sonderauszählung von 490 berufstätigen Männern und Frauen auf der Basis einer Repräsentativbefragung von 1000 Personen ab 14 Jahren im Bundesgebiet West

Quelle: B·A·T Freizeit-Forschungsinstitut 1991

PERSONALFÜHRUNG 3/93

Gesamtverband der metallindustriellen Arbeitgeberverbände e.V.
Volksgartenstr. 54 a, 50677 Köln · Postfach 25 01 25, 50517 Köln · Telefon (02 21) 33 99-0 · Telefax (02 21) 33 99 -2 33

Abb. 6

Arbeitsmotivation im Zeitvergleich

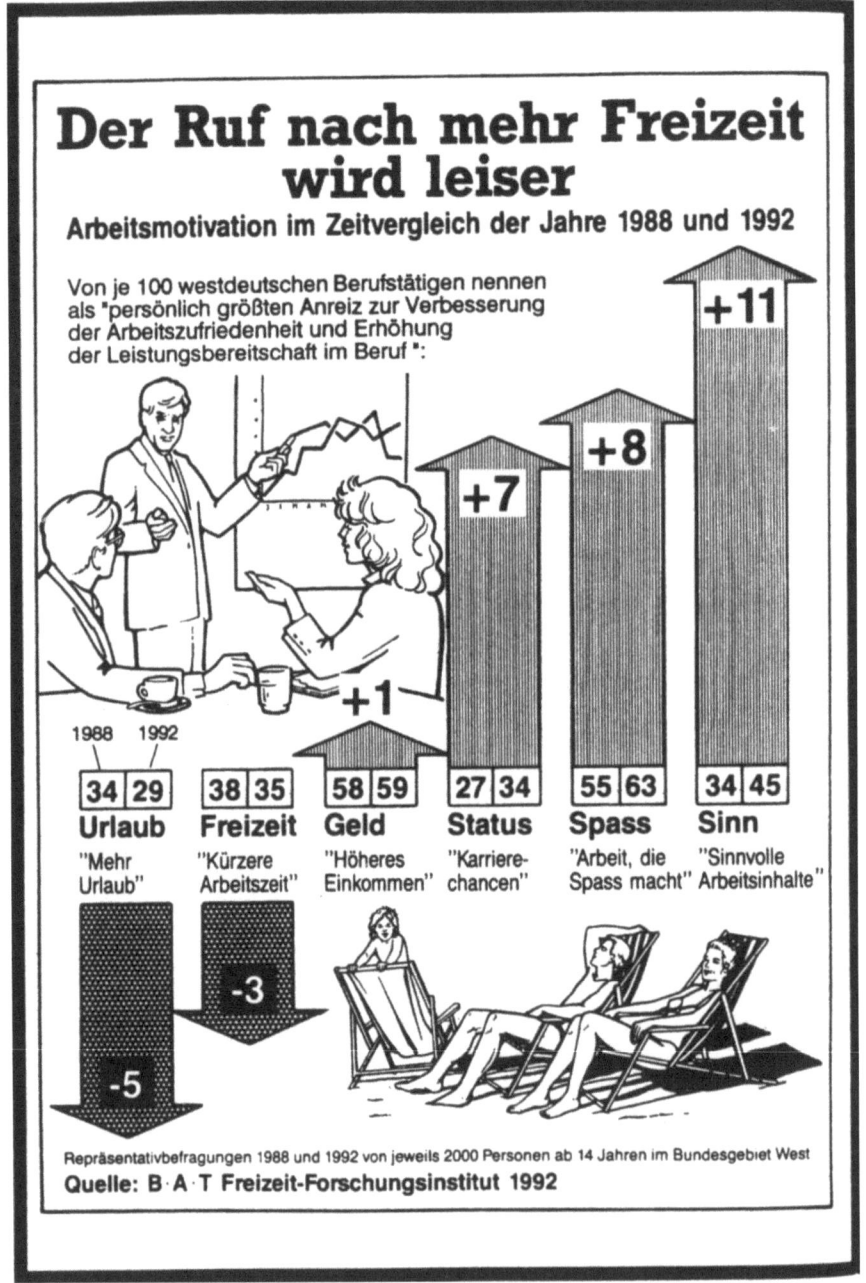

PERSONALFÜHRUNG 3/93

Abb. 7

Anforderungen an Entgeltsysteme

- motivierend

- leistungsgerecht

- anforderungsgerecht

- „gruppengerecht"

- anpassungsfähig

- praktikabel

- qualifikationsgerecht?

Abb. 8

Anforderungsarten („Genfer Schema")

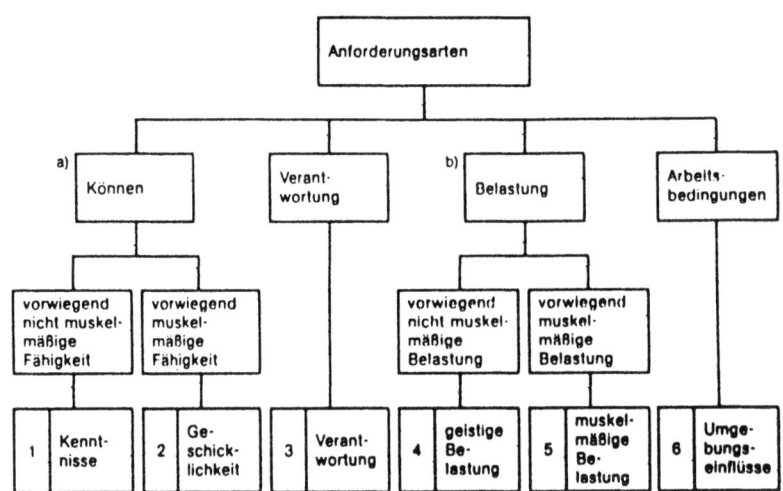

1	Kenntnisse	Ausbildung, Erfahrung, Denkfähigkeit
2	Geschicklichkeit	Handfertigkeit, Körpergewandtheit
3	Verantwortung	für die eigene Arbeit, für die Arbeit anderer, für die Sicherheit anderer
4	geistige Belastung	Aufmerksamkeit, Denktätigkeit
5	muskelmäßige Belastung	dynamische Muskelarbeit, statische Muskelarbeit, einseitige Muskelarbeit
6	Umgebungseinflüsse	Klima, Nässe, Öl, Fett, Schmutz Staub, Gase, Dämpfe, Lärm, Erschütterung, Blendung oder Lichtmangel, Erkältungsgefahr, Schutzkleidung, Unfallgefährdung

Gesamtverband der metallindustriellen Arbeitgeberverbände e.V.

Abb. 9

Tarifvertragliche Entgeltgestaltung

Prinzip

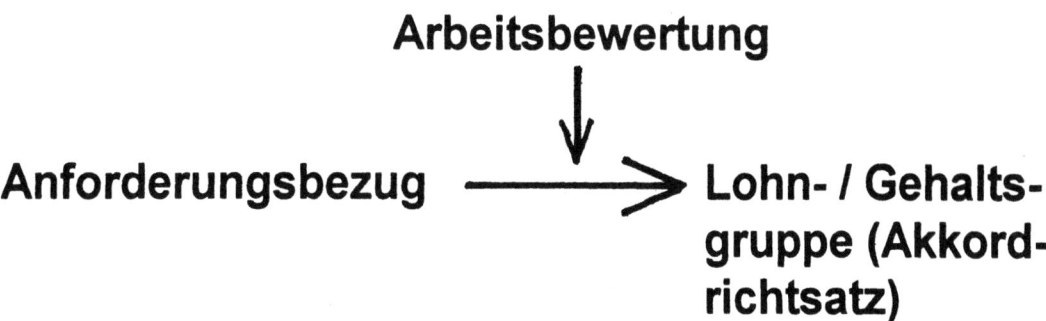

und

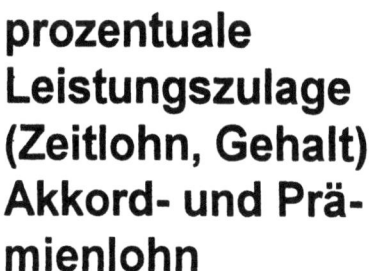

Leistungsbezug ⟶ prozentuale Leistungszulage (Zeitlohn, Gehalt) Akkord- und Prämienlohn

Gesamtverband der metallindustriellen Arbeitgeberverbände e.V.
Volksgartenstr. 54 a, 50677 Köln · Postfach 25 01 25, 50517 Köln · Telefon (02 21) 33 99-0 · Telefax (02 21) 33 99 -2 33

Abb. 10

Alternative Lohnformen

Form	Leistungsbezug
Zeitlohn	Leistungsbeurteilung
Akkordlohn	Menge / Zeit
Prämienlohn	vereinbarte Bezugsmerkmale

Abb. 11

Übersicht Prämienarten

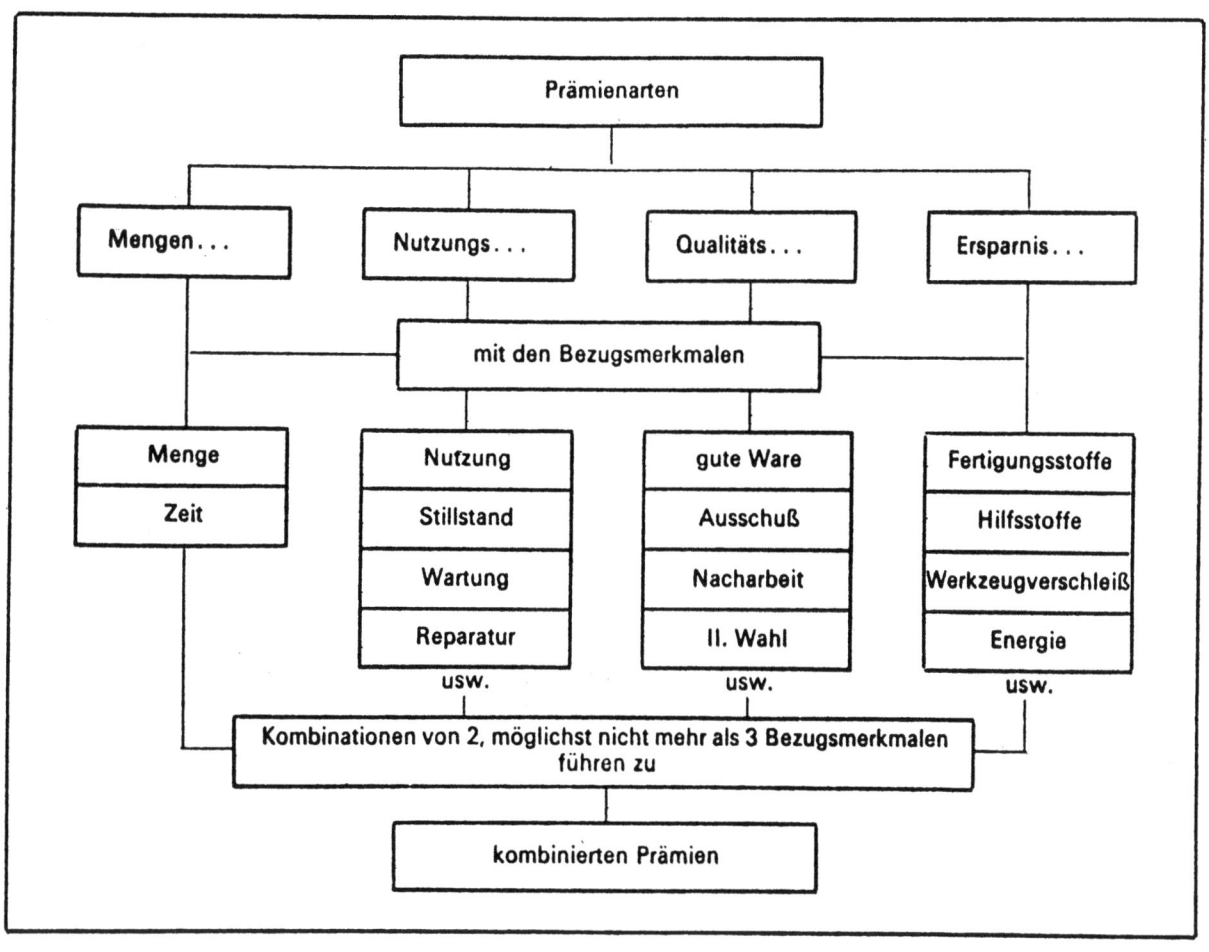

Quelle: Handbuch des Prämienlohnes
IfaA (Hrsg.), 1989

Abb. 12

Gestaltungselemente des Prämienlohnes

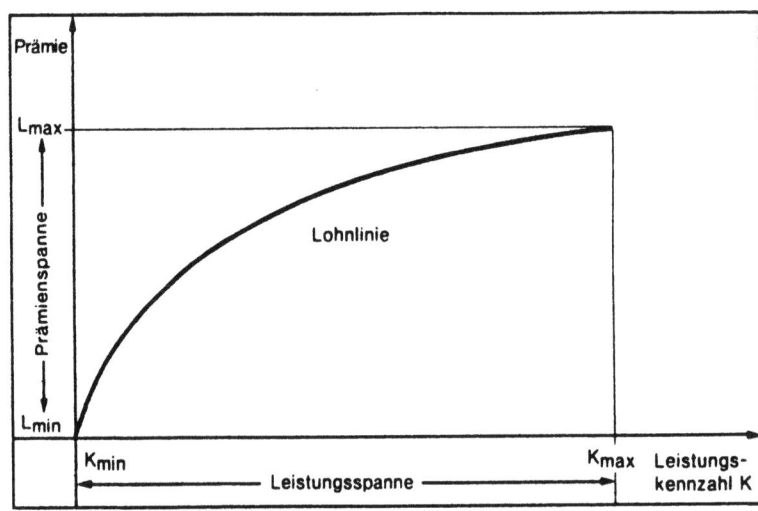

Gesamtverband der metallindustriellen Arbeitgeberverbände e.V.

Abb. 13

Bewertung von Entgeltsystemen

Kriterium \ System	Gehalt	Zeit-lohn	Akkord-lohn	Prämien-lohn	?
Motivation	o	o	+[2]	+	+
Leistung	o	o	+[2]	+[5]	+
Anforderungen	+	+	+	+	+
Gruppenergebnis	o[3]	o[3]	+[4]	+[5]	+
Flexibilität	-	-	-	o[5]	+
Praktikabilität	+	+	o	+[5]	+
Qualifikation	+[1]	+[1]	o[1]	+[1]	+

Erfüllung des Kriteriums: + gut
                             o mittel
                             - schlecht

[1] sofern sich Anforderungen der Arbeitsaufgabe und Qualifikation des Mitarbeiters decken
[2] sofern "typische" Akkordarbeit vorliegt
[3] sofern Beurteilungsmerkmal der Leistungsbeurteilung
[4] nur bei Gruppenakkord
[5] abhängig von der Art der Prämie

Abb. 14

Elemente der Arbeits- und Betriebszeitgestaltung

	Gestaltungsparameter	Ausprägung								
	Arbeitszeit	Vollzeit					Teilzeit			
Dauer	Betriebszeit pro Woche	< 40	40	54	80	90	108	120	144	168
	tägliche Höchstarbeitszeit	< 7,5		7,5		8		9		10
	wöchentliche Höchstarbeitszeit	< 40				40		48		>48
Lage	Arbeitstage	Mo		Di	Mi	Do	Fr		Sa	So
	Schichtarbeit (Anzahl der Schichten/Tag)	✗		2 Schichten			3 Schichten		> 3 Schichten	
	Schichtregelung	✗		Wechselschicht		Dauerschicht		Mischform		Konti-Schicht
	Schichtorganisation	getrennt			bündig			überlappend		
	Pausenregelung	gemeinsam			individuell			versetzt		
	Durchfahren der Pausen	✗		mit Springereinsatz					mannloser Betrieb	
	Samstagsarbeit	✗		alle 4 Wochen		alle 2 Wochen		wöchentlich		flexibel
Verteilung	Zykluszeit/Bezugszeitraum	Tag		Woche		Monat		Jahr		Leben
	tägl. Arbeitsbeginn/-ende	fest					veränderlich			
	Erfüllung des Zeitsolls/Zeitübertragungsmöglichkeit	täglich		wöchentlich	monatlich		begrenzte Zeitguthaben		unbegrenzte Zeitguthaben	
	Kernzeit	vorhanden					✗			
	Zeitausgleich	Betriebsschließungstage		Einzelfreischicht (nach Plan)		Einzelfreischicht (individuell)		Freizeitblöcke		individuelle Zeitguthaben

Quelle: Bayerisches Staatsministerium für Arbeit, Familie und Sozialordnung, 1991

Abb. 15

Arbeitszeitvolumen (pro Woche)

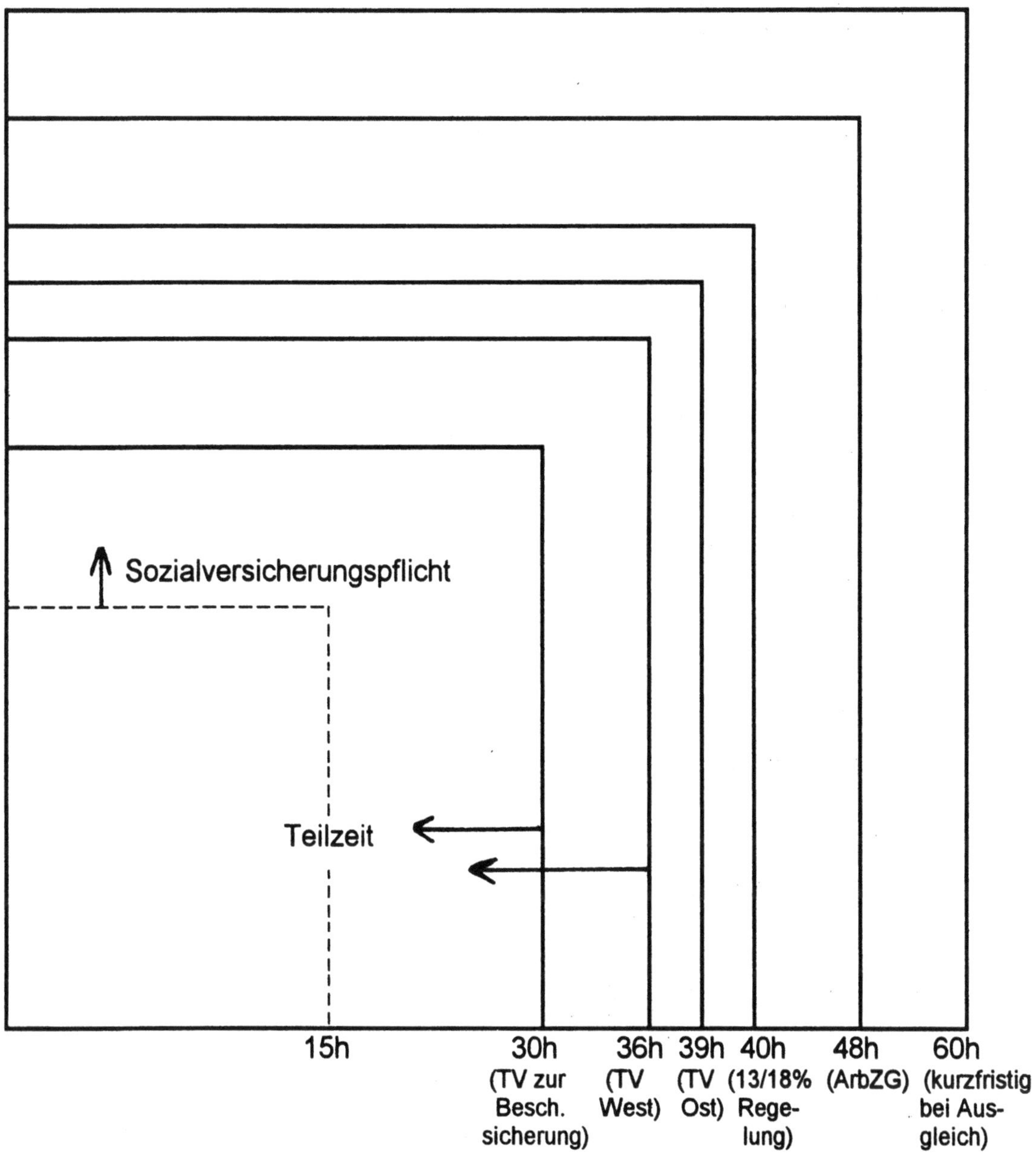

↑ Sozialversicherungspflicht

Teilzeit ←

15h 30h (TV zur Besch. sicherung) 36h (TV West) 39h (TV Ost) 40h (13/18% Regelung) 48h (ArbZG) 60h (kurzfristig bei Ausgleich)

Gesamtverband der metallindustriellen Arbeitgeberverbände e.V.

Abb. 16

Dauer der Arbeitszeit

Tages-Zeitdauer (Beispiele):

☐	6 Stunden
☐	7,2 Stunden
☐	8 Stunden
☐	10 Stunden

Wochen-Zeitdauer:

☐	4 Tage
☐	5 Tage
☐	6 Tage

Gesamtverband der metallindustriellen Arbeitgeberverbände e.V.

Abb. 17

Lage der Arbeitszeit

- innerhalb eines Tages
- innerhalb einer Woche
- innerhalb eines Monats

gleichbleibend

- z. B. immer von 8 Uhr bis 16.30 Uhr
- z. B. immer von Montag bis Freitag

beweglich

- z. B. Gleitzeit
- z. B. einmal Montag bis Donnerstag, einmal Mittwoch bis Samstag

Gesamtverband der metallindustriellen Arbeitgeberverbände e.V.
Volksgartenstr. 54 a, 50677 Köln · Postfach 25 01 25, 50517 Köln · Telefon (02 21) 33 99-0 · Telefax (02 21) 33 99 -2 33

Produktivere Montagesysteme
Entgelt- und Arbeitszeitgestaltung in neuer Arbeitsorganisation

Dipl.-Volkswirt Bartholomäus Pfisterer
Industriegewerkschaft Metall, Frankfurt

Produktivere Montagesysteme

Entgelt- und Arbeitszeitgestaltung in neuer Arbeitsorganisation

Dipl.-Volkswirt Bartholomäus Pfisterer
Industriegewerkschaft Metall, Frankfurt

In den 80er Jahren war die Tarifpolitik der IG Metall von der Verkürzung der wöchentlichen Arbeitszeit geprägt. Vor dem Hintergrund anhaltender Massenarbeitslosigkeit war es notwendig, mit den Mitteln der Tarifpolitik einen Beitrag zur Umverteilung der Arbeit zu leisten und damit aktive Bechäftigungspolitik zu betreiben.

Doch nicht allein der beschäftigungspolitische Aspekt war Zielsetzung unserer Kampagne zur Durchsetzung der 35-Stunden-Woche, sondern auch der Ausgleich für belastende Arbeitsbedingungen durch mehr Freizeit sowie die Zielsetzung, unseren Kolleginnen und Kollegen eine aktivere Beteiligung am gesellschaftlichen Leben zu ermöglichen.

Mit dem Tarifergebnis des Jahres 1990 wurde die 35-Stunden-Woche in den Manteltarifverträgen der Metallindustrie verankert. Damit wurde ein lange angestrebtes Ziel erreicht. Der Kampf um die 35-Stunden-Woche hat jedoch auch dazu geführt, daß ein Teil von tarifpolitischen Regelungsfeldern, die noch in den 70er Jahren im Mittelpunkt tarifpolitischer Auseinandersetzungen standen, in den Hintergrund gedrängt wurden. Hiermit meine ich die Frage der Regelung der Arbeitsbewertung, der Eingruppierung wie auch die Fragen der leistungsbezogenen Entgeltbestandteile.

Während diese Fragen nicht mehr im Zentrum tarifpolitischer Auseinandersetzungen standen, haben sich die betrieblichen Verhältnisse jedoch in einem Maße verstärkt, daß unsere Kolleginnen und Kollegen, die als Betriebsräte oder in den Arbeitsvorbereitungen tagtäglich die Umsetzung tariflicher Normen betreiben müssen, zunehmend vor dem Widerspruch zwischen alten Tarifverträgen und neuen Produktionsstrukturen standen. Daraus ergibt sich für die Tarifvertragsparteien die Notwendigkeit, neue Schwerpunkte in der Tarifpolitik zu setzen. Es gilt, sich den durch den Wandel von Technik und Arbeitsorganisation neu ergebenden tarifpolitischen Fragen zu stellen und geeignete Antworten zu finden. Dies soll innerhalb der IG Metall im Rahmen eines offenen Diskussionsprozesses geschehen. Dieser Diskussionsprozeß ist geprägt von dem Begriff **Tarifreform 2000**.

Tarifreform 2000, weil es darum geht, im Rahmen dieses Diskussionsprozesses neue Ziele zu setzen, mit denen die IG Metall Tarifverträge gestalten kann, die auch bei Produktionsstrukturen der Zukunft Bestand haben und diesen gerecht werden. Es kommt also darauf an, nicht nur über die Teilverbesserung einzelner Tarifnormen, sondern über neue tarifpolitische Ziele, ja gesellschaftliche Visionen, zu diskutieren.

Erst in der zweiten Phase dieser Diskussion wollen und müssen wir daraus operationale Ziele ableiten, die Bestandteil von tariflichen Normen werden und in Tarifverhandlungen eingebracht werden können. Bei den Zielen, die wir im Rahmen der **Tarifreform 2000** diskutieren, handelt es sich nicht um Zielsetzungen, die sich - wie die 35-Stunden-Woche - auf einen Punkt bringen lassen, sondern um vielfältige unterschiedliche Regelungsmöglichkeiten, die ihre gemeinsame Perspektive darin finden, die Arbeitsbedingungen in den Betrieben während der Arbeit zu verbessern.

In einem weiteren Punkt unterscheidet sich der Diskussionsprozeß um die **Tarifreform 2000** von der Diskussion um die 35-Stunden-Woche dadurch, daß - während die Arbeitszeit in den Tarifverträgen der Metallindustrie durch alle Tarifgebiete einheitlich geregelt war - die Lohn- und Gehaltsrahmenbestimmungen in den Tarifgebieten der Metallindustrie höchst unterschiedlich sind. **Tarifreform 2000** bedeutet daher auch, daß - auf die jeweiligen regionalen Tarifverträge abgestimmt - unterschiedliche Wege von den Bezirken der IG Metall wie den Arbeitgebern gegangen werden können.

In allen Tarifgebieten ergeben sich aber fünf konkrete tarifpolitische Handlungsfelder:

1. Das Handlungsfeld Eingruppierung und Entgeltdifferenzierung.

2. Das Handlungsfeld Recht auf Qualifizierung.

3. Das Handlungsfeld Entlohnungsgrundsätze und Leistungsbedingungen.

4. Das Handlungsfeld menschengerechte Arbeits- und Technikgestaltung.

5. Das Handlungsfeld Demokratie im Arbeitsalltag.

Aus diesen fünf Handlungsfeldern möchte ich an dieser Stelle nur ein paar Aspekte ansprechen.

Handlungsfeld Eingruppierung und Entgeltdifferenzierung

Hier stellen sich aus der betrieblichen Praxis unterschiedlichste Problemlagen.

Aus sozialpolitischer Sicht ist unstrittig, daß die Trennung zwischen Lohntarifverträgen für Arbeiter und Gehaltstarifverträgen für Angestellte mit unterschiedlichen Eingruppierungskriterien überholt ist.

Jedoch nicht nur die soziale Differenzierung stellt sich für die Gewerkschaften als politische Herausforderung dar, sondern auch die Entwicklung der technischen Arbeitssysteme.

Es ist schlicht und einfach nicht zu erklären, daß der Programmierer in der Werkstatt als Lohnempfänger und der Programmierer in der Arbeitsvorbereitung als technischer Angestellter in unterschiedlichen Lohn- bzw. Gehaltsgruppen bezahlt werden und ein unterschiedliches Einkommen erzielen, obwohl beide über die gleiche Qualifikation verfügen und auch die gleichen Arbeitsanforderungen an sie gestellt werden.

Veränderte Arbeitsstrukturen, Gruppenarbeit, die Integration von Facharbeitertätigkeiten in die Produktion, all dies führt dazu, daß die klassischen Instrumente der Arbeitsbewertung mehr und mehr versagen und die Betriebe nach eigenen Möglichkeiten anderer Entgeltdifferenzierungen suchen.

Diese Entwicklung ist eine Herausforderung an die Tarifvertragsparteien, der wir uns als Gewerkschaften stellen müssen.

Unser Ziel ist dabei, gemeinsame Entgelttarifverträge zu schaffen und eine Eingruppierung auf zwei Säulen aufzubauen:

1. Die Eingruppierung der Arbeitnehmer nach ihren Qualifikationen und

2. die Einstufung von Arbeitssystemen entsprechend der Arbeitsanforderungen.

Die Schaffung einer Eingruppierungssystematik auf der Grundlage dieser beiden Säulen hat das Ziel, veränderten Ansprüchen an die Qualität der Arbeit gerecht zu werden.

Das von der IG Metall vorgeschlagene Zwei-Säulen-Modell geht davon aus, daß auf der einen Seite eine Eingruppierung in 13 Entgeltgruppen entsprechend der in der Metallindustrie verwertbaren Qualifikationen der Arbeitnehmer erfolgt sowie, daß auf der anderen Seite Arbeitssysteme gebildet werden, die entsprechend den Anforderungen den 13 Entgeltgruppen zugeordnet werden. Der Kernpunkt dieser Eingruppierung nach zwei Säulen ist die tarifliche Regelung, daß jeder Arbeitnehmer in einem Arbeitssystem beschäftigt wird, das seiner Qualifikation entspricht. Hiermit haben wir als IG Metall eine Klarstellung unserer Diskussion vorgenommen, was wir unter der Eingruppierung auf der Basis der Qualifikation der Arbeitnehmer verstehen.

Wer sich bereits länger mit dieser Diskussion befaßt, kennt das polemische Argument "man könne doch nicht den Hofkehrer als Professor bezahlen, nur weil er einen Professorentitel hat". Dies, so haben wir stets deutlich gemacht, wollen wir als IG Metall auch nicht. Wir wollen aber, daß eine Eingruppierung und Beschäftigung der Arbeitnehmer erfolgt, die ihrer Qualifikation entspricht und die sie in ihrer Qualifikation fördert und fordert. Wir sehen in diesem Modell einen geeigneten Weg, wie die Tarifvertragsparteien dem Wandel der Werte in unserer Gesellschaft Rechnung tragen können.

Auf Dauer wird ein Eingruppierungssystem, das sich nur nach den Anforderungen richtet und die Bemühungen der Arbeitnehmer, sich weiterzuqualifizieren, nicht honoriert, keinen Bestand haben können.

Mit dem Zwei-Säulen-Modell hat die IG Metall einen geeigneten Vorschlag einer möglichen tariflichen Neuregelung zur Eingruppierung vorgestellt.

Dieses Modell steht zur Diskussion.

Neben der Systematik der Eingruppierung ist natürlich von besonderer Bedeutung, wie zukünftig die Arbeitsaufgabe des Arbeitnehmers oder der Arbeitsgruppe definiert wird. Wie eingangs bereits erwähnt, wollen wir als IG Metall eine ganzheitliche Betrachtung der Arbeit, d.h. es muß Abschied genommen werden von der scharfen Trennung zwischen Hand- und Kopfarbeit.

Das führt zu gewaltigen Umbrüchen auf den Ebenen der Arbeitsorganisation, der betrieblichen Hierarchie, des Kompetenzzuwachses - insbesondere bei angelernten und Fachkräften - das Wegnehmen von Kompetenzen im Bereich der mittleren

Führungsebene bis hin zur neuen Definition der Aufgabe der Vorgesetzten, insbesondere der Meister.

Nach unserer Ansicht muß Gruppenarbeit folgende Kriterien beinhalten:

Die Organisation der Gruppenarbeit muß es ermöglichen, auch angelernte Arbeitnehmer/innen in das Arbeitssytem zu integrieren und schrittweise an höherwertige Tätigkeiten heranzuführen. Dies gilt im besonderen für ältere Arbeitnehmer/innen, Leistungsgewandelte und Schwerbehinderte. Sie sind entsprechend zu berücksichtigen. Grundsätzlich ist Gruppenarbeit so zu organisieren, daß kein/e Arbeitnehmer/innen ausgegrenzt wird/werden. Gruppenarbeit ist als eine unter mehreren Arbeitsformen zu verstehen.

Die Gruppenarbeit muß folgende Kriterien beinhalten:

- Sie muß eine qualifizierende und abwechslungsreichere Arbeit ermöglichen.
- Die Arbeitsaufgabe ist so abzugrenzen, daß sie Entscheidungen über den Personaleinsatz und bestimmte Arbeitsmittel zuläßt.
- Die Planung von Qualifizierungsmaßnahmen für die Gruppenmitglieder ist Bestandteil der Arbeitsaufgabe.
- Ein Belastungswechsel durch Arbeitswechsel ist zu ermöglichen.
- Bei Produktionsarbeiten muß ein höchstmöglicher Anteil, aber mindestens 10 % der Arbeitszeit, als indirekte Tätigkeit ausgeführt werden, damit ein Wechsel zwischen taktabhängiger und taktunabhängiger Arbeit möglich ist.
- Die Gruppengröße ist so festzulegen, daß eine Anzahl von ca. 5 - 12 Arbeitnehmer(n)/innen zustandekommt.

Technik und Arbeitsorganisation sind grundsätzlich so zu gestalten, daß für die Gruppenmitglieder ein Höchstmaß an Entscheidungsmöglichkeit gewährleistet ist.

Fertigungstechnik und Ablauforganisation müssen so gestaltet werden, daß die Beeinflußbarkeit bezüglich der Arbeitsweise, zeitliche und sachliche Arbeitsabfolge, Arbeitseinsatz, Arbeitswechsel und Disposition der eigenen Arbeit für die Gruppen gestärkt werden.

Gruppengespräche finden während der Arbeitszeit statt. Das Zeitvolumen beträgt mindestens 1 Stunde pro Woche. Der Betriebsrat kann an Gruppengesprächen teilnehmen.

Sind Arbeitnehmer/innen einer Gruppe in der Lage, die Arbeit einer anderen Gruppe auszuführen, so ist die Eingruppierung gemäß Tarifvertrag zu überprüfen und ggf. eine Höhergruppierung vorzunehmen.

Alle Arbeitnehmer/innen führen abwechselnd die anfallenden Einzelaufgaben innerhalb der Arbeitsgruppe selbständig aus.

Die Arbeitnehmer/innen werden entsprechend den tarifvertraglichen Bestimmungen aufgrund einer ganzheitlichen Betrachtung des gesamten Arbeitsbereichs bzw. -systems der Gruppe eingruppiert.

Der Umfang der Kompetenzen einer Gruppe wird durch Gesetze, Tarifverträge, Verordnungen, Betriebsvereinbarungen begrenzt. Innerhalb dieser Grenzen sollen die Gruppen Entscheidungen treffen können über

- den Arbeitswechsel (Rotationsregelungen) und Reihenfolge der Auftragsabwicklung,
- die Beschaffung von Arbeitsmitteln und Betriebsmitteln (Schutzkleidung, Ausrüstung, Arbeitsmaterial, Werkzeuge, etc.),
- die zeitliche Lage und Durchführung von Gruppengesprächen (mindestens 1 Stunde pro Woche) ohne vor- und nachgelagerte Bereiche nachteilig zu beeinflussen,
- den Qualifizierungsbedarf und die -planung.

Nicht in die Kompetenz der Gruppe fallen die Entscheidungen, die die Mitwirkung oder Mitbestimmung des Betriebsrates voraussetzen. Zum Beispiel:

- ob, wieviel und wann Mehrarbeit geleistet wird,
- die endgültige Urlaubsplanung,
- Beginn und Ende von Arbeitszeit bzw. Pausen,
- die Zusammensetzung der Gruppe, etc.

Handlungsfeld Recht auf Qualifizierung

Es kann nur in Verbindung mit den von der IG Metall angestrebten Regelungen zur Qualifizierung gesehen werden, um damit die Durchlässigkeit des gesamten Systems zu erreichen. Insbesondere die Beseitigung der Diskriminierung von Frauen erfordert einen gesicherten Qualifizierungsanspruch auf der Basis von tariflichen Regelungen.

Die bisherigen tariflichen Regelungen zur Qualifizierung der Arbeitnehmer zeigen, daß eine Quantifizierung des Qualifizierungsanspruchs notwendig ist. Dabei stellt sich jedoch der Konflikt zwischen einer individuellen und einer kollektiven Regelung.

Für eine kollektive Regelung spricht, daß sich ein Zeitvolumen vertraglich realisieren läßt, mit dem auch größere Qualifizierungsmaßnahmen zu gestalten sind.

Gegen eine solche kollektive Regelung spricht aber die Erfahrung, daß Qualifizierungsmaßnahmen heute häufig den ohnehin bereits qualifizierteren Beschäftigtengruppen angeboten werden und die weniger Qualifizierten den Kürzeren ziehen. Dieser Nachteil läßt sich durch einen individuellen Qualifizierungsanspruch vermeiden, was zur Folge hat, daß nur ein geringes Volumen an Qualifikationszeit tariflich geregelt werden kann.

Das zur Diskussion gestellte Modell sieht eine Kombination beider Prinzipien vor: Einerseits einen individuellen Anspruch, andererseits einen kollektiven Anspruch über das Volumen an Arbeitsstunden, das im Rahmen des individuellen Anspruchs eines Bildungsjahres nicht ausgeschöpft wurde.

Qualifizierung und Eingruppierung, diese beiden Elemente der **Tarifreform 2000** gehören zusammen. Beide Elemente gewinnen an Bedeutung, sie müssen auf einer neuen Basis geregelt werden, um die Herausforderungen, vor denen unsere Industriegesellschaft steht, zu meistern. Dem Erhalt und dem Ausbau des wichtigsten Potentials der Metallwirtschaft, der Qualifikation der Beschäftigten, kann sich auf Dauer kein Arbeitgeber entziehen.

Eine tarifliche Regelung kann dafür die Grundlage schaffen.

Handlungsfeld Entgeltgrundsätze und Leistungsbedingungen

Ein weiterer Schwerpunkt der **Tarifreform 2000** umfaßt alle Fragen der Arbeits- und Leistungsbedingungen einschließlich der Gestaltung von Arbeit und Technik.

Hiermit ist das traditionelle Aktionsfeld der leistungsbezogenen Entgeltbestandteile in der Tarifpolitik angesprochen.

In der Metallindustrie arbeiten von den gewerblich beschäftigten Arbeitnehmern ca. 35 % im Akkord-, 12 % im Prämien- und 53 % im Zeitlohn. Die Angestellten arbeiten ausschließlich im Entlohnungsgrundsatz Gehalt, der - wie der Zeitlohn - keine mitbestimmten Regelungen über die zu erbringende Leistung vorsieht. Breit ist die Diskussion sowohl im Bereich der Zeitlöhner wie auch im Bereich der Gehaltsempfänger zur Frage der Leistungsverdichtung.

Das Problem der Leistungsverdichtung zu regeln ist eine Aufgabe, die sich der **Tarifreform 2000** stellt. Andererseits stellt sich auch die Aufgabe, die leistungsbezogene Entgeltbestimmung dem Wandel von Technik und Arbeitsorganisation anzupassen. Hierbei ergibt sich eine ganze Reihe von Fragen.

Einerseits im traditionellen Feld von tariflichen Regelungen von Leistungsbezugsgrößen, sprich Vorgabezeiten, andererseits in der Notwendigkeit, auch die Leistungsbedingungen von Zeitlöhnern und Angestellten zu regeln.

In der noch bis heute praktizierten klassischen Entlohnungsform des Akkordlohns werden die Leistungsbedingungen über die Vorgabezeit geregelt. Dies war die klassische Entlohnungsform der Produktionsarbeiter, auf der sich nicht nur der Lohn, sondern auch alle betriebswirtschaftlichen Kenngrößen in einem Unternehmen aufbauten.

Die Vorgabezeit prägt den klassischen Konflikt um das Verhältnis von Lohn und Leistung. Sie hat in der betrieblichen Praxis scheinbar an Bedeutung verloren. Jedoch trügt hier der Schein. Tatsächlich verlagert sich der Konflikt um die Vorgabezeit aus der Werkstatt in die der Produktion vorgelagerten Bereiche. Vorgabezeiten werden heute nicht mehr nachträglich nach dem Anlauf eines Produktes erstellt, sondern bereits auf der Basis von Planzeiten im Vorfeld von Investitionen gebildet, um auf der Basis betriebswirtschaftlich gesicherter Daten Investitionsentscheidungen zu treffen.

Mit dieser veränderten Rolle der Zeitwirtschaft gewinnen die Systeme vorbestimmter Zeiten an Bedeutung. Namentlich MTM hat sich in den letzten Jahren in der Automobilindustrie und über die Automobilindustrie hinaus in der Zulieferindustrie durchgesetzt. Dies stellt neue Anforderungen an die Betriebsräte und die Tarifpolitik der IG Metall.

Die klassischen Auseinandersetzungen an die Fragen einer Bezugsleistung gewinnen so eine neue Bedeutung, da sich hiermit einerseits die Frage, wieviel Geld gibt es für wieviel Leistung und andererseits die Frage, wie sich die Leistungsbedingungen bezogen auf die Leistungsfähigkeit der Arbeitnehmer ausgestalten, ergibt.

Dieser veränderten Rolle der Zeitwirtschaft vor dem Hintergrund sich wandelnder Formen der Arbeitsorganisation wollen wir mit dem Modell des Standardlohns gerecht werden. Standardlohn das heißt: an die Stelle des Lohnanreizes tritt der auf kollektiver Basis vereinbarte Leistungskompromiß. Für eine bestimmte sogenannte Standardleistung wird ein festes sogenanntes Standardentgelt gezahlt. Es unterscheidet sich vom Zeitlohn durch die Mitbestimmungsrechte über die zu erbringende Leistung bezogen auf die Mengenleistung.

Veränderungen in der Arbeitsorganisation sind jedoch nicht nur durch die veränderte Rolle der Zeitwirtschaft gekennzeichnet. Sie sind auch durch veränderte Arbeitsstrukturen mit den Schlagworten Gruppenarbeit, Fertigungsinseln oder Projektarbeit gekennzeichnet.

Hier ergibt sich aus unserer Sicht die vordringliche Aufgabe, Leistungsbedingungen und Personalbesetzung bei Gruppenarbeit tarifvertraglich zu regeln. Auch hier stellt der Standardlohn aus unserer Sicht die geeignete Entlohnungsform dar, um Gruppenarbeit mit vereinbarten Leistungspensen, mit angereicherten Arbeitsinhalten und mit mehr Freiräumen innerhalb der Arbeitsgruppe zu realisieren.

Es geht darum, Gruppenarbeit zu ermöglichen und zu fördern, ohne Gruppenzwängen Vorschub zu leisten.

Das heißt einerseits, die tarifvertragliche Schutzfunktion der Arbeitnehmer vor Selbstausbeutung in Arbeitsgruppen und andererseits die tariflichen Gestaltungsfunktionen mit dem Ziel erweiterter Arbeitsinhalte wahrzunehmen.

Das schwierigste Feld ist sicherlich die Regelung der Leistungsbedingungen für Angestellte und Zeitlöhner.

In der Diskussion um die Leistungsverdichtung für diesen Personenkreis zeigt sich, daß ein sehr schillernder Begriff unter Leistung verstanden wird.

Während in der klassischen tariftechnischen Diskussion unter Leistung stets die Mengenleistung verstanden wird, verstehen unsere Kolleginnen und Kollegen im

Bereich der Zeitlöhner und der Angestellten unter Leistungsbedingungen auch das, was wir klassischerweise unter Arbeitsanforderungen verstehen.

So wird von Kolleginnen und Kollegen die Erweiterung ihrer Arbeitsinhalte nicht nur als eine Verbesserung ihrer Arbeitsstrukturen empfunden, sondern auch als eine Leistungsverdichtung.

Gerade dieser Diskussion müssen wir uns als Gewerkschaften stellen und nicht im Sinne einer Regelung klassischer leistungsbezogener Entgelte, sondern durch neue tarifliche Grundlagen, die den veränderten Strukturen in Industrie und Gesellschaft gerecht werden.

Ein möglicher Ansatz wäre die Zusammenführung der bisherigen unterschiedlichen Entlohnungsgrundsätze Gehalt, Zeitlohn, Prämienlohn und Akkordlohn.

Unser Vorschlag geht davon aus, daß es künftig nur noch zwei Entlohnungsgrundsätze geben sollte.

Erstens einen Entlohnungsgrundsatz, in dem im Rahmen des Standardentgelts eine Personalbemessung für Arbeitsbereiche bzw. Arbeitssysteme vereinbart wird.

Dieser Entlohnungsgrundsatz kann in weiten Bereichen des Angestelltenbereiches aber auch in Bereichen, die bisher dem Zeitlohn zugeordnet waren, Anwendung finden.

Zweitens einen Entlohnungsgrundsatz, in dem neben der Personalbemessung auch ein zu verrichtendes Arbeitspensum geregelt wird. Dieser Entlohnungsgrundsatz kann auf die bisherigen Bereiche von Akkord- und Prämienentlohnung Anwendung finden.

Der Vorschlag zur Neuregelung der Leistungsentlohnung in der **Tarifreform 2000** geht davon aus, daß die bisherigen unterschiedlichen Entlohnungsgrundsätze möglichst konfliktfrei in neue Entlohnungsgrundsätze überführt werden müssen, daher sieht er neben dem stabilen auch ein variables Standardentgelt vor.

Hiermit will die IG Metall einerseits den bisherigen Entwicklungen in den Betrieben gerecht werden, andererseits jedoch keinen unbeschränkten Leistungsanreiz schaffen, um nicht die Gesundheit der Arbeitnehmer zu gefährden.

Handlungsfeld menschengerechte Arbeits- und Technikgestaltung

Das Betriebsverfassungsgesetz sieht im Bereich der Arbeit und Technikgestaltung nur bedingt Mitbestimmungsrechte des Betriebsrates vor.

Desweiteren wird im Betriebsverfassungsgesetz unterstellt, daß die Beteiligung der Arbeitnehmer ausschließlich über den Betriebsrat erfolgt.

Aufgrund der rasanten Veränderung von Arbeit und Technik sollen die Arbeitnehmer ihre Vorstellungen und Vorschläge mit einbringen können. Dabei steht bei uns das Prinzip der ganzheitlichen Arbeits- bzw. Arbeitssystembetrachtung im Vordergrund.

Ein besonderes Element ist hierbei die Gruppenarbeit. Mit dieser Form der Arbeitsorganisation bietet sich die Möglichkeit, eine Menge bisher zentral angesiedelter Funktionen als Aufgabe in die Gruppe zu übertragen und somit die Arbeit anzureichern und interessanter für unsere Kolleginnen und Kollegen zu machen.

Dies gilt besonders für die Stichworte Planen, Steuern, Verantworten, Kontrollieren, Beurteilen. Diese Funktionsbereiche waren in der Vergangenheit klassisch bei den Angestellten und somit "ausschließlich bei Kopfarbeitern" angesiedelt.

Andererseits war das Ausführen der Tätigkeiten ausschließlich den gewerblichen "Handarbeitern" übertragen.

Diese scharfe tayloristische Trennung zwischen Hand- und Kopfarbeit vergangener Tage wird für die Zukunft keinen Bestand mehr haben. Für die Zukunft muß die ganzheitliche Arbeit bei der Planung im Vordergrund stehen (Anlage).

Das heißt, wir bekommen neben den unbeeinflußbaren Zeiten zusätzliche Zeitvolumina durch planen, steuern, veranworten, kontrollieren, beurteilen etc., welche durch die klassische Zeitwirtschaft nicht abzudecken sind.

Wenn diese sogenannten Funktionsbereiche teilweise übertragen werden, führt dies zwangsläufig zu einer "Ortsverschiebung" mit allen Konsequenzen für die betroffenen Arbeitnehmer wie Arbeitgeber. Arbeit und Technik sind so zu gestalten, daß sie den Menschen fordern und fördern, einseitige Arbeit weitgehendst vermieden wird, um ihn für die Zukunft vor gesundheitlichen Beeinträchtigungen zu schützen.

Handlungsfeld Demokratie im Arbeitsalltag

Wir wollen, daß die Arbeitnehmer im Betrieb einen erweiterten Rechtsanspruch auf Informationen erhalten. Dies bezieht sich in erster Linie auf die Arbeits- und Technikgestaltung.

Es geht darum, daß Arbeitnehmer im Vorfeld von Investitionsentscheidungen informiert und beteiligt werden, damit sie noch rechtzeitig ihre Vorschläge für eine bessere Technik, für eine optimale, humanere Arbeitsorganisation, für kostengünstigere Entscheidungen, einbringen können.

Derzeit wird die Technikentscheidung gemäß tayloristischer Trennung von Hand- und Kopfarbeit weitab von konkretem Technikeinsatz entschieden, ohne die betroffenen Arbeitnehmer, welche über Jahre hinweg mit den neu organisierten Arbeitsbedingungen leben müssen, miteinzubeziehen. Geplante Investitionsentscheidungen müssen somit im Vorfeld für die Arbeitnehmer reklamierbar sein.

Soziale Pflichtenhefte bieten hierzu die idealen Möglichkeiten, diese Prozesse zu begleiten, zu steuern und Defizite offenzulegen. Das mehr an Transparenz und Offenlegung wird den Arbeitsalltag wie die Fabrik hinsichtlich der Arbeitsgestaltung, der Organisation, der Art der Produkte im Hinblick auf Ökologie im Betrieb nachhaltig verändern.

Unsere Vorschläge zur **Tarifreform 2000** stehen nicht nur innerhalb der IG Metall zur Diskussion.

Jeder ist dazu eingeladen, sich in diese Diskussion einzubringen, sich daran zu beteiligen und seinen Beitrag zu neuen Tarifverträgen zu schaffen, die wir in den nächsten Jahren erreichen wollen, die aber mit Sicherheit die Arbeitsbedingungen für das nächste Jahrtausend prägen werden.

In den einzelnen Bezirken wurden die Verhandlungen aufgenommen und es haben sich unterschiedliche Diskussionsstände herausgebildet.

Arbeitszeitgestaltung

Die IG Metall war seit 1977 mit der Durchsetzung und Umsetzung der 35-Stunden-Woche beschäftigt. Dieses tarifpolitische Ziel wurde mittels eines mehrwöchigen

Streiks erreicht und war geprägt von einer flächendeckenden Aussperrung durch die Arbeitgeber.

Diese Auseinandersetzung war gleichzeitig eine gesellschaftliche Auseinandersetzung um die Frage, ob Arbeitszeitverkürzung für alle ein Mittel zur Bekämpfung der Massenarbeitslosigkeit ist.

Seitens des Sachverständigenrates, der Wirtschafts- und Arbeitgeberverbände wurde dies bis September 1993 vehement bestritten. Erst durch den Tarifvertrag mit VW über die 4-Tage-Woche und die Sicherung von 30.000 Arbeitsplätzen hat die Diskussion um die Verkürzung der Arbeitszeit eine neue Qualität gewonnen. Das Ergebnis dieser Qualität drückt sich in dem ein Jahr später abgeschlossenen Tarifvertrag zur Beschäftigungssicherung 1994 aus.

Bis 1984 war es in der Metallindustrie üblich, daß die Arbeitszeit auf 5 Arbeitstage von Montag bis Freitag à 8 Stunden verteilt war. Mit der Durchsetzung der ersten Stufe zur 35-Stunden-Woche gab es erstmals im Tarifvertrag die Möglichkeit, für bestimmte Beschäftigungs- oder Montagegruppen individuelle Regelungen zur Arbeitszeitgestaltung abzuschließen. Mit dem Unterschreiten der 40-Stunden-Woche gab es eine flächendeckende Entkoppelung der Arbeitszeit von der Betriebsnutzungszeit. Das heißt, mit der zunehmenden Reduzierung der wöchentlichen Arbeitszeit und einem quasi Status quo der Betriebsnutzungszeit ging eine Differenzierung und Flexibilisierung der wöchentlichen Arbeitszeit einher.

Durch die Reduzierung der Arbeitszeit und Beibehaltung der Betriebsnutzungszeit waren die Betriebsparteien gezwungen, Arbeitszeitmodelle zu entwickeln, welche den Normen der Tarifverträge gerecht wurden. Dabei entwickelten sich die unterschiedlichsten Modelle. Verkürzung der täglichen Arbeitszeit auf 5 Arbeitstage von Montag bis Freitag gleich verteilt. Die Beibehaltung des 8-Stunden-Tages von Montag bis Donnerstag mit einer Reduzierung der Arbeitszeit am Freitag, die Beibehaltung der 40-Stunden-Woche von Montag bis Freitag mit der Gewährung von festgelegten Freischichten sowie gesplittete Modelle der täglichen, wöchentlichen sowie über einen längeren Zeitraum gewährten Freischichten.

Die Festlegung der wöchentlichen Arbeitszeit durch die Betriebsparteien verläuft keineswegs konfliktfrei. Sie ist geprägt durch die Interessen der Beschäftigten einerseits und die Interessen der Arbeitgeber andererseits. Aus Sicht der Arbeitnehmer geht es um die Einflußnahme ihrer Bedürfnisse auf die Gestaltung der Arbeitszeit. Dies betrifft insbesondere die Verhinderung von Nachtschichtarbeit sowie das freie Wochenende. Im Tarifvertrag sind keine starren Arbeitszeitmodelle geregelt, folglich ist eine Flexibilisierung im Rahmen tariflicher Normen möglich.

Eckpunkte einer Betriebsvereinbarung - Gestaltungshinweise

1. Geltungsbereich:

    - räumlich

    - fachlich

    - persönlich

    Bei Einführung von Gruppenarbeit sind die nachfolgenden Eckpunkte im Rahmen einer Betriebsvereinbarung zu regeln. Für die betroffenen Arbeitnehmer ist der Geltungsbereich festzulegen.

2. Menschengerechte Arbeitsbedingungen, Gruppenarbeit als solidarische freiwillige Arbeitsweise.

    Dazu gehören:

    - Arbeitsstätten

    - Arbeitsplätze

    - Arbeitsumgebung

    - Arbeitsstoffe

    - Arbeitsverfahren

    - Arbeitsmethoden

    - Arbeitsabläufe

    - Arbeitsinhalte.

    Die Arbeit muß so organisiert werden, daß sie den einzelnen Arbeitnehmer im Arbeitssystem fordert und fördert. Die Ausgrenzung von älteren Arbeitnehmern, ausländischen Kolleginnen und Kollegen und Schwerbehinderten ist unzulässig.

Jeder Arbeitnehmer und/oder der Betriebsrat hat das Recht, Arbeitsbedingungen und Arbeitsorganisation zu reklamieren.

3. Arbeitsaufgabenbeschreibung bzw. Aufgabenabgrenzung

Die paritätische Kommission hat eine Aufgabenbeschreibung und Arbeitssystembeschreibung zu erstellen und den Gruppenmitgliedern zu übergeben.

Kriterien für Gruppenarbeit sind dabei:

- Die Arbeit wird gemeinsam erledigt.

- Gruppenarbeit muß qualifizierende und abwechslungsreiche Arbeit ermöglichen.

- Planung von Qualifizierungsmaßnahmen für die Gruppenmitglieder.

- Ein Belastungswechsel durch Arbeitswechsel muß möglich sein.

- Mindestens 10 % der Arbeitszeit müssen indirekte Tätigkeiten sein.

- Technik und Arbeitsorganisation müssen ein Höchstmaß an Entscheidungsmöglichkeiten für Gruppenmitglieder ermöglichen.

- Für Gruppengespräche steht mindestens ein Zeitvolumen von 1 Stunde pro Woche während der Arbeitszeit zur Verfügung.

- Die Arbeitnehmer sind entsprechend den tarifvertraglichen Bestimmungen aufgrund einer ganzheitlichen Betrachtung des gesamten Arbeitsbereichs/-systems der Gruppe einzugruppieren.

4. Qualifizierung

Alle Arbeitnehmer haben einen Anspruch auf Qualifizierung. Bei der Erstellung des Qualifizierungsplanes sind die Arbeitnehmer zu beteiligen (Anlage). Mit dem Betriebsrat ist ein Qualifizierungsplan und die Durchführung von Qualifizierungsmaßnahmen zu vereinbaren.

Qualifizierungszeit ist Arbeitszeit.

5. Personalbemessung

Die Soll-Personalbemessung ist zu vereinbaren.

Die Personalbemessung ist für jede Gruppe in Form einer Einzelprämienvereinbarung festzulegen. Urlaub und Krankheitstage, etc. sind bei der Personalbemessung einzubeziehen.

Die Geschäftsleitung stellt sicher, daß die vereinbarte Anzahl von Arbeitnehmern in der Gruppe arbeitet.

Die Zuordnung zu einer Gruppe ist nur mit der Zustimmung des betroffenen Arbeitnehmers möglich.

6. Gruppensprecher - Kompetenzen der Gruppe

Die Gruppensprecher sind in geheimer Wahl zu wählen. Sie haben keine Weisungs- und Disziplinarbefugnisse.

Die Gruppensprecher werden unter Beteiligung des Betriebsrates ausgebildet. Die Eingruppierung des Gruppensprechers ist in der Einzelprämienvereinbarung festzulegen.

Der Umfang der Kompetenzen wird durch Gesetze, Tarifverträge, Verordnungen, Betriebsvereinbarungen begrenzt.

Innerhalb dieser Grenzen sollen die Gruppen Entscheidungen treffen können über

- den Arbeitswechsel (Rotationsregelungen) und Reihenfolge der Auftrags abwicklung,
- die Beschaffung von Arbeitsmitteln und Betriebsmitteln (Schutzkleidung, Ausrüstung, Arbeitsmaterial, Werkzeuge, etc.),
- die zeitliche Lage und Durchführung von Gruppengesprächen (mindestens 1 Stunde pro Woche),
- den Qualifizierungsbedarf und -planung.

Nicht in die Kompetenz der Gruppe fallen die Entscheidungen, die die Mitwirkung oder Mitbestimmung des Betriebsrates voraussetzen. Zum Beispiel:

- ob, wieviel und wann Mehrarbeit geleistet wird,
- die endgültige Urlaubsplanung,
- Beginn und Ende von Arbeitszeit bzw. Pausen,

- Zusammensetzung der Gruppe,
- etc.

7. Soll-Daten

   Die Gruppe erhält für die einzelnen Arbeitsaufträge Vorgaben in Form von Soll-Zeiten oder systembezogene Soll-Daten, welche zwischen Beauftragten des Arbeitgebers und des Betriebsrates vereinbart werden. Dazu gehören (Anlage):

   - Erholungszeit,
   - persönliche Zeit,
   - Dispositions- und Beteiligungszeit sowie
   - Personalbesetzung.

8. Der Prämienlohn und die Prämienleistung, Standardlohn und Standardleistung sind mit dem Betriebsrat zu vereinbaren.

9. Die Änderung der Soll-Daten und Soll-Personalbesetzung ist nur mit Zustimmung des Betriebsrates möglich.

10. Für die Verbesserungsvorschläge - auch KVP - gilt die Betriebsvereinbarung vom.

11. Übergangsregelungen

    Die Umstellung bisheriger Vorgabezeiten auf neue Soll-Daten ist mit dem Betriebsrat zu vereinbaren.

    Im Rahmen eines Sozial-/Beschäftigungsplanes ist für den direkt betroffenen bzw. indirekt betroffenen Personenkreis (Vorarbeiter, Meister, Sachbearbeiter) eine Vereinbarung abzuschließen.

12. Pilotprojekte zur Einführung von Gruppenarbeit

    - Betriebsvereinbarung über Pilotprojekte
    - Planung, Durchführung, Begleitung und Auswertung der Pilotversuche
    - Steuerungsgruppe im Betrieb
    - Beauftragte der Geschäftsleitung, Betriebsrat

13. Verbesserungsvorschläge

14. Übergangsregelungen

    Umstellung bisheriger Vorgabezeiten auf neue Soll-Daten.

    Die neuen Soll-Daten sind auf der Basis der bisherigen Vorgabezeiten mit dem Betriebsrat zu vereinbaren.

    Besitzstandsregelungen für den direkt betroffenen Personenkreis sind abzuschließen.

    Besitzstandsregelungen für tangierte Bereiche und Abteilungen (Organisations- und Kompetenzverlagerung) sind zu vereinbaren.

15. Inkrafttreten, Kündigung und Nachwirkung

    Die Betriebsvereinbarung tritt am ... in Kraft und kann mit einer Frist von 3 Monaten zum Jahresende, erstmals zum ... gekündigt werden.

    Die Betriebsvereinbarung wirkt nach bis sie durch eine andere ersetzt wird.

> Anlage

Die Kapazität errechnet sich wie folgt:

Vereinbarte tägliche Arbeitszeit	....
./. Erholungszeit (mind. 6 Min./Std.):	....
./. persönliche Zeit (mind. 3 Min./Std.):	....
	————
	....
x Zahl der Arbeitstage pro Woche:	....
	————
./. Dispositions- und Beteiligungszeit (mind. 1 Std./Woche):	....
	————
x Soll-Personalbesetzung	....
= Kapazität	====

Die vereinbarte tägliche Arbeitszeit ergibt sich aus der Betriebsvereinbarung über die Lage und Verteilung der Arbeitszeit vom ...

Abt. Tarifpolitik 02/pf/stö

Anlage

Ganzheitliche Betrachtung der Arbeit

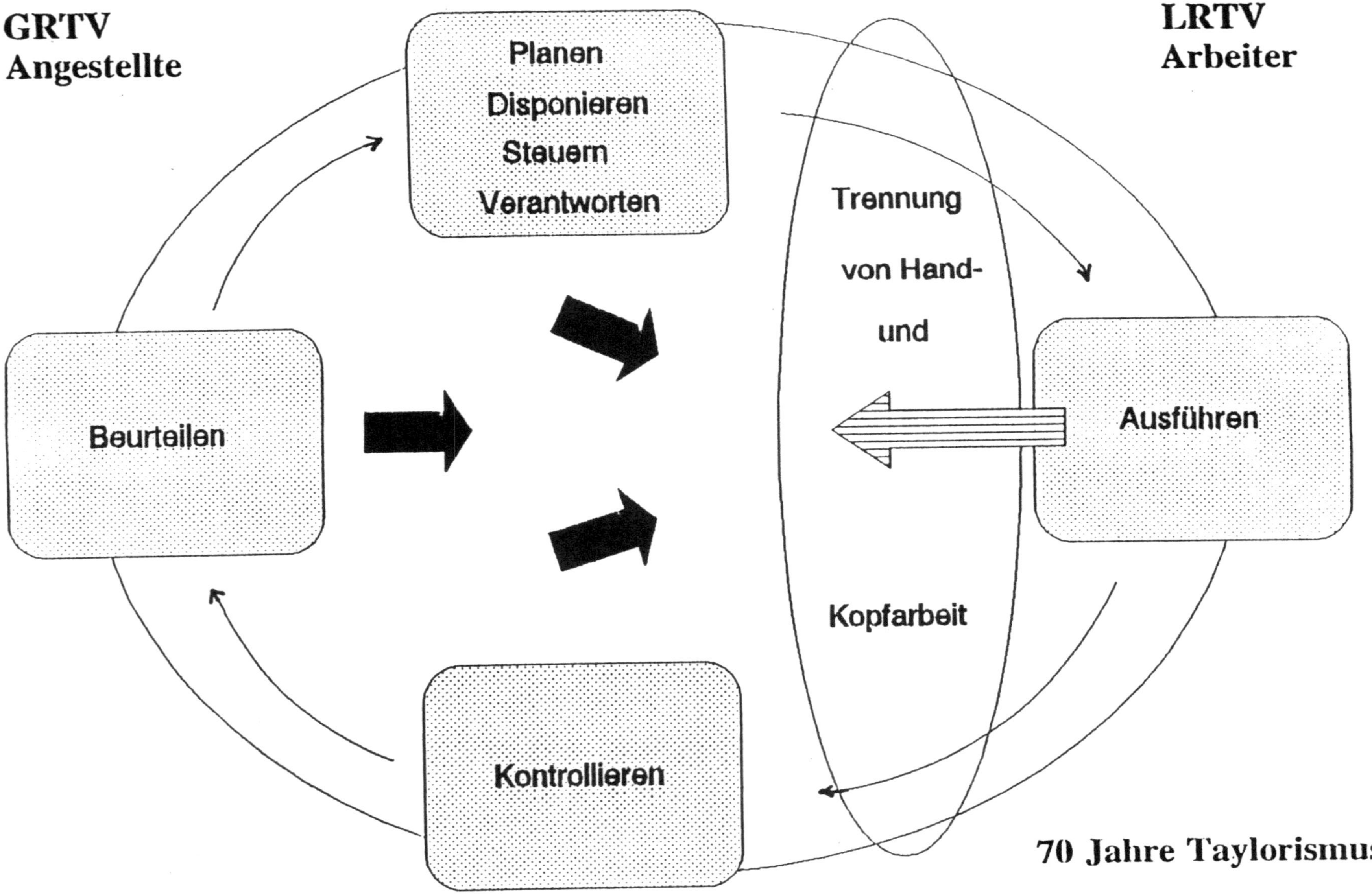

LRTV Arbeiter

Ausführen

Trennung von Hand- und Kopfarbeit

Planen
Disponieren
Steuern
Verantworten

Kontrollieren

Beurteilen

GRTV Angestellte

**70 Jahre Taylorismus =
70 Jahre organisierte Trennung von Hand- und Kopfarbeit**

Abt. Tarifpolitik 02/pf/stö

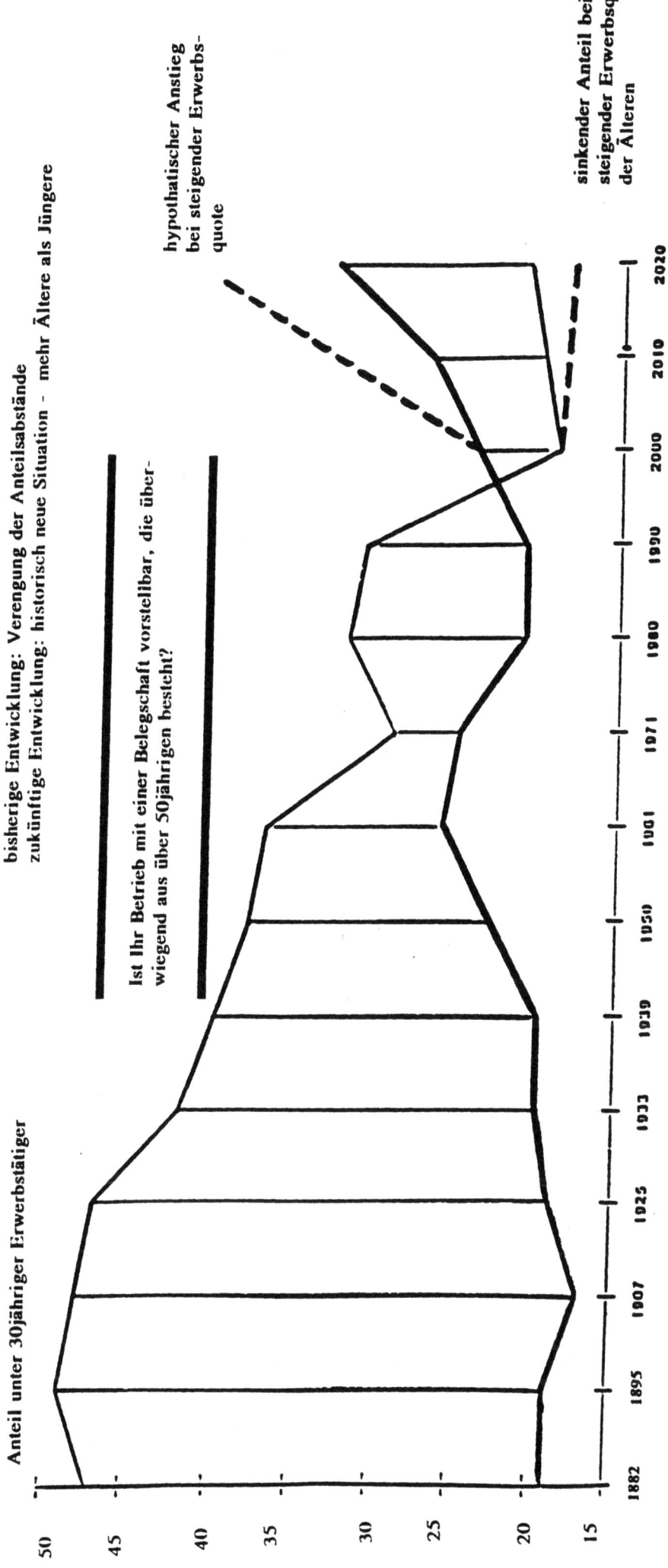

Qualifizierungsplan (Ist-Zustand bzw. Soll-Zustand)

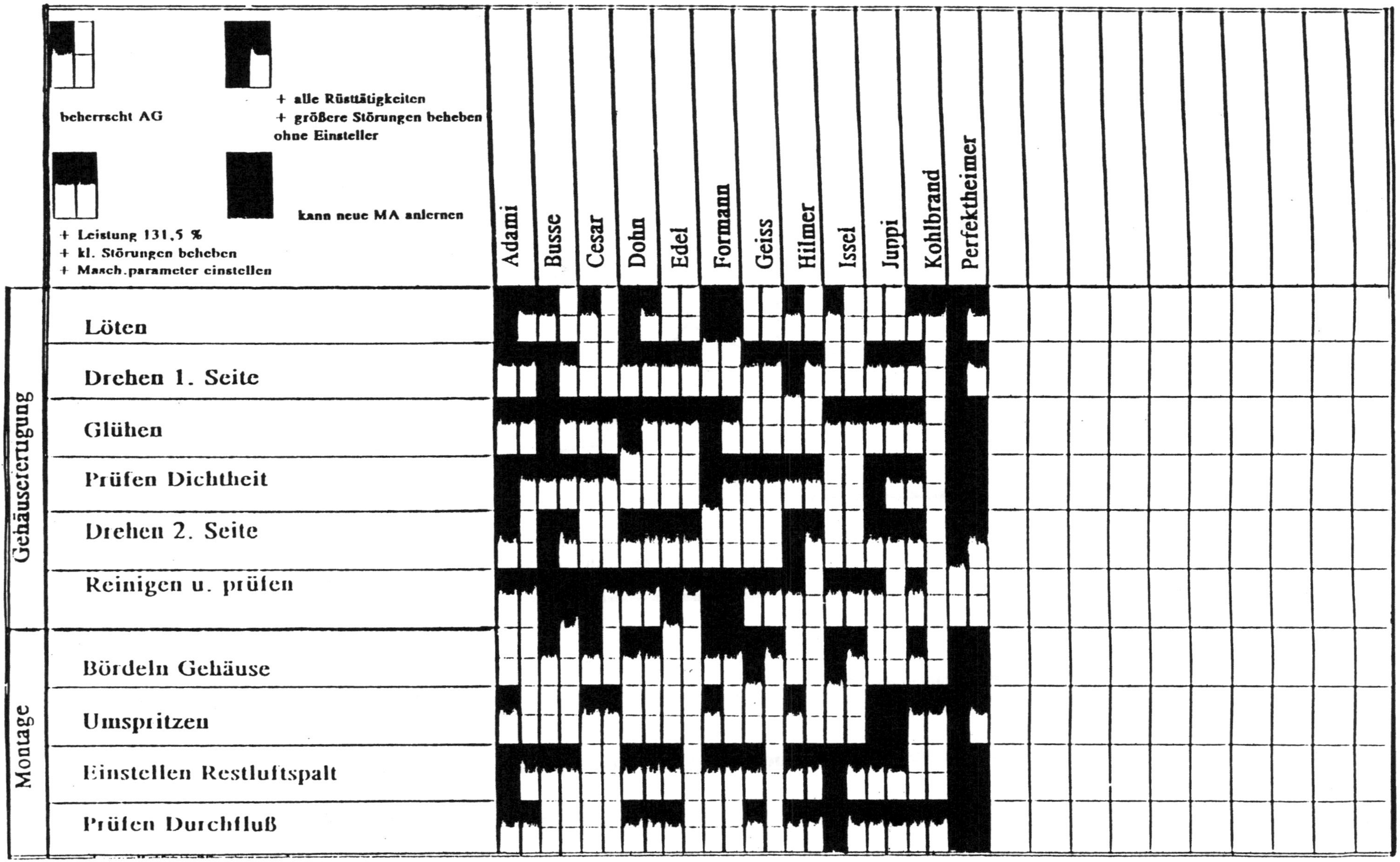

Legend:
- beherrscht AG
- + alle Rüsttätigkeiten
- + größere Störungen beheben ohne Einsteller
- kann neue MA anlernen
- + Leistung 131,5 %
- + kl. Störungen beheben
- + Masch.parameter einstellen

		Adam	Busse	Cesar	Dohn	Edel	Formann	Geiss	Hilmer	Issel	Junpi	Kohlbrand	Perfektheimer
Gehäuserzeugung	Löten												
	Drehen 1. Seite												
	Glühen												
	Prüfen Dichtheit												
	Drehen 2. Seite												
	Reinigen u. prüfen												
Montage	Bördeln Gehäuse												
	Umspritzen												
	Einstellen Restluftspalt												
	Prüfen Durchfluß												

Abt. Tarifpolitik 02/pf/stö

Anlage

If you have any concerns about our products,
you can contact us on
ProductSafety@springernature.com

In case Publisher is established outside the EU,
the EU authorized representative is:
**Springer Nature Customer Service Center GmbH
Europaplatz 3, 69115 Heidelberg, Germany**

Printed by Libri Plureos GmbH
in Hamburg, Germany